교통행정혁신론

이용택 지음 | 양긍환 감수

Handbook of Innovation on the Transportation Policy and Administration

淸文閣

책을 펴내며

교통학을 처음 접한 후 대학, 대학원 교육과 행정현장에서 이론과 실무를 경험한 지 20년이 되어가는 지금까지, 도시와 교통행정분야에서 제도나 시설에 대한 혁신이 필요할 때마다 관련 이론이나 해외 사례를 정리하고 이를 행정현장에 도입하려 노력하는 한편으로, 동료 전문가들과 치열하게 논쟁하고 정보도 함께 공유해 왔다. 이 중 서울특별시 교통국, 서울경찰청 교통지도부, 감사원의 지방자치행정 · 건설환경국 · 지방특정감사단 · 감사연구원에 근무하면서 도시 · 교통행정을 집중적으로 연구할 수 있었는데, 행정현장에서 접한 문제를 해결하기 위해 이론적 방법론과 해외 우수 · 감사사례들에 대한 메모와 思惟를 정리해 나가자 도로교통행정에서 혁신이 필요한 분야에 대해 그동안 말하고 싶었던 줄거리가 얼기게 짜이게 되었다.

이 즈음(작년 여름) 어느 주말, 여느 때와 같이 가정사보다 메모용지나 컴퓨터 모니터 앞에 앉아 있는 남편에 대해 불만이 가득한 도화용 박사가 “당장 출판하지 않을 거면 자료정리는 미루고 외식이나 하러 가요.”라고 퉁명스럽게 쏘아 붙이는 게 아니던가. 항상 집사람에 대한 세심한 배려가 부족한 데 대해 미안한 마음에 집 앞 백화점 내 식당에서 저녁식사를 하게 되었는데, 식사하는 동안 내내 한편으로 “Publish or Perish”라는 출판에 대한 교수사회의 집착이려니 하고 집사람을 이해하는 마음과 함께, 교통행정 이론과 실무에 대한 학자로서의 사유가 반드시 출판과 이어져야 가치가 있다고 생각하는 듯한 말투에 다소 불편한 마음이 들기 시작하더니 식사가 끝나갈 무렵에는 결국 “내일 당장 출판사를 알아 봐야겠어.”라고 집사람에게 선전포고를 해버렸다.

이렇게 이 책의 출판 동기는 ‘교통행정의 혁신이론과 기법’에 대해 말하려는, 일반인에게 다소 무거운 주제와 맞지 않게 충동적으로 시작되었다. 하지만 어디 전문성을 띤 서적이 그간의 생각을 정리한 메모와 단편적인 에세이로만 출간될 수 있겠는가? 그 뒤로 이 책은 집사람의 너그러운 양해 속에, 1년 이상의 추가적인 자료수집과 정리에 덧붙여 양긍환 회장님의 검수와 김홍석 회장님을 비롯한 청문각 임직원들의 노력 끝에 세상에 나올 수가 있었다. 저자의 소고를 밝힐 수 있도록 할애된 유일한 지면을 빌어 주변 분들의 관심과 성원에 다시 한번 감사드린다.

이 책의 출간 목적은 우리나라의 도로망이 그간 산업화를 거치면서 양적으로 비약적인 발전을 하였으나 산업화를 위한 공급 위주의 도로행정과 정책으로 인해 획일적인 도로규격, 환경성 검토 부족 및 지역주민과 주변 여건(context)을 면밀하게 고려하지 못하는 등의 크고 작은 문제점이 대두됨에 따라 국내 · 외 교통행정분야의 혁신적인 정책과 이론 및 사례분석을 통해 과거의 패러다임에서 벗어나 미래에 도입되어야 할 혁신적인 정책과 기법을 소개하고 보급하기 위한 것이다. 따라서 교통행정분야에 있어 고민해야 할 도로교통정책 및 기술 대안에 대하여 정책입안자와 대학생 · 대학원 및 일선 현장의 실무자들에게 하나의 지침서가 될 것으로 기대한다.

이 책의 구성은 크게 교통행정절차를 논한 분야와 새로운 정책이나 패러다임을 논한 분야로 구분되어 있다. 먼저 교통행정절차는 도로계획, 타당성 분석, 도로설계 · 건설, 교통운영, 성과관리, 재무관리(민간투자사업 포함), 교통안전 등 중요 행정절차에서 새로이 검토가 필요한 기법에 대해 소개하고 있다. 또한 새로운 정책분야는 도시교통, 광역교통, 환경의 지속가능성, 녹색교통, 유비쿼터스 교통, 교통안전 등 국토나 도시환경을 새롭게 구성해 나갈 교통분야의 새로운 패러다임이나 정책을 소개하였다. 뿐만 아니라 외국의 선진정책과 기법이 우리나라가 처한 문제를 해결할 수 있는데도 국내로의 도입이 검토되지 않거나, 또는 추진이 지난하거나 문제가 나타나는 선진제도를 피상적으로 들여오면서 국내에서도 동일한 문제가 예상될 수 있는 그릇된 사례(주요국의 감사사례)도 동시에 소개함으로써 독자들에게 해당 제도나 기술에 대한 균형적인 시각을 전달하도록 노력하였다.

우리가 똑같은 여행지를 다녀와도 여행자마다 그곳에 대해 다른 느낌을 가지고 있듯이, 저자는 그간 학교와 행정 현장에서 먼저 경험한 유명한 행선지 14곳(장)에 대한 안내자로서의 역할을 하고자 하였다. 이를 위해 도로교통 행정분야의 우수정책과 사례뿐만 아니라 미국 감사원(GAO), 영국 감사원(NAO) 등 주요국 감사원의 감사사례에 대해서도 균형적으로 소개하면서 우리의 정책환경을 고려한 정책적 시사점과 추가로 검토되어야 하는 향후 과제에 대해서도 화두를

던지고자 하였다. 따라서 앞에서 소개한 정책과 기법에 대해서 전문가에게 필요한 건전한 비판의식과 학문적 상상력을 독자들에게도 역시 주문하고 싶다.

마지막으로 스위스 태생으로 영국에서 활동하는 한 프랑스 작가*가 공항터미널의 여행일정을 알리는 스크린 앞에 설 때, 자기 앞에 놓인 무한한 가능성을 느끼는 동시에 목적지에 대한 노스텔지어나 갈망에 흔들리게 된다고 말했던 기억이 난다. 지금 권두언을 읽는 독자는 교통행정분야 14곳의 여행지로 출발하기 위해 공항터미널의 터미널 게이트에 서서 여행일정을 알리는 스크린을 보고 있다고 느껴진다. 이 스크린 앞에서 학문적 동기와 지적 호기심이라는 준비물만 여행용 가방에 챙겼다면 교통행정분야의 혁신 여행을 즐기기엔 충분하다고 생각한다.

삼청동에서
저자 이용택 씀

* 알랭드 보통(2010), 공항에서 일주일을: 히드로 다이어리, 청미래

추천사

교통행정은 국가경제의 성장과 국민 생활편의에 긴밀한 분야입니다. 교통분야의 정부예산을 살펴보면, 중앙정부 예산의 7~8%, 지방자치단체 예산의 10~20% 선을 차지하고 있고 주로 초기투자비나 운영비가 많이 소요되는 사업예산으로 구성되어 있습니다. 따라서 국가로서는 예산을 절감하면서 서비스 수준을 높이기 위한 비용-효과적 사업추진이 중요한 행정영역입니다.

또한 최근에는 환경보전을 위한 녹색교통인프라, 신도시 개발로 인한 광역교통인프라, 급증하는 노령 인구에 대한 이동성의 확보를 위한 교통수요가 지속적으로 늘어나고 있어 새로운 행정수요에 부합하는 혁신적인 접근방안을 계획단계부터 선제적으로 도입하는 것이 필요하다고 인식되고 있습니다.

교통행정은 사람과 경제제의 이동에 관련된 요소 간 상호관계를 종합적으로 고려하여 적합한 교통서비스를 도입·운영하도록 하여야 합니다. 이를 위해서는 도시공간정책과 교통체계를 합리적으로 계획, 설계, 건설, 운영, 유지관리, 규제 및 지원하는 교통정책 간의 복합적인 기능을 유기적으로 조정하는 것이 중요합니다. 무엇보다도 교통체계 전반에 대한 혁신의 성과가 나타날 때까지 유기적인 관계를 잘 조정하고 지속적으로 추진하여야 하는 특성을 가지고 있습니다.

이러한 특징 때문에 혁신이 확산되어야 한다는 인식에도 불구하고 전문성이 없거나 구체적인 혁신 내용과 방법론이 없다는 등의 사유로 행정현장에서 시행하기 어려운 것으로 여겨져 온 것도 사실입니다. 이런 측면에서 이용택 박사가 저술한 ≪교통행정혁신론≫은 행정가의 시각에서 우리나라의 정책환경을 고려하여 교통행정에 필요한 정책과 기법을 혁신이론과 사례를 함께 소개하는 방식으로 알기 쉽게 접근하고 있습니다.

본 서에서는 교통사업 추진 시, 과거 산업화에 필요한 교통인프라를 단기간에 양적으로 확충하기 위한 사업추진방식으로 인해 발생한 획일화된 도로규격, 환경성 검토 부족 및 지역사회의 요구 미반영 등의 문제점을 개선하기 위해 새로운 접근방법을 제시하고 있습니다. 첫째, 사업 초기부터 지역사회와 환경단체 등의 다양한 요구를 설계에 반영하는 CSD(Context Sensitive Design)/CSS(Context Sensitive Solution)설계방식, 둘째, 공사 원가를 줄이고 성능을 향상시키도록 개발된 가치공학(Value Engineering), 셋째, 교통투자사업의 타당성분석 시 위험도를 정량적으로 계량화하여 합리적으로 배분 또는 감소시키는 위험도 관리방안(Risk Management), 그리고 넷째, 과학적인 데이터에 기반한 의사결정지원체계(Data-driven decision making process) 등은 시급히 활용되어야 할 혁신기법이라 생각됩니다.

한편으로 정부의 사업성 예산 축소로 교통시설 확충을 위한 재원조달이 어려운 중에도 최근 전 세계적으로 확산되고 있는 주요 교통정책들을 소개하고 있습니다. 첫째, 녹색교통 확충 등 지속가능한 교통정책(Sustainable Transport), 둘째, 유비쿼터스기술 등 융복합기술을 활용한 교통서비스의 고급화, 셋째, 신도시 확산에 따른 광역교통대책, 넷째, 대중교통 중심(Transit Oriented Development)의 도시교통체계 개편, 그리고 다섯째, 교통정책의 위험관리(High-risk transportation policy) 등 교통정책의 패러다임 변화가 필요한 혁신적인 정책과제는 갈수록 비중이 커질 것입니다.

특히, 이 책은 위와 같은 혁신정책과 기법을 소개하면서 이론적 배경뿐 아니라 모범사례와 그릇된 사례도 동시에 소개하여 전문 행정가로서 필요한 균형적 시각을 가질 수 있도록 쓰였기 때문에 독자들에게 매우 유익한 지침서가 될 것으로 생각합니다.

마지막으로 서울특별시, 감사원 등 일선 행정현장에서 바쁜 일정에도 불구하고 축적된 행정혁신 경험과 지식을 공유하기 위해 ≪교통행정혁신론≫을 직접 저술한 이용택 박사의 열정에 격려를 보냅니다. 새로운 지식의 지평을 열고 이를 실천에 옮기려는 이용택 박사의 정진을 기원하면서 독자들의 관심을 기대합니다.

2011년 5월 관악산 연구실에서

서울대학교 행정대학원 초빙교수(전 행정안전부 장관)

이 달 곤

차 례

1장 교통행정과 행정혁신

2장 도로설계의 새로운 패러다임, CSD/CSS방식

3장 가치공학(VE)을 이용한 도로교통분야의 기술혁신

4장 위험도 분석을 이용한 교통투자 분석기법의 변화와 과제

5장 체계적인 의사결정지원을 위한 데이터관리체계(HPMS, ADMS)

6장 교통시설 투자재원 확보를 위한 변화와 한계
– 미국의 도로신탁기금 고갈에 따른 문제점과 대책

9장 도시교통정책의 정책 방향과 혁신과제
–싱가포르 육상교통정책의 사례를 중심으로

10장 서울특별시 대중교통체계 개편의 성과와 과제

11장 대도시권 광역교통문제의 확대와 과제
– 일–드 프랑스 권역의 광역교통정책을 중심으로

12장 환경적 지속가능성을 고려한 교통정책의 변화와 과제
– 영국의 지속가능한 교통정책 사례와 이슈를 중심으로

13장 정보통신기술 발달에 따른 교통체계의 변화와 과제

14장 감사행정을 통한 고위험군 교통정책 및 제도관리체계
– 미국 감사원의 고위험군 정책관리체계 및 교통행정분야 사례

Contents

01

교통행정과 행정혁신

Innovation of transportation policy and administration

"늘 다니던 길을 벗어나 숲 속으로 몸을 던져라.
그러면 반드시 전에 보지 못한 무언가를 발견하게 될 것이다."

– Alexander Graham Bell(1847~1922년)

1.1 교통행정의 개요

1.1.1 교통의 개념 및 특징

교통(Transportation)은 '사람이나 화물을 한 장소에서 다른 장소로 이동시키는 모든 활동(Activity)이나 이로 인한 과정과 절차'를 말한다. 즉 '활동 욕구와 활동 장소의 물리적 거리를 극복하기 위해 사람과 화물의 사회 · 경제적 활동이 일어나는 장소와 장소를 서로 연결하고, 이동하는 데 기인한 모든 서비스'로 정의[1)]할 수 있다. 이러한 정의로 볼 때 교통은 교통 자체가 목적이 아니라 인간이나 화물의 통행목적을 보조하기 위한 수단인 중간재(Intermediate Goods)라 할 수 있다.

위와 같은 교통을 구성하는 요소는 <그림 1.1>과 같이 노드(Nodes), 링크(Links), 교통수단(Modes)의 3요소로 이루어져 있다. 여기서 노드는 사람 및 화물의 출발, 도착, 환승, 하역, 선적을 제공하는 공간으로, 주로 공항, 항구, 철도, 버스터미널 및 화물터미널이 이에 해당한다. 또한 링크는 출발지와 도착지를 연결하는 도로, 철도, 관로, 항로, 운하 등의 연결로를 의미한다. 교통수단은 사람이나 화물을 실어 나를 수 있는 운반수단으로 자동차, 버스, 열차, 항공기의 차량수단이나 관로, 컨베이어벨트, 에스컬레이터 등 연속 수송수단을 의미한다.

교통서비스의 주요 특성을 이해하는 것은 도시나 지역에서 발생하는 교통문제를 이해하고 해결하기 위해 기본적으로 필요하다. 이러한 특성을 살펴

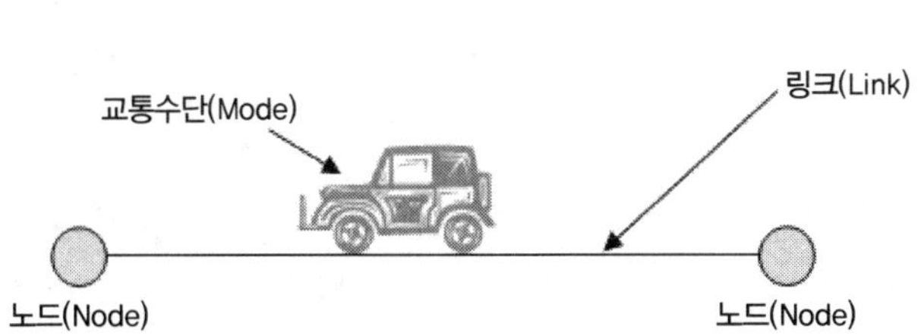

그림 1.1 교통의 구성요소

1) 도철웅(1995), 교통공학원론, pp. 3~4와 김종민 · 김만배(2004), 교통행정원론, pp. 18~19의 정의를 재구성

보면 첫째, 교통은 상품이 공급되는 것이 아니라 서비스가 공급되는 것이기 때문에 저장(Stock)할 수 없는 특성이 있다. 즉, 이 때문에 교통서비스는 동일한 시간과 공간에서 생산되고 바로 소비되지 않으면 저장한 후 제공할 수 없는 유동적(Flow) 개념을 가지고 있다. 둘째, 교통서비스는 교통수단별로 각각 상이한 수단별 특성을 가지고 있기 때문에 이에 대한 특성을 충분히 이해한 후 교통체계에 반영하여 제공하여야 한다. 예를 들어, 철도는 이동성이나 정시성이 높지만 접근성이 떨어지고, 도로는 접근성이 높지만 정시성이 떨어지는 특성을 가지고 있다. 셋째, 교통시설이나 서비스의 공급은 네트워크화가 이루어질 때 규모의 경제나 범위의 경제로 인해 사업의 효과가 극대화가 되기 때문에 충분한 네트워크를 구축하는 데까지 장기간에 걸쳐 고비용이 소요되는 특성을 가지고 있다. 넷째, 교통서비스는 교통문제를 해결하는 것 외에도 대기오염, 교통사고 등 외부효과(Externality)를 발생시키기 때문에 이에 대한 대책이 함께 필요하다.

1.1.2 교통행정의 개념 및 특징

공공행정은 정부가 공공의 문제나 당면한 사회문제를 해결하거나 이에 능동적으로 대응하기 위해 공권력을 이용하여 공익차원에서 목표지향적인 활동을 수행하는 것으로, 이러한 관점에서 보면 교통행정의 정의는 '정부가 법과 제도에 따라 늘어나는 교통수요에 대응하여 교통의 순기능인 교통공급 능력을 최대화하고 이로 인해 발생하는 교통사고, 환경오염 등 교통의 역기능을 최소화시켜 국가 발전에 공헌함은 물론 국민 복지로서 국민(교통약자 등)에게 최소한의 이동권을 보장하는 교통서비스를 제공하는 것'이라 할 수 있겠다.

위와 같은 교통행정은 사람과 화물의 이동에 관련된 요소들의 상호관계를 종합적으로 고려하여 적합한 교통서비스(시설 또는 교통수단 등)를 도입・운영하도록 하여야 하는데 이를 위해서는 국가 또는 도시 공간계획뿐 아니라 도로, 철도, 항공, 해운 등 교통수단별 특징을 고려하여 최적의 교통체계를 합리적으로 계획, 설계・건설, 운영, 유지관리, 규제 및 지원하는 기능을 수행하게 된다. 이러한 교통행정을 기능별로 살펴보면 첫째, 계획(Planning) 기능은 장래 교통수요를 충족시킬 수 있는 실제적인 방법 또는 대안을 결정하기 위한 절차를 말하는 것으로 도로, 철도, 공항, 항만 등 개별 교통수단의 시설계획과 재원조달계획 및 교통수단 간 통합 연계방안을 마련하는 종합교통계획 등이 이에 해당된다. 둘째, 설계(Design) · 건설(Construction) 기능은 도로, 철도 등 개별 교통시설의 물리적 유형이나 기능적 개선방향을 결정하는 기능으로 설계와 건설기준 정비, 공학적 설계 및 시공 전문성 확보, 도급계약 및 관리 등이 이에 해당된다. 셋째, 운영(Operation) 기능은 기존에 구축한 교통시설이나 서비스가 최적으로 활용될 수 있도록 하는 기능으로 도로관제 방식 개선, 지능형교통체계 도입 및 운영, 주차장 관리 등이 이에 해당된다. 넷째, 유지관리(Maintenance) 기능은 교통시설물을 안전하게 운영하는 동시에 시설의 내구연한을 연장하여 재투자비용을 절감하는 것으로 교량, 터널 등 주요 구조물의 관리 및 개 · 보수, 도로 재포장, 시설물의 재해방지 및 복구 등이 이에 해당한다. 다섯째, 기타 규제 및 지원(Regulation and Assistance) 기능으로 먼저 규제 기능은 교통산업의 운수사업자 인 · 면허 및 적정 요금 규제 등 경제적 규제와 차량등록, 운전자 법규 단속 등 사회적 규제가 있으며 일반적으로 경제적 규제는 완화하고 사회적 규제는 강화하는 추세에 있다. 다음으로 지원은 교통산업의 건전한 육성이나 교통약자의 복지 증진을 위하여 정부가 민간투자사업법, 여객자동차 운수사업법, 교통약자의 이동편의증진법 등 관련 법령에 따라 재정지원을 할 수 있는 근거를 마련하고 있다.

또한 교통행정의 주요 특징으로는 종합성, 전문성, 광역성, 대응성, 외부성의 5가지를 들 수 있는데 이를 각각 살펴보면[2)] 첫째, 종합성의 경우 교통행정은 시설별, 수단별, 기능별로 다양한 담당기관에 업무가 흩어져 있기 때문에 이를 통합 연계한 종합적인 계획이나 정책을 수립하여야 하고, 이를 근거로 관계 부처 간 협조체계를 확립한 후 관련 사업을 연계 추진하여야 한다. 둘째, 전문성의 경우 교통행정의 근간을 이루는 교통학은 토목공학, 도시공학, 경제학, 산업공학, 행정학 등 복합학문적인 배경이 필요하기 때문에 이를 수행하는 데 전문성 있는 행정전문가가 반드시 필요하다. 셋째, 광역성의 경우 교통수요는 행정구역 단위가 아닌 사람들이 활동하는 생활권역을 중심으로 광역적으로 발생하기 때문에 이를 관리하기 위해서는 광역성에 대한 고려가 필요하다.

2) 김종민 · 김만배(2004), 교통행정원론, pp. 50～51을 재구성

넷째, 대응성의 경우, 교통문제는 단순한 혼잡문제뿐 아니라 교통복지, 환경, 에너지 등 사회문제와 연계되어 발생하기 때문에 시의적절한 대응성이 중요하다. 다섯째, 외부성의 경우 교통행정은 교통서비스를 공급함으로써 국민에게 이동성과 접근성을 제공하는 순효과 외에도 이로 인한 환경오염, 교통사고 등 외부 불경제가 동시에 발생하기 때문에 이러한 외부성에 대해 정부의 규제정책도 함께 검토되어야 한다.

1.2 교통행정혁신의 개요

1.2.1 교통행정혁신의 개념

혁신의 개념은 과학기술의 혁신과정에서 최초로 사용되면서 경영 및 기업혁신으로 민간부문에 확산되었으나 최근 정부혁신, 교육혁신 등으로 공공부문까지 발전하고 있는 추세이다. 여기서 혁신의 사전적 의미는 '제도나 방법, 조직이나 풍습 따위를 고치거나 버리고 새롭게 하는 것'으로 정의할 수 있다. 즉 새로운 정책이나 제도를 개발하여 실용화시키거나 이미 활용되고 있는 것들의 품질을 높여나가는 모든 활동을 의미하는 것으로, '새로운 패러다임으로 가는 총체적인 변화과정과 이를 실용화하여 조직이나 개인에게 체화해 지속적으로 발전되어 가는 변화'를 의미한다[3].

이러한 관점에서 본다면 교통행정의 혁신이란 '정부가 늘어나는 교통수요에 대응하여 교통의 순기능인 교통공급 능력을 최대화하고 이로 인해 발생하는 교통사고, 환경오염 등 교통의 역기능을 최소화시켜 국가 발전에 공헌함은 물론 국민 복지로서 국민에게 최소한의 이동권을 보장하는 교통서비스를 제공하기 위해 새로운 정책이나 제도를 개발하여 실용화시키거나 이미 활용되고 있는 정책 또는 제도의 품질을 높여나가는 모든 활동을 의미하는 것'으로, 이때 새로운 교통행정의 패러다임을 도입하여 정착해 가는 총제적인 변화과정과 이를 실용화하여 조직이나 개인에게 체화시켜 지속적으로 발전해 가는 변화과정을 모두 의미한다 하겠다.

---

3) 차의환(2007), 정부혁신의 전략과 변화관리, p. 31을 재구성

1.2.2 유사 개념의 이해

앞에서 말한 교통행정의 혁신을 이해하기 위해서는 흔히 유사한 개념으로 사용되는 개혁이나 제도개선과 혁신을 개념적으로 구분하여 보는 것이 도움이 된다. 이 3가지 개념을 비교하면 <표 1.1>과 같이 개혁은 조직 외부의 요구에 의해서 단기간 내에 급진적으로 대규모 변화를 유도하는 것인 반면, 혁신은 조직의 리더나 내부 구성원이 참여하여 조직의 일하는 절차나 제도 등 시스템 전반에 대해 장기간에 걸쳐 지속적이고 연속적으로 변화를 유도하는 것이다. 또한 제도개선은 어느 시점에서 최적이라고 판단되는 기존의 일하는 방식 또는 틀(Framework)을 현실의 환경에 맞도록 내부 구성원이 중심이 되어 단기간에 소규모의 변화를 통해 제도의 과정을 변화시키거나 성과를 향상시키는 것이다. 따라서 혁신이 단순한 제도개선에 머물지 않기 위해서는 혁신의 주체가 학습과 토론 등을 통해 문제 해결에 적극적으로 참여하도록 하는 과정(Process)적 측면의 개선과 혁신의 결과가 새로운 제도나 시스템 도입을 통해 상시적이고 지속적으로 발생하는 성과(Performance)적 측면에서 달성되어야 하며 이 때문에 일반적인 제도개선보다 조정 및 전달과정에 많은 노력과 시간이 필요하다.

표 1.1 개혁, 혁신, 제도개선의 개념 구분

구 분	개혁(Reform)	혁신(Innovation)	제도개선
개념	기존 것을 다른 모습으로 만드는 것(Reshaping)	창조적 파괴, 과거 익숙한 것과의 단절	어느 한 시점에서 최적의 고정적 개념을 정착하기 위한 변화
추진 주체	정치집단 및 외부 관계자 중시	리더 및 내부 구성원 중시	내부 구성원 중시
추진 대상	정부조직, 정치 및 행정체제와의 관계	사람, 제도의 과정 및 성과, 행정시스템 전반	제도의 과정 또는 성과 중심
추진상 특징	단기간 내 대규모 변화	장기간에 걸친 연속적 과정, 지속성과 상시성	단기간 내 소규모 변화

출처: 차의환(2007), 정부혁신의 전략과 변화관리, pp. 36～39 재구성

1.2.3 교통행정혁신론의 구성

지금까지 설명한 교통행정의 혁신에 대한 개념을 요약하면, 교통행정혁신은 보다 나은 교통서비스를 고객(국민, 통행자, 교통약자 등)에게 제공하기 위해

표 1.2 이 책의 구성 및 내용

분 류	과 제
1장. 교통행정과 행정혁신	교통행정의 행정혁신 개념 및 사례 소개
2장. 도로설계의 새로운 패러다임, CSD/CSS방식	지역사회의 요구, 환경 등 주변 맥락을 고려한 새로운 도로설계기법 및 사례 소개
3장. 가치공학(VE)을 이용한 도로교통분야의 기술혁신	산업분야에 널리 사용되던 가치공학을 도로교통사업에 접목하여 활용할 수 있는 공학적 기법 및 사례 소개
4장. 위험도 분석을 이용한 교통투자 분석기법의 변화와 과제	전통적인 타당성 분석의 한계를 극복하고 할 수 있는 위험도 분석을 이용한 타당성 분석기법 및 사례 소개
5장. 체계적인 의사결정지원을 위한 데이터관리체계(HPMS, ADMS)	교통투자사업 및 시설 운영과정에서 발생하는 교통데이터를 과학적으로 수집・가공・활용할 수 있는 데이터베이스 관리기법 소개
6장. 교통시설 투자재원 확보를 위한 변화와 한계	교통시설 투자를 위한 재원부족 문제에 능동적으로 대응하기 위한 새로운 재원조달방안 소개
7장. 지속가능한 재원조달을 위한 민간투자제도의 쟁점과 향후 과제	교통시설의 재원조달방안인 민간투자제도의 한계와 이에 대한 대책을 영국의 사례를 중심으로 소개
8장. 녹색교통인프라 확충에 따른 교통안전분야의 쟁점과 과제	녹색교통인 자전거인프라 확충에 따라 발생할 수 있는 교통안전문제의 대책과 과제를 영국의 사례를 중심으로 소개
9장. 도시교통정책의 정책 방향과 혁신과제	도시 내 종합교통정책의 정책 방향과 향후 과제를 싱가포르의 모범사례를 통해 고찰
10장. 서울특별시 대중교통체계 개편의 성과와 과제	대도시 대중교통체계의 정책 방향과 향후 과제를 우리나라 서울특별시의 모범사례를 통해 고찰
11장. 대도시권 광역교통문제의 확대와 과제	대도시권 광역교통의 정책 방향과 향후 과제를 프랑스 파리권의 모범사례를 통해 고찰
12장. 환경적 지속가능성을 고려한 교통정책의 변화와 과제	환경적 지속가능성을 고려한 교통정책 방향과 향후 과제를 영국 정부의 모범사례를 통해 고찰
13장. 정보통신기술 발달에 따른 교통체계의 변화와 과제	정보통신기술의 발달로 인한 교통정책 환경변화와 과제를 지능형교통사업의 도입사례를 중심으로 고찰
14장. 감사행정을 통한 고위험군 교통정책 및 제도관리체계	정책 실패 등으로 이어질 정책적 위험도가 높은 사업에 대해 감사행정을 통해 관리하는 미국 감사원(GAO)의 모범사례(고위험군 관리제도)를 통해 고찰

새로운 정책이나 제도를 도입·정착하도록 변화하는 과정에서 조직의 내부 구성원이 적극적으로 참여하여 정책 및 제도 또는 절차 등 시스템 전반에 대한 혁신의 성과가 나타날 때까지 장기간에 걸쳐 지속적이고 연속적으로 변화를 유도하는 것이라 하겠다. 이러한 관점에서 이 책에서는 도로교통분야의 교통행정 현장을 중심으로 <표 1.2>와 같이 혁신이 필요하거나 진행되고 있는 제도나 행정기법 또는 모범사례나 그릇된 사례에 대해서 소개하고자 하였다. 특히 각 장에서 소개된 혁신적인 제도·기법 또는 주요 사례를 중심으로 따라가다 보면 행정현장의 행정가나 대학교의 학생들이 필요한 교통행정의 혁신적 사고에 대해 손쉽게 이해할 수 있도록 내용을 구성하였다.

참고문헌

1. 도철웅(1995), 교통공학원론, 청문각
2. 김종민, 김만배(2004), 교통행정론, 보성각
3. 김정렬, 한인원(2008), 행정개혁론, 박영사
4. 차의환(2007), 정부혁신의 전략과 변화관리, KMAC
5. 송위진(2006), 기술혁신과 과학기술정책, 르네상스

02

도로설계의 새로운 패러다임, CSD/CSS방식

New paradigm of road design, Context Sensitive Design/ Context Sensitive Solution approach

"It is not intented to be a detailed design manual…
Sufficient flexibility is permitted to encourage independent design
tailored to particular situations."

– AASHTO Policy on Geometric Design of Highways and Streets(2001) 서문 중에서

2.1 개요

경부고속도로가 1970년대 최초로 건설된 이래 우리나라 도로망은 2007년 말까지 도로연장 10만 3,000여 km, 도로포장률은 78%로 양적으로 급격한 성장을 거듭해왔다. 이러한 성장은 산업사회에 필요한 국가 기간도로망을 빠른 시간 내에 효과적으로 구축하기 위해, 소수의 전문가 집단의 공학적 판단에 따라 획일적인 도로계획과 설계지침을 마련하여 주변 토지이용이나 도로환경에 유연하지 못한 도로규격을 획일적으로 적용한 데에 기인한다고 할 수 있다.

그러나 최근에는 도로건설 시 문화 · 역사, 환경 등 지역사회의 가치를 설계에 반영해야 한다는 대중적 관심이 높아짐에 따라 더 이상 소수의 전문가에 의해 마련된 설계제안서나 설계심사, 자문회의, 공청회만으로는 사업추진을 위한 지역사회의 공감대를 형성하기 어렵게 되었다.

국내에서도 서울외곽순환도로 사패산 터널구간(8.1 km)과 경부고속철도 천성산 원효터널구간(13 km) 건설공사의 반대로 공사가 2년 이상 지연되는 등 대형 국책사업들이 시민단체의 공사중단 요구로 인한 사업비 증가와 공기연장 등으로 사업추진이 어려운 상황에 놓인 적이 있었고, 앞으로도 이러한 지역사회와 시민, 종교 · 환경단체 등의 요구가 더욱 확대될 것으로 예상된다. 따라서 도로건설사업 추진 시, 관련 주체의 의견을 수용하여 공학적 · 경제적 변수 외에도 환경, 경관, 문화 등 지역사회의 가치를 설계변수로 고려하여 노선, 선형 및 횡 · 종단면 설계에 반영하는 세심한 노력이 필요하겠다.

미국에서는 지난 1960년대 이후 도로교통사업이 환경에 미치는 외부효과에 대한 대중의 관심이 높아지면서 지역사회, 환경단체의 민원으로 국책사업이 지연되는 사례가 발생함에 따라, 미 의회와 연방국도관리청(FHWA)에서는 전통적인 도로사업 추진방식의 한계를 극복하는 새로운 패러다임을 도입하기 위해 법 · 제도를 개선하여 왔다. 현재 도로사업 추진 시 역사 · 문화, 자연경관, 환경에 대한 지역사회의 요구를 민주적으로 반영할 수 있는 CSD/CSS설계방식(Context Sensitive Design/Context Sensitive Solution)을 도입하여 앞에서 언급한 문제를 해소하고 있다.

따라서 본 장에서는 미국의 새로운 도로설계 패러다임으로 자리잡고 있는

CSD/CSS설계방식을 소개하고, 이러한 방식이 국내 도로교통사업에 제공하는 정책적 시사점을 제시하고자 한다.

2.2 CSD의 개념 및 특징

2.2.1 CSD/CSS의 정의

CSD/CSS는 교통전문가와 공무원뿐만 아니라 시민과 관련 단체 등의 다양한 관계자가 도로교통사업을 추진하는 사업주체로서 상호협력적(Collaborative)으로 참여하면서, 도로의 기본기능인 이동성과 접근성 외에도 미적 경관, 역사·문화, 환경 등 다원칙적(Interdisciplinary)인 기능을 부여하여 도로를 설계, 건설, 운영, 유지관리하는 통합적인 도로사업의 추진방식 또는 절차를 의미한다.

여기서 CSD/CSS는 협의적으로는 설계안 도출을 의미하고, 광의적으로는 사업초기단계부터 건설단계까지 관계자를 모두 포함한 사업팀 또는 협의체를 구성하여 사업추진 시 지역사회의 다원칙적인 가치를 최대한 반영하는 사업 추진절차를 의미한다. 따라서 본 장에서는 두 해석을 포괄적으로 사용하여 CSD/CSS로 명명하기로 한다.

2.2.2 추진 경위

20세기 들어 미국에서는 급속한 인구·경제 성장과 자동차 보급으로 교통 수요가 급증함에 따라, 제한된 재원으로 도로를 최대한 적기에 공급하기 위해서 시민이나 관련 기관의 요구를 충분히 반영하지 않고 교통전문가의 공학적인 판단기준에만 의존하여 도로를 계획·설계·건설·운영·유지관리해 왔다. 그러나 1960년대 초 도로건설과 같은 공공사업이 환경에 미치는 부정적 효과에 대하여 시민들의 관심이 높아지면서, 당국과 전문가 중심의 전통적인 추진절차를 통해 추진된 도로교통사업은 시민과 지역사회의 저항에 부딪히게 되었다. 이에 따라 1969년 미 의회에서는 환경정책법(National Environment Policy Act, NEPA)을 제정하여 모든 공공사업(도로, 철도 등) 추진 시 반드시 환경성(습지, 멸종동물, 소음, 진동 등)을 검토하고 시민들의 의견을 수렴할 것을 의무화하였다.

1991년에는 육상교통효율화법(Intermodal Surface Transportation Efficiency Act, ISTEA)을 제정하고, 연방정부가 지원하는 도로교통사업을 추진하는 경우 동법에 따라 역사·문화, 자연경관 보전에 필요한 처리대책을 반드시 마련하여 사업을 추진하도록 규정하였다. 또한 1995년에는 국도법(National Highway System Designation Act, NHSDA)을 제정하여 역사·문화, 자연경관을 보전하기 위해 정부의 설계기준 및 지침 적용 시 유연성을 보장하고, 이와 관련한 처리대책을 수립하면서 발생하는 비용에 대해서는 중앙정부의 재정지원이 가능하도록 규정하였다. 1998년에는 1995년 국도법 제정에 따른 시행방안으로 FHWA, AASHTO에서 "Flexibility in Highway Design"이라는 설계지침을 마련함으로써 자연경관과 지역사회의 가치를 보전하기 위해서 그동안 엄격하게 적용되었던 AASHTO Green Book(A Policy on Geometric Design of Highway and Streets)의 설계지침을 유연하게 적용토록 권고하였다. 또한 2000년에는 FHWA와 AASHTO에서 미국 내 5개 주(코네티컷, 켄터키, 매릴랜드, 미네소타, 유타)를 대상으로 CSD/CSS 시범사업을 선정하여 수행하고, 그 결과를 다른 AASHTO 회원과 공유토록 하는 등 CSD/CSS설계방식을 보급하는 데 힘쓰고 있다.

2.2.3 CSD/CSS의 주요 특징

CSD/CSS설계방식은 설계·절차적인 측면에서 주요 특징을 가지고 있으며 이를 살펴보면 <표 2.1>과 같다.

CSD/CSS설계방식과 관련된 주요 쟁점은 대중과 지역사회의 참여로부터 요구받은 설계안이 기존의 도로설계기준을 만족하지 못하는 문제이다. 이에 대해 설계팀은 설계지침의 예외(Design Exemption)를 인정하고 지침을 유연하게 적용하게 되는데, 이로 인해 설계의 신뢰성이 저하되는 문제가 초래될 수 있다. 이와 같은 문제는 설계 예외에 대한 합리적인 검증(Documentation)절차와 관리청과의 대화를 통해 해소해 나갈 수 있다. 즉 설계 예외 문제는 설계기준의 예외사항을 합리적으로 검증하는 절차를 거쳐서 도입하되, 설계의 신뢰성을 높이기 위해 공학적 측면과 안전 측면의 연구와 시험운영 등을 통해 구현 가능하도록 적합성(Conformity)이 검증되어야만 한다.

표 2.1 CSD/CSS의 주요 특징

구 분	주요 특징
설계 측면	· 관계자의 동의절차를 통해 수요자의 요구를 반영하여, 사업의 목적과 필요성을 정립 · 도출된 설계(안)는 수요자와 지역사회의 요구 및 지역사회의 가치(환경적, 경관적, 미적, 역사적 가치 등)를 반영 · 관계자의 부동의로 인한 불필요한 시간과 예산낭비를 방지함으로써, 지역사회의 재원을 효과적·효율적으로 사용하도록 유도 · 도로건설로 인한 지역사회의 붕괴와 지역적 단절을 최소화
절차 측면	· 시민 등 다양한 관계자를 포함한 사업팀을 구성하여 개방적이고 지속적으로 상호 의사교환이 가능한 공식적인 창구 및 추진절차를 확보 · 사업범위 설정단계 이전에 교통공무원과 함께 관계자들을 모두 참여시켜 사업 착수 전까지 사업 목적과 내용에 대해 동의를 구함 · 환경성을 고려한 도로사업이 가능하도록 추진절차를 마련 · 도로설계 이전에 경관, 지역사회의 가치를 이해하기 용이하도록 함

표 2.2 CSD/CSS의 쟁점사항

쟁점사항	주요 내용
설계의 예외 문제	· 설계의 예외 적용이 왜곡된 설계를 방조하도록 해서는 안됨 · 설계의 예외 적용은 합리적인 검증절차를 거쳐야 함 · 설계자와 관리청(설계기준 수립 등)과의 대화가 매우 중요
설계지침의 적정 적용 여부	· 모든 이해관계자의 참여를 통한 사업추진 · 설계안 마련 시 대중참여(PI; Public Involvement) 기회를 더욱 확대 · 대중참여로 인한 설계의 예외 적용 시, 안전 측면의 검증은 반드시 선행되어야 함

출처: Eric T. Donell and John M. Mason, Jr(2007), Context-Sensitive for Highways and Streets, Handbook of Transportation Policy and Administration

2.2.4 프로젝트 개발절차

CSD/CSS설계방식은 도로재개발, 간선도로 차로확장공사, 교통체계개선(TSM), 자전거도로 건설 등 다양한 형태의 도로교통사업에 적용되고 있다. 먼저 사업초기 해당 사업의 관련 관계자(도로교통전문가, 공무원, 이익단체, 토지소유자, 사용자, 시민)들을 포함하는 사업팀 또는 협의체를 구성하고 <그림 2.1>과 같은 도로사업 추진절차를 통하여 관계자의 합의를 도출함으로써, 해당 사업의 목적과 기능을 보다 명확하게 정의하고, 지역사회의 다양한 가치를 사업에 반영하는 최적설계(안)를 도출하도록 유도한다.

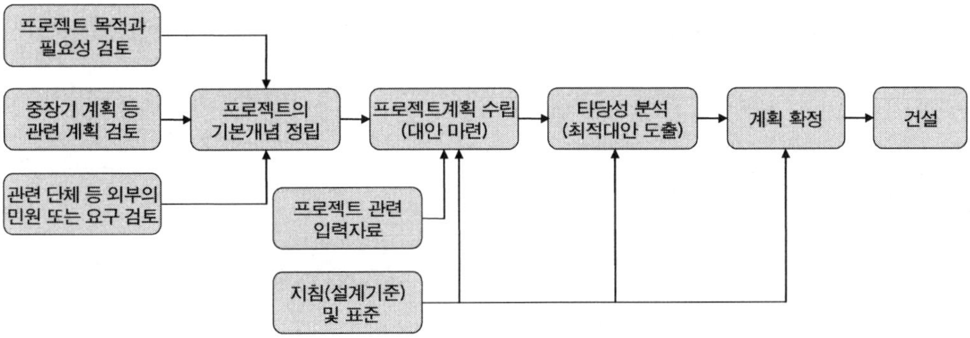

그림 2.1 도로사업 추진절차

(출처: TRB(2000), A Guide to Best Practice for Achieving CSS, p. 44)

이러한 절차는 사업의 초기단계부터 건설단계까지 전 사업과정(사업의 개념 정립부터 건설까지)에 지속적으로 적용이 가능한데, 먼저 사업초기단계에서는 당면한 교통문제를 인식하고, 외부기관·시민단체 및 지역사회의 요구, 중·장기 교통계획 등을 반영하여 사업의 기본개념 및 제안내용을 결정하게 된다. 이렇게 도출된 사업제안내용은 교통계획절차에 따라 대안선정, 대안분석·평가를 통하여 최적대안이 선정되고, 마지막으로 도출된 최적대안은 설계·

표 2.3 도로교통사업 관계자의 역할과 관심사항

관계자	역할 및 관심사항
사업관리자	· 투자우선순위를 고려하여 사업의 최적 투자시기에 재원을 효과적으로 투자함으로써 사업기간 내 사업을 마무리하는 데 관심
도로엔지니어	· CSD/CSS설계방식에 적합한 창의적이고 적용 가능한 설계안을 개발하는 데 관심
환경관리자	· 사업으로 인한 환경적 역효과를 최소화하는 데 관심 · 시민, 예산당국, 도로·교통엔지니어와 효과적인 의사소통에 관심
PI전문가	· 전문가와 의사결정자 및 공무원에게 시민의 요구를 전달하기 위해 사업주체, 시민의 의견수렴 방식 등에 관심
의사결정자 및 공무원	· 정책 고객의 요구를 만족시키고 주어진 예산과 시간 내에 사업을 마무리하는 데 관심

시공 · 운영 · 유지관리 · 모니터링 활동으로 이어진다. 이 과정에서 CSD/CSS 설계방식은 사업추진의 각 단계마다 기관 및 관계자들이 적극적으로 참여하여 <표 2.3>과 같이 관계자들의 입장에 따라 다른 관심사항과 쟁점을 해소할 수 있는 Clearing House 역할을 담당함으로써 성공적인 사업 추진을 가능하게 한다.

2.3 적용사례(Best Practice) 분석

2.3.1 Merritt Parkway 프로젝트(Greenwich, Connecticut)

▶ **Merritt Parkway 개량사업 설계방향**

- 법적제한속도 50 mph에서 60 mph로 상향 조정
- 이동성을 강조하는 간선도로 기능을 줄임
- 경관에 적합한 교통안전시설물 도입
- 낙석지역 외 노변 경관은 보존

(1) 사업개요

Merritt Parkway는 코네티컷 주의 Greenwich부터 Stratford에 이르는 총연장 약 40마일의 왕복 4차선 도로로, 1940년 개통되어 코네티컷 주의 간선도로 기능을 수행해 오고 있다. 이 도로는 주변 경관이 뛰어나고, 교량구조물이 1930년대 예술양식을 담고 있어 주의 명소로 여겨지면서 1991년에는 국가유적지로, 1996년에는 경관도로(State Scenic Road)로 지정되었다.

지방부 오픈스페이스(Open Space)에 건설되었으나 시간이 지남에 따라 도로 주변이 개발되어 토지이용이 변화하고, 출 · 퇴근 도로로 널리 활용되면서 일교통량(ADT)이 5만 대에 이르는 등 교통량이 급증하여 도로용량이 부족해졌다. 그리고 나무와 낙석 등 도로변 장애물과의 충돌사고 등 교통사고 위험이 매우 높은 상황이었다. 이러한 문제를 해결하기 위해 2000년 초 코네티컷 주 교통국(CDOT)에서는 Merritt Parkway의 지역적 가치 및 고유의 경관을 살리면서 교통량 증가에 따른 교통운영의 효율성과 교통안전을 증진시키고자 Merritt Parkway 개량사업을 추진하였다.

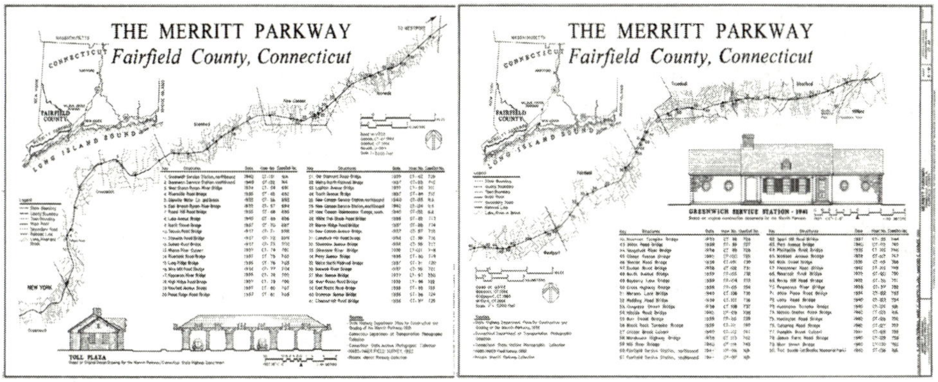

그림 2.2 Merritt Parkway 노선도

(출처: http://en.wikipedia.org/wiki/Merritt_Parkway)

(2) CSD/CSS 접근방식

코네티컷 주에서는 Merritt Parkway 개량사업을 추진하기 위해 초기단계부터 CDOT, 기초자치단체 공무원, 엔지니어 · 교통 · 조경설계 · 유지관리 · 건설 · 건축 · 환경전문가, 시민단체 등으로 구성된 추진위원회와 (필요에 따라 탄력적으로) 분야별 워킹그룹을 조직하고, 사업의 목적과 쟁점사항을 파악하는 등 관련 단체와 관계자들이 참여한 CDOT의 추진위원회에서 관련 지침이나 상위 기본계획이 적절히 반영되었는지, 지역사회의 요구가 잘 반영되었는지 등 사업의 주요 사항을 확인 · 결정하도록 하였다.

이 과정에서 당초 도로건설 취지와 배경을 잘 이해하고 있는 최초 설계자 W. Thayer Chase의 의견을 반영하는 한편, 사업시행 시 설계서 상에서 예측할 수 없었던 문제가 발생할 수 있기 때문에 건설 · 운영관리 경험이 풍부한 전문가들이 산하 워킹그룹에 참여하여 교통혼잡, 교통사고, 낙석위험 등 사업의 리스크를 사전에 반영하여 설계하도록 하였다. 또한 지역사회와 시민단체는 사업의 기본개념 정립 및 기본계획 수립단계에서 집중적으로 참여하여 환경 · 경관, 생태적 문제, 소음, 조망권, 사생활 침해 등의 문제를 검토하고, 이러한 검토결과는 도로기능과 설계의 기본개념을 정립하는 데 반영되도록 하였다. 아울러, 대중들이 참여하는 공청회를 통해 사업의 비전과 필요성 및 사업의 접근방안을 설명 · 홍보하였다.

그 결과 CDOT의 추진위원회는 본 사업의 범위를 기존 도로의 가치를 보존하면서도 장래 지역개발을 고려하여 교통시설의 용량을 확장시키는 동시에 교통사고를 줄이기 위해 도로횡단면을 조정하고 교통안전시설을 보강하는 것으로 설정하고 이와 같은 세부적인 설계방향을 마련하였다.

(3) 주요 쟁점사항

코네티컷 주 내 간선도로의 기능을 축소하는 대신, 수려한 도로경관을 보존하면서도 고질적인 교통사고를 줄이기 위해 교통안전시설을 보완하는 방향으로 도로를 개량하였다. 특히, CDOT가 AASHTO Green Book의 관련 지침(Roadside Design Guide)을 엄격하게 적용하면서 주변 경관 및 산림을 훼손하고 환경을 단절시키는 연속된 중앙분리대(Barrier)를 설치해야 했다. 이러한 문제를 해결하기 위해 CDOT는 도로설계지침을 유연하게 적용하여 도로변에는 교통류에 최소한의 영향을 주는 길어깨의 폭(4 ft 내외)을 유지하고, 중앙분리대에서 교통사고 조사를 통해 사고위험이 있는 나무를 선별하여 제거하도록 하여 경관 및 자연훼손을 최소화하였다.

대신 기존의 연속적인 중앙분리대는 지역을 단절시키고 외관이 주변 경관과 조화를 이루지 못하는 단점을 가지고 있어, 사업 환경에 맞도록 새로이 설계하도록 하였다. 이렇게 설계된 Steel-Back Timber 가드레일은 NCHRP 350 기준에 따라 속도, 충돌각, 차량별 충돌실험 등 적합성 검증(Conformity Test)을 통해 도입되었으며, 사후 모니터링 결과 사고건수는 다소 줄었으나 사고의 심각도는 획기적으로 줄어 교통안전도 상당히 개선된 것으로 보고되고 있다.

2.3.2 Manndale로(路) 미시시피 주, 주 도로 473호선

▶ Manndale로 확충사업 설계방향

- 토지이용 활성화에 따른 도로용량 확충(2차로 → 4차로)
- 통과교통을 위한 이동성 증대
- 주요 경관지역과 문화유적지(교회) 보존을 위해 설계지침을 유연하게 적용

(1) 추진배경

Manndale로는 국도 22호선과 주 도로 55호선 사이, 미시시피 주 Madison

Northwest 시의 서쪽에 위치해 있는 도로연장 8마일의 2차선 도로이다. 도로 주변의 토지이용은 도시부의 상업시설을 시점부로 하여 도로 종점부는 인구 밀도가 낮은 주거지와 농지로 분포되어 있다. 이 도로를 따라 초기이민자들이 정착한 마을이 조성되어 있고, 문화유산으로 150년 이상된 교회당이 위치해 있다. 그러나 기존 도로 주변의 토지가 개발되어 교통수요가 증가함에 따라 수려한 자연경관과 문화유적지를 보존하면서 늘어나는 교통수요를 충족시키기 위해 도로증설이 필요하게 되었다. 즉 463호선의 교통수요가 2004년에는 일교통량(ADT) 기준으로 19,900대/일 수준이나, 2025년에는 33,300대/일로 1.7배 급증할 것으로 예상됨에 따라 적정 서비스 수준(LOS)을 유지하기 위해서는 전체 도로연장(8마일)에 대해 2차로에서 4차로로 확폭하는 사업이 필요하게 되었다.

(2) CSD/CSS 접근방식

FHWA와 미시시피 주 교통국(MDOT)은 국가환경법(National Environmental Policy Act, NEPA) 절차[4])를 근간으로 하는 CSD/CSS설계방식으로 이 사업을 추진하기로 결정하고, 사업추진을 위해 사업팀, 시민지원팀(CAT)을 구성・운영하였다. 이를 위해 사업 초기, 사업의 개념 정립 및 사업관리를 수행할 사업팀을 CSD/CSS 전문가, 교통계획가, 엔지니어, 조경설계사, 문화재전문가, PI(Public Involvement)전문가 등 관련 분야의 전문가로 구성하였다. 여기서 사업팀은 지역사회의 가치를 반영하여 설계대안을 개발・선정하고, 선정된 결과를 시민들에게 알리는 기능을 수행한다.

또한 주민의 의견을 사업에 최대한 반영하기 위해 지역사회를 대표하는 산업계, 학계, 종교계, 문화계, 주민대표, 도시계획가 등 20인 내외로 CAT를 구성하였다. 여기서 CAT는 계획・설계단계에서 계획・설계(안)의 방향(도로기능, 설계속도, LOS)과 설계변수(선형, 차로, 중분대, 길어깨 폭 등) 등을 검토

4) 1970년에 제정된 국가환경법(NEPA)에서는 연방정부가 추진하거나 지원하는 사업을 시행하기 이전에 환경에 대한 효과를 공개적이며 투명하고 협조적으로 검토하여 의사결정에 반영하도록 하기 위해, 해당 사업자에게 사업시행 이전에 사업공고(NOI) → 환경성 평가안(DEIS) 공고 → 의견수렴(45일) → 환경성 평가결과(FEIS) 공고 → 의견수렴(30일) → 의사결정(ROD)으로 구성된 NEPA절차를 반드시 이행하도록 하고 있다.

그림 2.3 CAT 설명 및 토의 장면
(출처: TRB(2002), NCHRP 480, A Guide to Best Practice for Achieving Context Sensitive Solution)

하여 지역사회의 요구를 설계에 구체적으로 반영시키게 된다. 이때 CAT에서 쟁점으로 야기된 문제는 NEPA절차에 따라 복수대안을 설정하여 CAT, 사업팀의 의견조율을 통해 최종 결정된다.

이러한 과정을 거쳐 도출된 Manndale로의 설계방향은 토지이용 활성화에 따라 급증하는 교통수요에 대응하고자 도로를 4차로로 확충하면서 주요 경관지역과 문화유적지의 훼손을 최소화하도록 다음과 같은 쟁점사항에 대한 검토를 거쳐 최종 결정되었다.

(3) 주요 쟁점사항

기존 도로선형에 2차로를 추가 확폭하기 위해 AASHTO Green Book의 지방부 4차로 설계기준을 그대로 적용하면, 최소 설계속도 55 mph, 중앙분리대

그림 2.4 경관지구(왼쪽), 문화유적(오른쪽)(150년 전 초기이민자들이 설립한 교회)
(출처: TRB(2002), NCHRP 480, A Guide to Best Practice for Achieving Context Sensitive Solution)

폭 90 ft를 확보하도록 건설해야만 하는데, 이럴 경우 기존 도로변에 위치한 주택과 문화유적을 이전하거나 주요 경관지역이 훼손되는 문제점이 발생하게 된다. 사업팀에서는 CAT 회의에서 이러한 문제가 제기된 2개 지구에 대해 곡선반경 등 선형을 조정하고, 배수구 폭을 축소하는 등 도로횡단면의 설계기준을 완화하여 적용하는 방법으로 경관과 문화유적을 보전하였다.

2.3.3 미네소타 주 Trunk Highway 61호선

▶ **Mn TH 61의 설계방향**

- 설계속도 선정 시 설계지침을 만족
- 수변, 공원 등 도로경관 보존
- 수변 접근 확대, 도로변 휴식시설 개선
- 선형 변경으로 도로의 이동성과 접근성 개선
- 노후 도로를 재포장하여 포장의 질 개선
- 선형 변경을 통해 공원 내 사면 절개 최소화

(1) 추진배경

미네소타 주 TH 61호선(Mn TH 61)은 미네소타 주 북쪽 Duluth 지역에서 캐나다 국경 Grand Portage를 연결하는 총연장 150마일의 2~4차로 도로로,

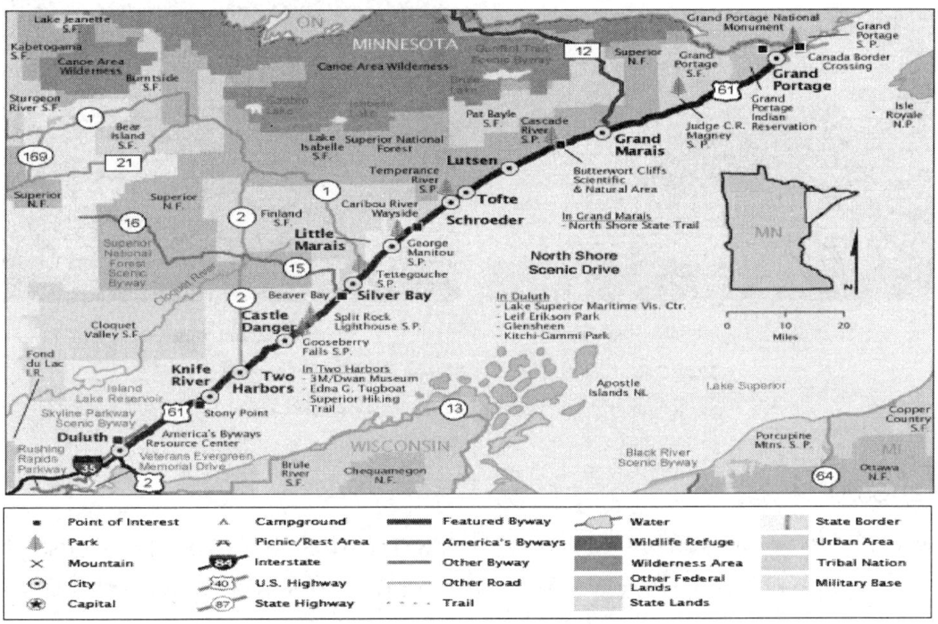

그림 2.5 미네소타 주 TH 61호선(North Shore Scenic Drive) 노선도
(출처: http://www.byways.org/explore/byways/11185/travel.html)

1960년대에 포장되어 미네소타 주 내 간선도로 기능을 수행해오고 있다. 이 도로는 19개의 작은 마을과 주 공원, 역사유적지, 인디언 보호구역, 문화재, 수려한 수변경관을 지니고 있다. 특히 Lake Superior를 따라 형성되는 수변경관도로(North Shore Scenic Road Drive)에는 웅장한 숲과 폭포수, 굴곡진 해안선, 역사유적지가 인접하여 미국 내에서 가장 아름다운 도로로 손꼽히고 있으며, 이러한 특징 때문에 국가경관도로로 지정·운영되고 있다. North Shore Scenic Drive의 주요 명소로 바위에 선박이 부딪혀 조난되는 사고를 방지하기 위해 1909년에 건립한 Split Rock 등대와 같은 랜드마크뿐만 아니라, 1903년 설립되어 낚시, 스키, 수변활동으로 유명한 Grand Marias 마을도 유명한 관광지로 꼽히고 있다.

그러나 Mn TH 61은 교통수요 증가에 따른 도로용량 증설뿐만 아니라 포장의 내구연한이 지나 도로의 재포장이 필요했고, 1960년대 완공된 노후 도로시설을 최근 도로설계기준에 맞도록 개량할 필요성이 대두되었다.

(a) Split Rock Lighthouse State Park (b) Grand Marais

그림 2.6 미네소타 주 TH 61호선 주요 관광명소 전경
(출처: http://www.byways.org/explore/byways/11185/places/)

(2) CSD/CSS 접근방식

미네소타 주 교통국(Mn DOT)에서는 Mn TH 61을 최근 도로설계지침에 맞도록 개량하면서도 지역사회, 시민들이 요구하는 안전성과 휴양시설 등에 대한 접근성, 환경친화성, 경관보존 등을 만족시키기 위해 적극적인 사업관리와

관련 기관의 참여를 골자로 하는 CSD/CSS설계방식을 채택하였다. 이를 위해 우선 본 사업의 목적과 추진방향에 대하여 19개 마을, 주 정부, 8개 주 공원, 인디언 보호구역 등 다양한 관계자들의 의견을 수렴해야만 했다. 이와 관련하여 Mn DOT는 사업개발의 초기 단계부터 지역사회 등 관계자들을 사업팀에 참여시켜 역사 · 문화적 가치 및 자연경관 등 지역의 가치를 보존하면서 해당 지역의 사업환경에 적합한 설계안을 도출하도록 협의하였으며, 그 결과 다음과 같은 쟁점사항에 대한 검토를 거쳐 이와 같은 설계방향을 마련하였다.

(3) 주요 쟁점사항

Mn DOT는 도로의 설계속도 선정 시, 예비조사에서 AASHTO Green Book 기준에 따라 제시된 설계속도(70 mph)가 아닌 55 mph를 선택하였는데, 이는 지역사회의 요구와 사업환경(교통수요, 토지이용, 지역사회의 가치 등)을 고려하여 AASHTO Green Book과 ITE 교통공학핸드북의 설계지침을 유연하게 적용하였기 때문이다. 이렇게 설계기준을 낮추어 설계속도를 선정함으로써, 설계속도 선정 시 설계지침을 만족하면서도 전 구간의 도로선형을 유연하게 적용할 수 있게 되었다. 그 결과 State Park 등 주립공원 내 사면 절개를 피해

그림 2.7 수변도로의 선형

(출처: TRB(2002), NCHRP 480, A Guide to Best Practice for Achieving Context Sensitive Solution)

건설비용을 절감하고, 수변에 근접하도록 선형을 선정하여 빼어난 도로경관을 유지하는 동시에, 수변의 접근성을 높이고 휴식시설을 확충하여 도로이용자에 대한 서비스 수준을 향상시키는 효과를 얻었다.

2.4 정책적 시사점 및 향후 과제

지금까지 전문가의 공학적 판단에 근거한 획일적인 도로계획과 설계지침에서 벗어나, 문화·역사, 경관, 환경 등 다원화된 지역사회의 요구를 민주적인 의사결정절차에 따라 반영하여 도로교통사업을 추진할 수 있도록 개발된 CSD/CSS설계방식의 개념과 적용사례를 살펴보았다. 최근 국내에서도 서울외곽순환고속도로와 경부고속철도 건설사업 등의 분쟁사례와 같이 종교·시민단체 및 지역사회의 다양한 요구를 사업 초기부터 반영하지 못하여 공사가 지연되고 이로 인해 공사비용이 급증하는 등의 문제가 지속적으로 발생하고 있고, 앞으로도 이러한 문제는 대규모 SOC사업 추진 시 더욱 확대될 전망이다. 본 장에서 검토한 미국의 CSD/CSS설계방식은 1990년 초 육상교통체계효율화법과 국도법에 따라 공학적 설계뿐만 아니라 사업추진 전 과정에서 지역사회의 가치와 요구를 적극 반영하도록 한 데 그 의의가 있으며, 특히 다음과 같은 세 가지 관점에서 우리의 정책환경에 비추어 보았을 때 정책적 시사점이 매우 크다고 판단된다.

첫째, 미국 교통부와 도로관리청은 CSD/CSS설계방식에 따라 지역사회의 가치를 도로설계 변수에 반영할 수 있도록 AASHTO Green Book, ITE 교통공학핸드북 등의 설계지침을 유연하게 적용하도록 하고 있다. 이에 따라 Manndale로는 곡선반경 및 도로횡단면 설계기준을 완화하여 선형을 조정하고 Mn TH 61은 설계속도 기준의 하향 적용과 도로선형의 변경을 통하여 역사적 유적, 문화재 및 자연경관을 보존할 수 있었다.

둘째, 도로교통사업 추진 시 전문가와 공무원의 공학적 판단 외에도 다원칙적인 지역사회의 요구나 주요 쟁점사항을 관계자들이 선정한 원칙에 따라 합의를 통해 도출하는 방식으로 민주적 의사결정 추진절차를 마련함으로써 관련 단체 및 지역사회의 반대로 인한 불필요한 사업 지연을 사전에 방지할 수 있다. 이를 위해 Manndale로 개량사업에서는 사업초기부터 사업관리자, 엔지니어, 환경단체, 공무원 등으로 구성된 사업팀과 지역사회의 대표로 구성된 시민지원팀을 운영하여 도로설계방향이나 의견이 상충되는 쟁점사항을 주민합의에 의해서 조정하였다. 또한 Merritt Parkway 개량사업에서는 공무원, 엔지니어, 교통 · 조경 · 건축환경 시민단체뿐 아니라 건설 · 유지관리 전문가를 사업추진위원회에 참여시켜 장래에 발생 가능한 사업의 리스크를 계획단계부터 반영하는 한편, 의견이 상충되거나 전문적인 검토가 필요한 쟁점사항은 분야별 워킹그룹을 조직하여 사전검토와 협의가 충분히 이루어지도록 하였다.

셋째, 최근 친환경적 도로, 경관도로뿐 아니라 지구 내 도로에서 Traffic Calming, Road Diet 등 새로운 도로서비스 개념을 정립하여 도입하고 있는데, CSD/CSS설계방식은 사업추진위원회나 사업팀의 합의에 따라 해당 도로환경에 적합하도록 이와 같은 창의적인 도로서비스 개념이나 시설이 도입 가능하도록 촉진하고 있다. 이에 따라 Merritt Parkway 도로서비스 개념이나 개량사업에서는 설계지침 상 반드시 설치하도록 되어 있는 연속형 중앙분리대가 도로경관을 훼손할 수 있다는 문제점을 극복하기 위해, 적합성 검증 등 교통안전에 대한 검증을 통과하는 경우 사업환경에 맞게 안전시설물을 변경하여 설치할 수 있도록 하였으며, 그로 인해 도로환경에 어울리는 Steel-Back Timber 가드레일로 변경하여 설치할 수 있었다.

이와 관련한 향후 과제로 첫째, 도로설계지침의 예외 적용문제를 엔지니어가 해결하기 위해서는 다양한 관련자들의 참여로 얻어진 여러 설계대안에 대한 안전성과 안전성 지표를 상호 비교하여 최적대안을 선정할 수 있는 정량적 도구나 절차가 개발되어야 할 것이다. 특히 장기적인 지역 또는 지구단위 교통계획 과정에서 다양한 이해관계자들의 요구를 사전에 반영하여 정량적 또는 정성적으로 의사결정할 수 있는 방법론이나 절차를 개발 · 적용하며 선조정한다면, 사업추진단계에서 발생하는 설계기준 예외 등의 문제를 보다 줄일 수 있는 대안이 될 것이다.

둘째, 설계지침 상의 기준을 준용하지 못하는 설계안을 시행할 경우에는 왜곡된 설계로 인한 사업비 증가와 교통사고 증가 등 역효과를 최소화하기 위해서 설계 예외에 대한 효과(공사비 증가, 이동성 및 안전성 저하)와 검증절차가 반드시 필요하다. 따라서 국내 실정에 맞도록 설계 예외 문제를 해소하기 위한 합의된 합리적 절차나 가이드라인을 마련할 필요가 있다.

참고문헌

1. AASHTO(2001), Policy on Geometric Design of Highways and Streets
2. TRB(2002), NCHRP 480, A Guide to Best Practice for Achieving Context Sensitive Solution
3. TRB(2004), Transportation Research Circular EC067, Context Sensitive Design Around World
4. Eric T. Donell and John M. Mason, Jr(2007), Context-Sensitive for Highways and Streets, Handbook of Transportation Policy and Administration, CRC Press
5. http://en.wikipedia.org/wiki/Merritt_Parkway
6. http://www.byways.org/explore/byways/11185/places/
7. http://www.contextsensitivesolutions.org/

03

가치공학(VE)을 이용한 도로교통분야의 기술혁신

Innovation and challenges of technology in road transportation using Value Engineering

모든 비용은 기능을 위한 것이다.

- 가치공학의 창시자, 엔지니어, 로렌스 D. 마일즈(1904~1985년)

3.1 개요

우리나라의 도로교통수요는 1980년대 이후 대도시 주변에 신도시가 개발되어 시 외곽에서 도심으로 진·출입하는 통행량이 증가하는 도시교통의 광역화 현상과 함께, 국제통화기금(International Monetary Fund, IMF) 위기 극복 이후 소득 증대와 주 5일 근무제도 시행으로 인하여 지역교통의 전국화 현상이 진행되면서 지속적으로 증가하고 있는 실정이다. 그러나 정부의 도로건설 예산은 복지, 환경, 국방 등 타 분야의 정부예산 증가로 인해 2003년 9조 원에서 2006년 7조 3,000억 원으로 19% 감소하였으며, 당시 기획예산처의 국가재정운용계획에 따르면 향후에도 도로부문의 정부예산 감소추세는 지속될 예정이다.

따라서 정부는 줄어드는 도로부문 예산을 이용하여 늘어나는 도로교통수요에 대응하여 어떻게 효과적으로 도로망을 공급해야 하는가에 대해 고민하게 되었다. 또한 기업(건설업·엔지니어링업계)은 도로부문의 정부예산 축소뿐만 아니라, 국가 간 자유무역협정(Free Trade Agreement, FTA) 체결 등 국제화의 흐름에 발맞추어 국내·외 개방된 건설시장에서 어떻게 경쟁력을 확보할 것인가에 대해 고민하게 되었다.

저자는 우리 정부와 기업이 처한 당면과제에 대한 해답을 무엇보다도 기술혁신(Technical Innovation)에서 찾아야 한다고 생각한다. 따라서 본 장에서는 도로교통의 혁신적인 비용효과적(Cost-effective) 방안으로 인식되고 있는 '가치공학(Value Engineering, VE)'과, 최초로 이를 제도적으로 도입하여 도로교통 분야에 널리 활용하고 있는 미국의 VE제도와 적용사례에 대해 소개하고자 한다.

국내에서도 2000년 들어 「건설기술관리법 시행령」에서 설계의 경제성 등 검토의무화 내용을 포함하여, 총 사업비 500억 원 이상 대규모, 고난도 공사에 대하여 설계 시 경제성 검토를 의무적으로 시행함으로써, 가치공학의 도입을 통하여 업체의 기술혁신을 유도하도록 하는 최소한의 법적 유인장치가 마련되었다고 볼 수 있다. 그러나 국내에서는 아직까지 가치공학에 대한 이해와 공인전문가가 부족할 뿐만 아니라 공법 변경으로 인한 사업시기 연장에 대해 우려하는 현장 풍토 때문에 적극적으로 활용되지 못하고 있다.

그러나 미국에서는 1954년 미국 국방부 해군선박부에서 가치공학을 조달부문에 처음 도입한 이후, 1974년 연방보조 국도사업의 원가절감을 위해 가치공학을 도입할 수 있는 법적 근거를 마련하고, 연방국도관리청(FHWA)에 가치공학 관련 조직과 직제를 신설한 이래, 현재까지 건설비를 획기적으로 절감하고 도로의 성능을 향상시키는 효과적인 의사결정 지원도구(Decision Making Tools)로 사용해오고 있다. 따라서 저자는 본 장을 통하여 가치공학을 도로교통분야에 도입함으로써 기술혁신(원가절감, 프로젝트의 질적성능 향상 등)을 이룬 미국의 선행사례(Best Practice)를 소개하고, 이와 같은 고민에 빠져 있는 국내 공공·민간부문의 도로교통분야 전문가와 의사결정자에게 정책적 시사점을 제공하고자 한다.

3.2 가치공학의 정의 및 특징

3.2.1 가치·가치공학의 정의

'가치(Value)'는 생산품이나 프로젝트의 기능적 성능과 그것을 얻기 위한 비용 사이의 상관관계를 나타내는 정성적 혹은 정량적 지표로, '최고가치'라는 말은 고객이 기대하는 성능수준을 만족하는 기능을 확실하게 달성할 수 있는 최고의 비용효율적인 수단을 의미한다. 따라서 이를 수식으로 나타내면 식 (3.1)과 같이 성능을 비용으로 나눈 값으로, 여기서 성능은 범위와 일정의 합으로도 나타낼 수 있다.

$$\text{가치(Value)} = \frac{\text{성능(Performance)}}{\text{비용(Cost)}} \fallingdotseq \frac{\text{범위(Scope)} + \text{일정(Schedule)}}{\text{비용(Cost)}} \tag{3.1}$$

여기서, 성능: 의도된 기능을 완수하기 위한 생산품의 능력

비용: 사업 · 생산품을 위해 필요한 인력, 장비, 자재 등의 모든 자원

범위: 생산품의 범위는 생산품의 의도된 성능 및 특징을 의미하고, 사업의 범위는 생산품이나 서비스를 조달하기 위해 필요한 작업으로 구분

일정: 생산 · 사업기간으로, 주어진 시간 내에 특정한 장소에 제품이나 서비스를 제공하기 위해 필요한 검토 내용

또한 가치공학(Value Engineering, VE)은 '다양한 전문분야의 전문가팀을 구성하고 사업과 생산물의 성과(Performance) 향상과 원가절감을 위하여 관련 프로세스에 영향을 미치는 기능을 개선하는 과학적 기법 및 절차'를 말한다. 여기서 가치공학은 가치설계(Value Design), 가치혁신(Value Innovation), 가치관리(Value Management) 등으로 시대변화에 따라 명칭이 변화하였으나, 그 기본원리는 모두 동일하다.

3.2.2 가치공학의 추진절차

가치공학의 추진절차는 L. D. Miles에 의해 처음으로 제시되었는데, '정보단계 → 분석단계 → 창조단계 → 판단단계 → 개발계획단계'의 5단계로 구성되어 있으며, 이후 개인이나 조직의 특정 요구사항을 충족시키기 위해 다양한 형태로 변화하면서 발전해 왔다. 최근에는 R. B. Stewart(2005)[5]가 L. D. Miles가 제시한 5단계의 기본단계를 포함하여 '준비단계 → 정보수집 단계 → 기능분석 단계 → 아이디어 모색단계 → 아이디어 평가단계 → 대안개발 단계 → 발표단계 → 이행단계'로 8단계의 작업계획(Job Plan)을 제시하였는데, 이는 <그림 3.1>과 같다.

5) SAVE International의 Job Plan(작업계획)과 유사

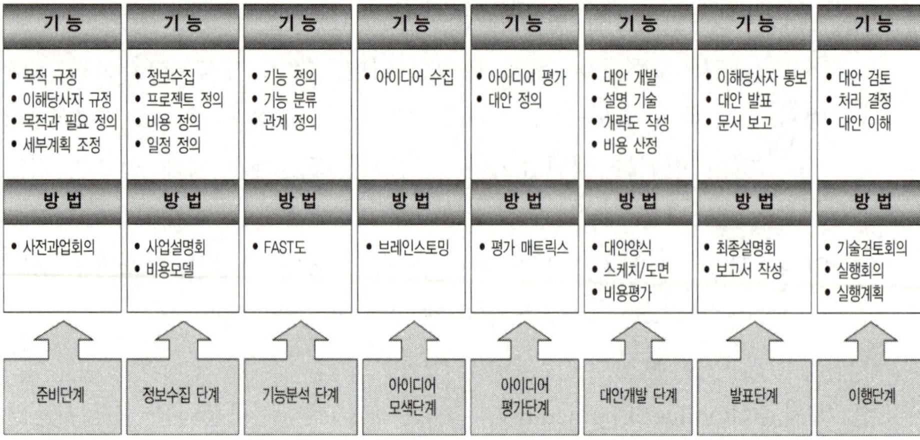

그림 3.1 가치공학 작업계획 흐름도

〈가치공학 작업계획(R. B. Stewart, 2005)〉

① 준비단계: 대상 사업과 수행시기를 확인하여 가치공학연구의 목표, 목적, 가정 및 제한사항 등을 확인하는 단계

② 정보수집 단계: 대상 사업을 완벽하게 이해하고, 연구에 필요한 정보(비용, 일정 등)를 수집하는 단계

③ 기능분석 단계: 연구의 핵심과정으로, 대상 사업에서 가치를 제공하지 않는 불필요한 기능을 분류하여 식별해내는 단계

④ 아이디어 모색단계: 대상 사업의 기능적 성과달성을 위하여 브레인스토밍기법을 활용하여 광범위한 아이디어를 창출하는 단계

⑤ 아이디어 평가단계: 아이디어 모색단계에서 생성된 많은 양의 아이디어 중 평가 절차를 통해 양질의 아이디어를 추려내는 단계

⑥ 대안개발 단계: 평가단계에서 도출된 아이디어를 기술적으로 검증하여 실행 가능한 가치대안으로 개발하는 단계

⑦ 발표단계: 주요 의사결정자가 제안사항을 포함한 최종보고서를 통하여 과업결과를 발주자, 이해당사자, 이용자에게 알려주는 단계

⑧ 이행단계: 연구팀에서 제공한 연구결과를 검토한 후, 인용 또는 기각 여부를 결정하는 단계

3.2.3 가치공학의 적용 시 특 · 장점

가치공학의 주요 특 · 장점(강점, 약점, 기회, 위기)은 미국 TRB(2000)의 NCHRP 352 보고서 중 SWOT분석결과(표 3.1)를 참고하면 쉽게 알 수 있다.

표 3.1 가치공학(VE) 적용 시 주요 특 · 장점(도로분야)

▶ 강점(Strength)	▶ 약점(Weakness)
① 프로젝트 개발 초기에 적용하여 프로젝트 기능과 범위를 명확히 할 수 있음 ② 관련 주체의 의견수렴절차가 잘 개발되어 있음 ③ 조직 내 VE 적용을 위한 리더가 존재함 ④ 프로젝트의 최적 구현이 가능함	① 훈련된 전문인력 부족으로 조직 내 VE팀 구성이 어려움 ② VE 연구에 별도의 비용과 기간이 소요됨 ③ 법정기준 외 사업에는 VE 도입을 꺼려함 ※ 미국의 경우, 사업비 2,500만 달러 이상 사업에 VE를 의무적으로 도입하고 있음
▶ 기회(Opportunity)	**▶ 위기(Threats)**
① 법정기준 외의 사업에도 확대 가능 ② 공공기관이 주어진 예산 내에서 최적대안을 제공한다는 국민의 신뢰 획득 ③ 설계 · 시공분야 외 도로안전, 신규 설계방식, 자산관리 등 타 분야에 VE를 확대적용 가능 ④ 타 기관, 내부기관 간의 업무협조 증진	① 교육훈련, 연구예산 등 관련 비용과 시간이 소요됨 ② 조직 내의 VE에 대한 몰이해와 전문가의 부족 ③ 중앙정부의 의무적인 도입방침 없이는 추진이 미흡 ④ 도로안전, 첨단건설기술 등 타 분야로의 확대에 대한 인식 부족

출처: TRB(2005), NCHRP Synthesis 352: Value Engineering Application in Transportation, pp. 15～16

3.3 가치공학을 이용한 도로교통 기술혁신

3.3.1 도입배경 및 추진현황

1940년대 초 General Electric(GE)사의 부사장 Harry Erlicher는 적절한 설계변경과 대체원료를 이용하면 원가를 절감하여 낮은 가격에 질 높은 상품을 생산할 수 있다고 판단하고, 당시 구매부장으로 근무하던 L. D. Miles에게 효과적인 원가절감방안을 개발토록 하였으며, 그 결과 1947년 가치분석(Value Analysis)이 탄생하였다.

그림 3.2 L. D. Miles
(출처: http://www.valuefoundation.org/)

가치공학의 아버지라고 불리는 가치공학의 창시자인 Miles는 GE사의 도장 공장에서 구매의뢰한 석면(Asbestos)의 가격이 폭등하자, 가격이 싸면서도 석면과 같은 내화기능을 달성할 수 있는 대체재를 도입하여 제품의 기능을 유지하되 원가를 절감할 수 있는 제안기술을 개발하고, 이를 설계과정의 일부가 아니라 독립된 기술혁신과정으로 발전시켰다. 이를 통해 GE사는 이후 수십 년간 경쟁사보다 높은 경쟁력을 유지할 수 있게 되었다.

1954년 미국 국방부 해군선박부(U.S. Navy Bureau of Ships)는 민간의 이러한 기술혁신방식을 정부 내의 조달부분에 처음으로 도입하면서 이를 가치공학으로 명명했다. 또한 1963년 해군공병단에서 설계분야에 적용하기 시작하였고, 1965년에는 육군공병단(Corps of Engineers, COE)에서 건설계약 시 이를 적용할 경우 인센티브를 제공하도록 하는 가치변경제안제도(Value Engineering Change Proposal, VECP)[6]를 도입함으로써, 공공건설사업의 비용 효과적 추진방식으로 인식되기 시작하였다.

6) 긍정적인 가치분석변화가 발생하면 실행 전에 제안자가 사업발주자에게 승인을 요구하고 제안자의 계약내용을 변경하게 된다. 많은 조직들이 공식적인 VE 검토에 얽매이지 않는 VECP를 계약 시 사용하고 있으며, 이행된 가치변경제안서의 결과로부터 얻은 이익은 계약조건에 따라 달라질 수 있으나 통상 50 : 50으로 나누게 된다.

한편 미국 의회는 비용 효과적인 국도망 확충을 위하여 1970년 연방보조 국도사업에 가치공학이나 건설비 절감 분석을 도입할 수 있는 법적 근거를 마련하였으며, 1973년에는 연방국도관리청(FHWA) 내에 가치공학 관련 프로그램(기획 · 운영 · 관리 · 교육)을 담당하는 조직과 직제를 신설하였다. 1995년 고속도로법과 1997년 연방국도관리청의 VE Regulation 23 CFR Part 627에 따라 각 2,500만 달러 이상의 모든 연방보조 도로사업에 대해 의무적으로 가치공학을 이용하도록 하는 법 · 제도적 기준이 마련됨으로써 가치공학의 이용 활성화에 기여하였다.

3.3.2 추진체계

미국 도로교통부문의 가치공학과 관련된 조직은 <그림 3.3>과 같이 조직 간 유기적인 관계로 구성된 추진체계를 형성하고 있으며, 각 기관별 해당 업무는 다음과 같다.

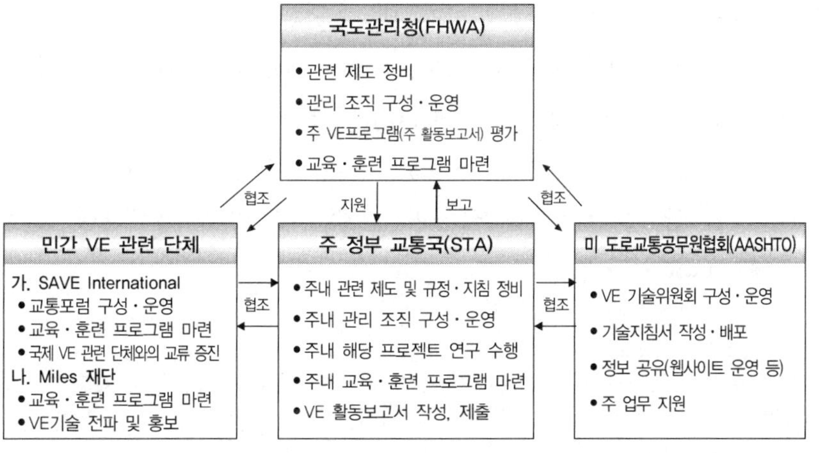

그림 3.3 미국의 도로부문 가치공학 추진체계도

(출처: TRB(2005), NCHRP Synthesis 352: Value Engineering Application in Transportation)

(1) 연방국도관리청(FHWA)

연방국도관리청은 도로부문의 가치공학 확산을 위해서 관련 법(1970년, 1995년)과 규정(1997년)을 정비하고, 조직 내부에 관련 조직과 직제를 구성하여 운영하면서 교육 · 훈련 프로그램(1973년 등) 및 가치공학 활용지침서

(1998년)를 작성 · 배포하여 주 정부의 가치공학 활용을 지원하고 있다. 특히 연방국도관리청의 교육프로그램은 주 정부에서 가치공학을 확대 적용하기 위해 필요한 공무원 · 전문가를 양성하는 프로그램으로, 1975년부터 시행되어 1999년까지 8,500명이 교육을 받았다.

또한 50개 주의 연방보조 도로사업에 대한 가치공학 운용실태를 모니터링하고, 주 정부의 가치공학 운용실태를 평가하여 연차보고서를 발표하고 있다.

(2) 주 정부 교통국(STA)

California 주 교통국(CalTrans)[7]은 1969년 주 정부 중 최초로 가치공학프로그램을 도입하였으며, 이후 Florida 주 1970년, Virginia 주 · Idaho 주 1973년, Minnesota 주 1975년, New Mexico 주 1977년, Oregon 주 · Pennsylvania 주 1979년에 각각 가치공학을 도입하기 시작하여 현재는 <표 3.2>와 같이 주 정부당 연평균 24건(Virginia 주 등 이용실적이 많은 상위 10개 주 대상)의 연구를 추진하고 있다. 또한 주 정부 교통국에서는 주내 관련 규정 및 지침(적용대상 프로젝트 기준, 연구보고서 양식 등)을 마련하고, 내부 관리조직을 구성하여 관리공무원을 참여시켜 운영하도록 하고 있으며[8], 관련 예산을 확보해 주내 전문인력을 양성[9]하는 한편, 해당 도로사업의 가치공학연구를 계획 · 수행하고 있다. 또한 주 정부의 도로 관련 예산이 연간 1,000만 달러를 초과할 경우에는 VE 활동보고서를 작성하여 연방국도관리청, 예산관리청(OMB)에 보고하도록 하고 있다.

---

7) 1997~2003년의 가치공학 추진실적으로 살펴보면, 전체 주의 6%에 해당하는 3개 주(California, Florida, Virginia)가 연방보조도로사업에서 가치공학 프로그램의 40%를 추진하고 있어 미국 내 가치공학연구를 주도하고 있다.

8) 주 정부의 담당조직은 설계부서(Colorado 주, Kentucky 주, Louisiana 주 등) 또는 건설부서(Arizona 주 등), 재무 · 감사부서에서 담당하기도 하며, 공무원과 건설 · 엔지니어링 전문가로 구성된 VE 보조위원회(VE Advisory Committee)로부터 주요 정책 방향과 지침을 마련하여 운영하는 경우(Virginia 주 등)도 있다.

9) 주 정부마다 교육 · 훈련의 규모나 인력 구성이 다르지만, 과반수에 해당하는 주들이 지난 5년 이상 꾸준히 전문기관(SAVE International, AASHTO, FHWA)과 연계하여 교육 · 훈련을 실시하였으며, 대표적인 사례로 California 주는 1980년대 초부터 현재까지 1,200명을, Virginia 주는 2,300명의 인력을 교육시켰으며, Florida 주 500명, Ontario 주, Washington 주는 350여 명 이상의 전문가를 교육 · 훈련시켜왔다.

표 3.2 연방보조 도로사업의 가치공학 적용 현황(10개 주 대상) (기간: 1999~2003)

주 정부 명	가치공학 연구 수(단위: 개)			연구비용(단위: 100만 달러)			연구당 평균비용 (단위: 달러)
	내부	외부	소계	내부	외부	소계	
Virginia 주	255	1	256	4.01	0.01	4.03	15,700
Florida 주	88	157	245	1.68	3.61	5.28	21,600
California 주	12	129	141	2.66	5.80	8.46	60,000
Texas 주	0	100	100	0.00	1.10	1.11	11,100
Pennsylvania 주	83	10	93	0.22	0.26	0.48	5,200
New Jersey 주	89	0	89	1.10	0.00	1.10	12,400
North Carolina 주	82	0	82	0.21	0.00	0.21	2,600
Tennessee 주	57	9	66	0.27	0.05	0.32	4,800
Washington 주	52	13	65	0.43	0.32	0.76	11,700
Ohio 주	17	43	60	0.03	0.62	0.65	10,800
합 계	735	462	1,197(120*)	10.61	11.77	22.40	18,700*

출처: Annual Federal-Aid Value Engineering Summary Report
* 가치공학을 가장 많이 활용하고 있는 상위 10개 주 정부의 연구 수, 평균 연구비용

(3) 도로교통공무원협의회(AASHTO)

도로교통공무원협의회는 1985년 가치공학의 효과를 공식적으로 인정하고 협의회 내에 VE 기술위원회를 구성·운영하고 있는데, 기술위원회는 가치공학을 주 정부에 보급하기 위해 1987년 '가치공학업무지침'을 발간, 배포하고 있다. 또한 협의회는 연구개발 및 교육·훈련 프로그램을 개발하여 보급하고 있으며, 2000년 VE 기술위원회에서 정기적인 컨퍼런스 개최, 기술지침서 배포, 정보공유를 위한 웹사이트를 운영하고 주 정부의 업무지원을 골자로 하는 시행계획(2000~2012년)을 수립하여 운영하고 있다.

(4) 가치공학 관련 민간단체(NGO)

미국 내 가치공학 관련 민간단체는 크게 'SAVE International'과 '마일즈재단'을 들 수가 있다. 먼저 SAVE International은 미국 내 가치공학의 지식공유 및 교육·훈련을 장려하기 위해 1959년 미국가치공학자협의회(Society of American Value Engineering)로 창설되었으나, 현재는 가치공학을 전 세계적

으로 확산시키기 위해 35개국 이상의 국가에서 공공 또는 개인 전문가들이 참여하는 국제협회로 발전하였다. SAVE International은 교육 · 훈련(Module Ⅰ, Module Ⅱ), 출판, 가치공학 분석방법의 보급, 공인자격(Certified Value Specialist) 인증프로그램을 운영하고 있으며, 특히 교통분야의 가치공학 활용을 육성하기 위해 AASHTO 기술위원회와도 연계를 강화하여 SAVE International 내 교통포럼을 운영하며 주기적인 컨퍼런스를 진행하고 있다.

한편 마일즈재단(Miles Value Foundation)은 가치공학의 확산을 위해 설립된 비영리 공공재단으로 대학교 강좌 수준의 교육프로그램을 개발 · 교육하고, 대중적인 인식확산(Public Awareness)을 위해 출판 · 방송 · 기술이전 프로그램을 운용하고 있으며, 연구조성(Scholarship/Grant) 프로그램을 통해 기업, 학계의 연구개발을 촉진하고 있다.

그림 3.4, 3.5와 같이 두 기관의 홈페이지는 가치공학의 이론과 사례연구에 대해 자세히 설명하고 있다.

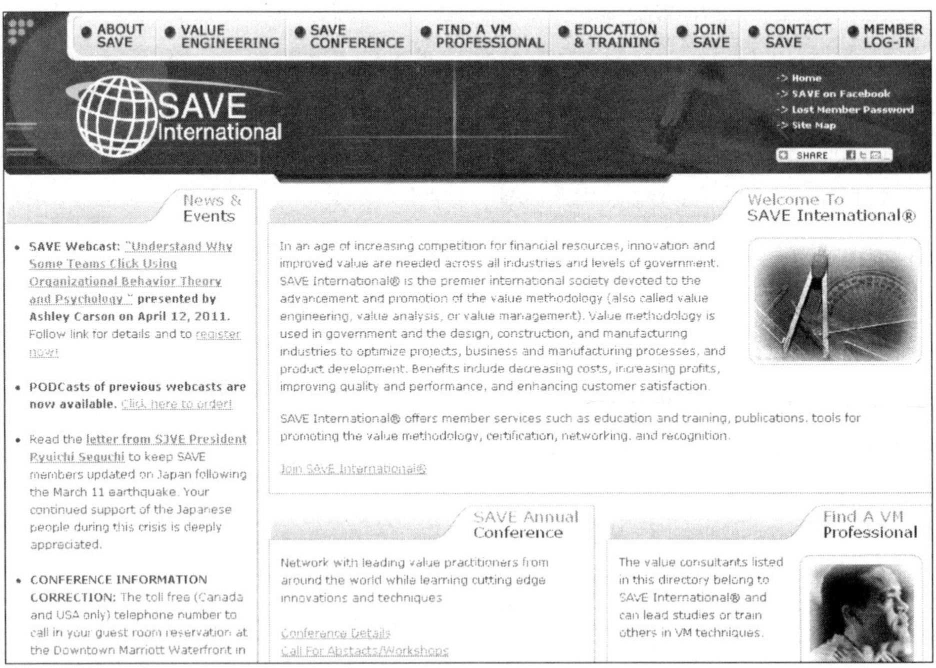

그림 3.4 SAVE International 홈페이지(http://www.value-eng.org/)

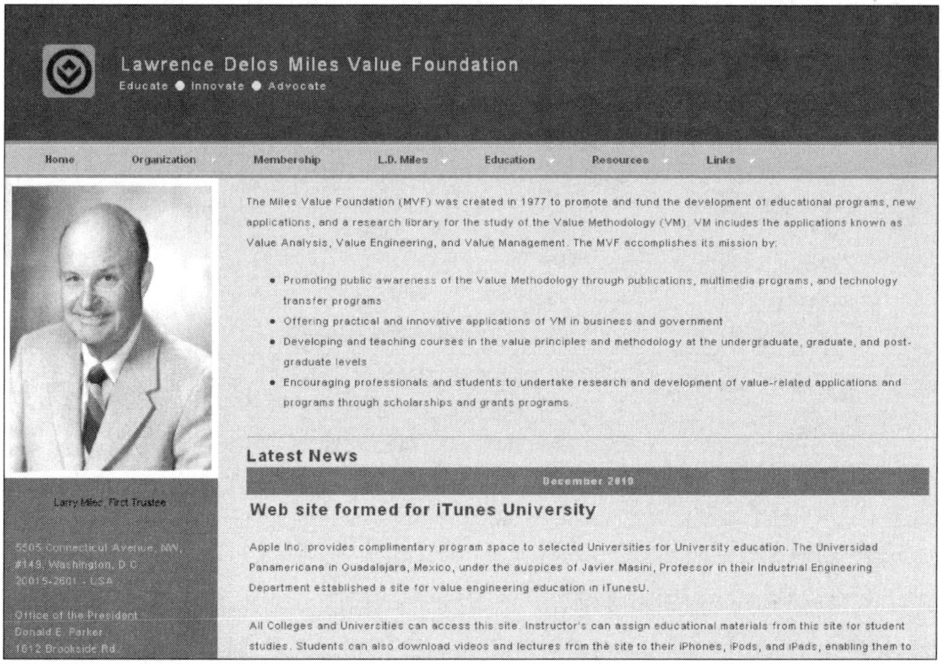

그림 3.5 마일즈재단(Miles Value Foundation) 홈페이지(http://www.valuefoundation.org/)

3.3.3 기술혁신을 위한 주요 고려사항

(1) 연구대상 규모 및 도입시기에 관한 사항

미국 내 연방도로법은 사업비 2,500만 달러 이상의 연방보조 도로사업에 대해 의무적으로 가치공학을 적용하도록 하고 있으나, 해당 주에서는 정책 및 재정여건에 따라 내부적으로 이와 같은 기준을 보다 강화하여 적용하고 있다. 예를 들어 Nevada 주는 1,000만 달러 이상, Florida · Pennsylvania 주는 2,000만 달러, Virginia · Alaska 주는 500만 달러 이상을 기준으로 적용하고 있다. 미국의 경우 가치공학 적용을 위한 적정규모에 대한 연구로는 Clark(1999)가 사업비 1,000만 달러 이상 연방 · 주 도로사업에 대해서도 <표 3.3>과 같은 비용(Cost), 복잡성(Complexity), 효과성(Impact) 항목에 해당되는 경우 가치공학을 도입하도록 권고하고 있는데, 이는 참고할 만한 사례라고 판단된다.

표 3.3 도로건설사업의 가치공학연구 적용기준(Clark, 1999)

고려항목	판단기준
비용 (Cost)	· 총 사업비 25% 이상이 도로공정인 사업 · 총 사업비 25% 이상이 교량공정인 사업 · 예산을 초과하는 사업비를 가진 사업 등
복잡성 (Complexity)	· 도로선형 개량 등 현 구조물의 대개조가 필요한 사업 · 교량 확장 · 자재가 고가인 공법 적용 시 · 하이테크, 공정 소요시간이 긴 사업 등
효과성 (Impact)	· 주 전역 또는 지역 전역에 파급효과가 큰 사업 · 독극물 처리비용이 많이 소요되는 사업 · 환경비용이 많이 소요되는 사업 등

또한 가치공학연구의 도입효과를 극대화하기 위해서는 도로사업의 생애주기(Life Cycle) 동안 가치공학연구를 언제 수행하는 것이 바람직한지를 판단해야 한다. 일반적으로 가치공학전문가들은 의사결정자 및 관계자(Stake-Holders)의 의견을 충분히 반영시킬 수 있고, 사업의 질과 비용절감 효과의 80~90%가 도로사업과정 중 계획 · 설계단계에서 결정되기 때문에 사업초기(계획 및 기본설계 단계)부터 가치공학의 개념을 적극 도입하기를 권장하고 있다. 즉, <그림 3.6>과 같이 도로사업이 진행됨에 따라 사업변경을 위한 비용은 증가하는 반면, 비용절감 효과는 감소하기 때문에 조기에 가치공학을 적용하는 것이 바람직하다는 것이다.

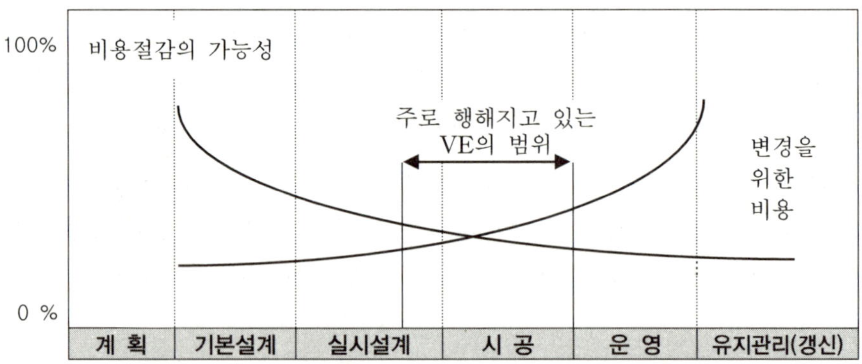

그림 3.6 건설사업의 생애주기에 따른 가치공학연구 도입효과

(2) 가치공학연구팀 구성에 관한 사항

가치공학연구팀은 전문가들을 포함하여 구성하여야 하고, 팀의 리더는 공인 가치전문가(CSV)와 기술사(PE) 등의 전문자격을 소지하고 가치공학연구 수행 경험이 풍부한 사람으로 선정하고 있으며, 주 정부 교통국 내에서 수행하는 가치공학연구는 대부분 교통국 내부인력과 외부 전문인력(기존 도로전문가, 타 분야 전문가)[10]을 혼합하여 구성하고 있다. 이는 외부 전문가로부터 새로운 아이디어를 얻는 동시에, 내부인력의 교육 · 훈련을 수행함으로써 조직 내 가치공학의 노하우(Know-How)를 축적하고 직원들의 잠재적인 업무성과를 향상시키는 데 목적이 있다.

(3) 가치공학 분석기법에 관한 사항

가치공학 분석기법은 개발한 아이디어를 합리적으로 선택하기 위한 과학적 분석기법으로, 분석기법의 선택은 연구대상 사업, 절차, 생산물에 따라 차이가 있지만, 주로 비용모형(Cost Model), 평가매트릭스(Evaluation Matrix 또는 Value Matrix), FAST(Function Analysis System Technique) 등의 3가지 분석기법이 대표적으로 사용되고 있다.

① 비용모형(Cost Model)

도로사업의 비용항목별로 발생비용을 정리한 데이터로, 사업의 고비용 요소, 불필요한 요소, 고가치 요소로 인식되는 비용항목을 분석하는 방법이다. 비용모형에는 <표 3.4>와 같이 초기비용모형(Initial Cost Model), 비용가치모형(Cost-Worth Model), 생애주기비용모형(Life-Cycle Cost Model) 등의 3가지 모형이 있다.

---

10) Ontario 주에서는 도로횡단면(차로, 길어깨, 측도 등) 설계표준을 마련하기 위해 가치공학연구팀을 구성하면서, 기존 도로전문가(도로설계, 배수, 시공, 교통, 환경) 외에도 안전, 인간공학전문가들을 연구팀에 참여시켜 도로기하구조 및 횡단면구조를 개선함으로써 비용효과적인(Cost-Effective) 설계안을 마련, 보급하였다.

표 3.4 비용모형의 종류와 특징

비용모형의 종류	내용 및 특징
초기비용모형	· 사업의 초기 생산, 건설, 구입에 관한 모든 비용을 분석 · 가장 일반적인 모형으로 적시성이 높은 비용모형
비용가치모형	· 모든 사업의 요소비용과 그 가치를 비교 분석 · 평가자가 평가한 가치에 비해 높은 비용을 갖는 분야를 도출
생애주기비용모형	· 생산품, 시스템, 서비스 등에 대해 특정 기간에 걸쳐 구입 및 소유와 관련된 모든 과정에서 발생하는 비용을 분석

② 평가매트릭스(Evaluation Matrix)

아이디어의 분석과 관련된 정보를 조직하고 기록하기 위한 평가방식으로, 성능과 비용을 모두 고려하여 평가기준(교통성, 시공성, 환경성, 유지관리성, 일정 등)에 따라 아이디어의 장·단점을 +/−부호, 등급(주로 −2, −1, 0, 1, 2의 5등급) 등의 명확한 수치모형으로 제시한다.

③ FAST(Function Analysis System Technique)

사업의 주요 기능 간의 관계를 상세히 규명하도록 표현하는 수평적 차트로, 왼쪽에서 오른쪽으로 질문에 대한 답을 진행하면서 기능의 방법(How)을 정의하고, 오른쪽에서 왼쪽으로 질문에 답을 진행하면서 기능을 도입해야 하는 이유(Why)를 정의함으로써 사업의 주요 기능을 명확히 정의할 수 있다. 또한 동시에 나타나거나 주 경로의 기능에 의해 야기된 부 기능은 주 경로기능 아래 수직적으로 도시하여 추가해 나갈 수 있도록 하였다.

이 외에도 리스크등록 기법(Risk Register), PPM(Project Performance Measure) 등이 많이 사용되고 있다.

④ 리스크등록 기법(Risk Register)

미국에서는 사용되지 않고 있지만 영국에서는 리스크등록 기법(Risk Register)이 보편적으로 사용되고 있다. 이 기법은 사업의 비용, 공정별로 발생 가능한 리스크의 확률을 산정하고, 해당 사건이 발생하였을 경우 결과(기댓값)를 수치적으로 제시하기 때문에 미래에 발생 가능한 다양한 사건에 대해 상호 비교 분석이 용이하다.

⑤ PPM(Project Performance Measure)

최근 PPM(Project Performance Measure)은 아이디어 대안의 주요 기능과 비용 측면에서 아이디어 도입에 따른 기대효과를 의사결정자에게 설명하는 데 많이 사용되고 있다. 분석기법은 도로사업의 성능을 정의하고, 사업의 성과를 계량화할 수 있는 평가척도를 정립하고, 상대적 중요도에 따라 가중치(Weighting)를 적용한 후, 기존 안과 새로운 아이디어의 성과 차를 집합화(Aggregation)하여 대안의 상대적 가치를 계량화하는 데 사용된다.

(4) 유관기관의 참여 유도방안에 관한 사항

도로분야에 가치공학을 도입하면서 원가절감 및 성능개선뿐만 아니라, 유관기관·환경단체·도로이용자와 도로사업의 범위·내용에 대해 의견교환을 증진시키고, 다양한 의견을 반영하는 의사결정 도구로 사용되고 있다. 특히 최근에는 도로사업의 개발단계부터 대중의 참여(Public Involvement, PI)가 강조되고 있기 때문에, 가치공학의 기능적 분석기법(FAST 등)을 이용하여 전문가로 구성된 연구팀과 유관기관·대중 간의 의사교환을 증진하는 합리적인 의사결정 수렴과정을 유도하게 된다. 즉, 도로사업 초기부터 가치공학을 사용하면 관계자들의 참여를 장려하여 사업의 개념과 내용을 정립하고 빠른 시간 내에 얻고자 하는 최적해에 도달할 수 있다.

(5) 타 제도(Initiative)와의 통합 운용방안

① 도로안전연구

도로사업의 가치공학연구 시 교통안전분야에 대한 중요함을 일깨워준 사례로 90년대 중반 Ontario 주 국도 407호선의 예가 대표적이다. Ontario 주 정부의 가치공학연구에 의해 개선된 국도 407호선의 설계변경안은 설계표준 및 관련 지침을 준수하고 있지만 교통안전성을 해친다는 이유로 주 경찰청에서 도입을 반대하여 개선안이 적용되지 못하였다. 즉 국도 407호선 사례는 도로사업에 가치공학을 도입하기 위해서 가치공학연구 내에 교통안전성에 대한 검토가 반드시 선행되어야 한다는 교훈을 남겼다. 그 결과 과거 도로안전과 기하구조 관계를 규명하는 연구를 바탕으로 연방도로관리청의 고속도로 교통안전 설계모형이나 도로교통안전 분석프로그램이 개발·활용되고 있으며, 도로사업의 가치공학연구 시 도로안전과 인간공학(Human Factor)전문가들을 연구팀에 참여하도록 하여 교통안전성 검증이 이루어지게 하고 있다.

② 도로안전진단제도

도로안전진단제도(Road Safety Audit, RSA)는 20여 년 전 영국에서 최초로 도입되었으며 도로사업 시 해당 도로·교통시설의 개통 이전 또는 이후에 교통안전 관련 성능을 점검하는 제도로서, 현재 영국 외에도 미국, 캐나다 등 도로교통분야 선진국에서 널리 사용되고 있다. 특히 미국에서는 연방국도관리청의 도로안전지침 상에 가치공학연구와 도로안전진단제도를 동시에 수행하거나, 가치공학연구의 제안서를 검토하기 위해 연구 후에라도 도로안전진단제도를 수행하는 등 두 제도를 상호 연계하여 운영하도록 권고하고 있다.

③ CSD(Context Sensitive Design)설계방식

Neuman(2002)은 NCHRP480 <A Guide to Best Practice for Achieving Context Sensitive Solution>이라는 보고서에서 '가치공학연구는 사업의 입찰, 설계·건설단계에서 널리 사용되고 있지만, 성능과 원가절감을 목표로 하다보면 관련 기관과 이용자들의 요구에 소홀할 수 있는 역효과를 발생시킨다'고 주장하면서, '도로사업 시행 시 의사결정자, 도로이용자, 지역사회(Community)의 요구를 충분히 반영하기 위해서는 도로계획, 설계, 건설 시에 CSD (Context Sensitive Design)를 함께 적용해야 한다'고 강조하고 있다. CSD는 공공시설 도입 시 사업초기부터 관계기관, 사용자, 시민의 요구사항 및 기능을 정의하여 설계에 반영하는 기법으로 제2장에서 소개한 바 있다. 가치공학연구는 기능적 분석기법을 통해서 사업의 주요 기능을 쉽게 정의할 수 있기 때문에 CSD와 함께 운용하는 것이 가능하다.

3.3.4 도입효과

도로교통사업의 가치공학연구 도입효과에 대해서는 Brokenagan(1999)이 1993년부터 1997년까지 324개 가치공학연구 사례를 검토한 결과, 도로건설사업의 원가절감, 도로서비스의 질적 향상 및 불확실한 설계요인 제거 등의 긍

정적인 효과가 나타났다고 보고하고 있다. 그 외에도 연방국도관리청에서는 주 정부의 가치공학 운영실태(연구과제 수, 연구비용, 개선안 수, 사업비 절감액 등) 등을 모니터링하고 있다. <표 3.5>와 같이 1997년부터 2003년까지의 운영실적을 살펴보면, 5,169만 달러를 들여 총 2,672건의 연구과제를 수행하여 12,603건의 개선안을 도출했고, 이 중 5,548건을 적용하여 6,208만 달러의 원가절감을 달성하여 투자회수율(Return On Investment, ROI)이 120:1로 도입효과가 매우 높은 것으로 나타났다.

표 3.5 연방보조프로그램의 가치공학 적용사례(기간: 1997년~2003년, 단위: 100만 달러)

구 분	1997	1998	1999	2000	2001	2002	2003	종합/평균
VE 연구과제 수	369	431	385	388	378	377	344	2,672
VE 연구비(A)($)	5.10	6.58	7.47	7.78	7.29	9.02	8.45	51.69
추정공사비($)	10,093	17,227	18,837	16,240	18,882	20,607	19,241	121,127
VE 제안건수	N/A	2,003	2,082	2,017	2,013	2,344	2,144	12,603
제안건의 가치($)	N/A	3,084	3,227	3,483	2,375	3,050	3,163	18,382
승인건수	N/A	743	848	1,057	1,017	969	914	5,548
승인건의 가치(B)($)	540	770	846	1,128	865	1,043	1,016	6,208
투자회수율(ROI)	106:1	117:1	113:1	145:1	119:1	116:1	120:1	120:1

출처: Annual Federal-Aid Value Engineering Summary Reports(연방도로청)

주: 투자회수율(Return On Investment, ROI) = 승인건의 가치(B) / VE비용(A)

3.4 정책적 시사점

지금까지 1960년대 미국 내 도로망의 공급이 급증하던 시기에 민간기업에서 사용하던 가치공학의 개념을 도입하여 도로교통사업의 원가절감 및 성능향상을 달성한 미국 공공부문의 혁신사례를 고찰하였다. 이러한 혁신의 성과는 미국 교통당국(중앙 · 주 정부)이 민 · 관의 파트너십을 통하여 정부차원의 법 · 제도적 장치를 마련하고 민간단체와의 협조를 통하여 인력양성을 위한 교육 · 훈련 및 공인자격제도를 육성하는 동시에, 공공이 주도적으로 가치혁신에 직접 참여하여 관련 기술과 기법을 개발하고 이를 창의적으로 운용하였기 때문이다.

민간부문의 혁신을 선도하는 애플사의 CEO, 스티브 잡스[11]는 "혁신을 추진하는 과정에서 때로는 실수할 수도 있다. 그럴 때는 재빨리 실수를 인정하고 다른 혁신을 도모하는 것이 최선이다."라며 지속적인 혁신의 필요성을 강조하고 있다. 이렇듯 지속적인 혁신과정은 민간뿐만 아니라 공공부문에서도 국가경쟁력 향상을 위한 필수적인 요건으로 인식되고 있다. 또한 그는 "혁신은 연구개발(R&D) 비용규모와 상관없다. 애플이 매킨토시를 선보이는 순간 IBM은 R&D에 최소한 100배 이상의 비용을 쏟고 있었다. 돈이 문제가 아니다. 어떤 인력이 있느냐, 어떤 방향으로 가느냐, 결과가 얼마나 나오느냐가 문제다."라고 말하면서 인재와 혁신기법을 통한 성과 중심의 접근방법에 대해서도 강조한 바 있다.

결국 줄어드는 예산으로 늘어나는 교통수요에 대응해야 하는 우리 정부와, 도로교통사업의 국내 물량 감소와 개방화된 해외시장에서 경쟁력을 갖추어야 하는 우리 건설·엔지니어링 기업이 당면한 과제에 대해 어떠한 기술혁신을 통해 해결해야 하는가에 대한 해답을 찾기 위해서는 미국 정부의 가치공학을 이용한 도로교통 기술혁신 성과를 타산지석으로 삼을 필요가 있다고 판단된다.

참고문헌

1. TRB(2005), NCHRP Synthesis 352: Value Engineering Application in Transportation
2. FHWA(1998～2003), Annual Federal-Aid Value Engineering Summary Reports
3. Neuman 외(2002), NCHRP 480, A Guide to Best Practice for Achieving Context Sensitive Solution, TRB
4. Robert B. Stewart(2002), Fundamental of Value Methodology, Xlibris
5. 이용택, 조현우(2007), "가치공학을 이용한 도로·교통분야의 기술혁신 성과", 교통기술과 정책 2007년 9월호 제4권 제3호[12]
6. http://www.valuefoundation.org/
7. http://www.value-eng.org/

11) 1955년생, 미국의 기업가로 워즈니악과 함께 애플의 공동 창업자이며 현재 애플사의 회장이다.

12) 본 장은 이용택, 조현우(2007)의 원고를 수정·보완하여 작성한 것임

04

위험도 분석을 이용한 교통투자 분석기법의 변화와 과제

Changes and Challenges of transportation investment analysis using probabilistic risk analysis

"There are risks and costs to a programme of action
but they are far less than the long range risks
and costs of comfortable inaction."

– 미국 제35대 대통령 John. F. Kennedy(1917. 5. 29. ~ 1963. 11. 22.)

4.1 개요

국토해양부는 제한된 예산하에서 공공의 후생을 극대화하도록 교통투자사업을 효율적으로 추진하기 위해서, 현재 국가통합교통체계효율화법 제18조 및 동법 시행령 제17조의 규정에 근거하여 교통투자사업의 타당성을 평가하고 투자우선순위에 따라 사업을 집행하고 있다. 그러나 대부분의 교통투자사업은 이러한 타당성 평가를 수행한 후 사업을 선정・집행함에도 불구하고, 사업시행 전에 예측하지 못했던 불확실성(Uncertainty)으로 인해 당초의 경제성이 크게 훼손되는 것으로 나타난다.

이러한 사실을 입증하듯 월드뱅크의 조사결과에 따르면, 1974년부터 1988년까지 월드뱅크에서 지원한 1,778건의 SOC투자사업을 분석한 결과, 이 중 63%가 비용초과를 보인 것으로 나타났다. 또한 미국 교통부(DOT)는 대규모 지하철사업을 추진하면서 전체 사업의 90%에 해당하는 사업에서 비용초과를 보였으며, 비용초과분도 11%～106%에 달해 당초 경제성이 훼손된 것으로 보고하였다. 뿐만 아니라 국내에서도 한국개발연구원(KDI) 조사에 따르면, 2005년 9월 기준으로 2003년 이후 사업비 500억 원 이상이 투입된 국책사업 95건에 대해 타당성을 재분석한 결과, 이 가운데 48건이 경제성이 없는 것으로 보고된 바 있다.

특히 국내 교통투자사업의 불확실성은 IMF 경제위기 이후 정부의 재정여건 악화와 유가인상, 빠른 고령화, 정보통신기술의 발달 등으로 더욱 증가하고 있으므로, 사업초기 타당성 분석과정에서부터 사업의 불확실성을 반영하여 사업에 미치는 위험도를 정확히 계량화하고 평가하여 과학적으로 관리해 나가는 제도가 반드시 필요하다.

현재 교통투자사업의 타당성 평가기법(건설교통부, 2001)으로 사용되는 전통적인 결정적 경제성 분석모형(Deterministic Economic Analysis, DEA)은 <그림 4.1>과 같이 사업기간 동안 발생하는 비용과 편익항목을 경제성 분석지표(비용편익비; B/C, 내부수익률; IRR, 순현재가치; NPV)로 산출하고, 이를 근거로 사업의 타당성을 평가하고 있다. 그러나 이 방법은 여타 조건이 일정하다는 가정하에 사업의 비용・편익항목, 할인율, 물가상승률 등 사업 내・외적인 변수들이 장기간에 걸쳐 고정값(Deterministic Value)으로 분석됨으로써, 장래에 발생할 수 있는 다수의 대안들 중 하나의 편기된 대안만을 가지고 사업의 경제성을 판단할 수 있는 문제점을 안고 있다. DEA모형 기반하에 이러한 문제점을 보완하기 위해 도입된 위험도 예측 · 평가방법으로는 일반적으로 위험도 프리미엄을 반영한 할인율 산정, 민감도 분석(Sensitivity Analysis), 또는 스파이더 다이어그램(Spider Diagram)과 확률등고선(Probability Contour) 방법이 있다.

먼저, 위험도 프리미엄을 반영하여 할인율을 산정하는 방안은 경상할인율에 위험도 프리미엄을 반영하여 할인율을 산정함으로써 사업기간 내에 일정 수익률을 보장하는 방안이다. 산출식은 $\left[\frac{1+\text{경상할인율}}{1+\text{물가상승률}}-1=\text{불변할인율}\right]$로, 여기서 [경상할인율=이자율+스프레드+위험도 프리미엄]이고, 스프레드는 금리 결정 시 동일한 대출이라도 행사가격과 만기가 다르기 때문에 서로 다른 금리를 적용받게 되는데 이 가격의 차이를 의미한다(김인호, 2001).

둘째, 민감도 분석을 활용하는 방안으로 경제성 분석 시 여타 조건이 동일하다는 가정하에 해당 변수의 조건을 변화시켜 사업의 경제성에 해당 변수가 미치는 평가지표(NPV, B/C비 등)의 민감도를 분석하는 것이다.

셋째, 스파이더 다이어그램은 변수의 변동에 따른 비용예측치의 변화를 나타내는 방법이다. 각 선의 기울기가 작을수록 해당 변수의 변화율이 예측 결과에 대하여 미치는 영향도가 더욱 큰 것으로 판단할 수 있다.

마지막으로 변수 간에 발생확률이 같은 지점을 연결한 것을 확률등고선 방법이라고 한다(Perry 외, 1985). 이러한 방법은 위험도와 관련된 변수의 민감도를 분석함으로써 변수의 상대적 중요성을 파악하고, 불확실성의 감소로 인해 발생하는 비용절감의 잠정적인 편익을 도시화할 수 있는 장점이 있다. 그러나 위 방법들은 DEA모형하에서 위험도를 고려하는 기법들로, 사업의 변동을 고려하기 위해 여타 조건은 일정하다는 가정하에서 특정 위험변수의 변동만을 추정하거나 총량적으로 위험도를 경제성 평가지표에 반영할 뿐, 여전히 위험도의 원인을 직접 규명 · 해석하여 이를 관리하기 위한 체계적인 대안을 제시하지 못하는 단점을 가지고 있다(Newton, 1972; Perry 외, 1985; Dodgson, 1998; 교통개발연구원, 1999; 김상범 외, 1999; 김인호, 2001; 이용택 외, 2004).

따라서 이러한 기존의 타당성 평가의 한계점을 개선하고 사업성의 변동을 사전에 고려하기 위해 고정값(Deterministic Value)으로 주어지던 사업성 분석의 항목들을 확률적 개념으로 적용하는 위험도 분석(Probabilistic Risk Analysis, PRA)기법을 도입하는 것이 바람직할 것으로 판단된다. 이러한 취지에 따라 본 장에서는 교통투자사업의 추진과정 중에 발생하는 사업성의 변동을 유발하는 위험도 요인을 고찰하고, 이를 평가하여 합리적으로 관리할 수 있는 위험도 관리방안을 소개하고자 한다.

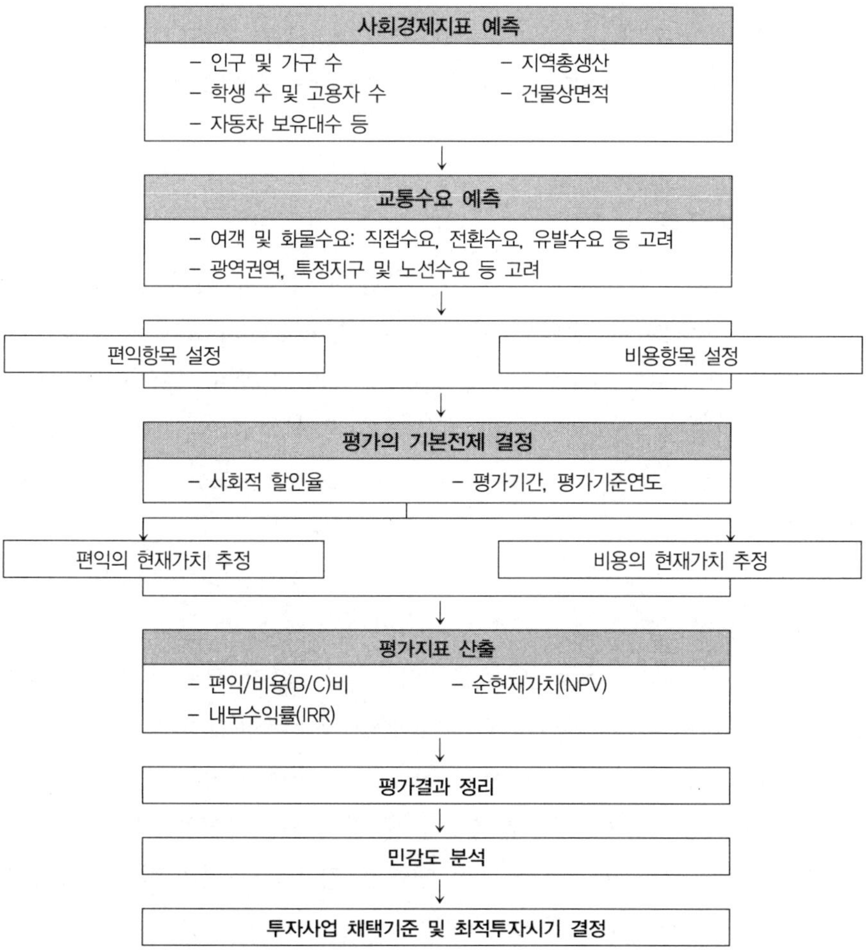

그림 4.1 결정적 경제성 분석의 분석방법론(건설교통부, 2001)

4.2 위험도와 위험도 관리체계의 개념

4.2.1 위험도의 정의

사업의 타당성 변동은 미래의 불확실성으로부터 발생하는데, 그렇다면 불확실성(Uncertainty)과 위험도(Risk)의 차이는 무엇일까? Frank Knight(1972)는 확실성이 결여되어 있는 세계에서 의사결정을 하는 경우, 의사결정의 기초가 되는 확률분포가 존재하느냐의 여부를 기준으로 삼아, 존재하면 위험성하의 의사결정이라고 하고 존재하지 않으면 불확실하의 의사결정이라고 하여 양자를 구분하였다. 이 외에도 Schumpeter(1934)는 결과에 대한 확률분포가 알려져 있는 경우, Lindley(1971)는 통계분석이 가능한 경우로 위험도를 유사하게 정의하고 있다.

4.2.2 위험도의 분류

위험도의 분류는 <표 4.1>과 같이 위험도 성격에 의한 분류(Diekmann, 1988), 위험도 성격과 발생원에 의한 분류(Wardman, 1989), 사업에 미치는 영향에 의한 분류(Wideman, 1992), 건설사업의 성격에 따른 분류(Perry와 Hayes, 1985; 김인호, 2001), 건설사업 추진단계별 분류(Perry와 Hayes, 1985; 김인호, 2001), 통제 가능 여부에 의한 위험도 분류(Inyany, 1983)로 다양하게 구분할 수 있다.

교통투자사업의 경우 계획, 설계, 건설, 운영, 유지관리 등 각 단계별로 계약종류, 계약방법, 공사방법, 계약자의 신뢰도, 가용재원 등의 사업 내적요인뿐만 아니라, 규제, 천재지변, 입지 등 법·제도, 환경 등의 사업 외적요인에 의한 위험에도 노출된다. 이와 같은 위험으로 사업비의 초과와 사업공기의 지연을 초래하게 되며, 이로 인해 사업 전에 추정한 경제성 분석결과와 상이한 결과를 초래하게 된다. 이러한 취지에서 본 장에서는 다양한 위험도 요인으로 인한 사업비의 초과와 공기연장 등의 영향을 경제성 분석과정에 내재화할 수 있는 타당성 분석기법에 대해서 구체적으로 소개하고자 한다.

표 4.1 위험도의 분류방법 및 내용

분류기준	분류항목	내 용
위험도 성격에 의한 분류 (Diekmann,1988)	① Known ② Known-Unknown ③ Unknown-Unknown	① 알고 있고 정확히 측정을 할 수 있는 경우(예: 노동의 생산성) ② 예상할 수 있으나 일반적으로 기대되지 않는 것(예: 지진, 태풍 등) ③ 예측할 수 없는 것 (예: 석면 침착증 등의 산업재해)
위험도 성격과 발생원에 의한 분류 (Wardman, 1989)	① External-Unpredictable ② External-Predictable ③ Internal-Technical ④ Legal	① 사업 외적인 요인으로 예측이 어려운 것(예: 지진 등 자연재해) ② 사업 외적인 요인으로 예측이 가능한 것 (예: 인플레이션, 환율 등 사회적 영향) ③ 사업의 내부사항으로 기술적인 것 (예: 개발기술, 사업규모 등) ④ 기술과 관련하여 법적 관련사항 (예: 표준, 특허권 등)
사업에 미치는 영향에 의한 분류 (Wideman, 1992)	① Cost Risk ② Schedule Risk ③ Quality Risk	① 단위공정별 소요비용, 원가 관리 ② 단위공정별 소요기간 관리 ③ 단위공정별 품질 관리
건설사업의 성격에 따른 위험도 분류 (Perry와 Hayes, 1985; 김인호, 2001)	① 물리적 위험 ② 천재지변 ③ 환경적 위험 ④ 재정경제 위험 ⑤ 정치적 위험	① 구조물 손상, 붕괴, 장비손상, 지반침하, 화재, 산업재해 사고 등 공사 중 물리적으로 발생하는 위험 ② 홍수, 지진, 태풍, 산사태, 낙뢰 등 자연재해로 인해 발생하는 위험 ③ 생태계 파괴, 소음, 악취, 수질오염, 환경 관련 민원, 지리적 조건, 역사적 유물 발굴로 인해 발생하는 위험 ④ 인플레이션, 환율, 이자율 변동, 노동력 부족, 자재품귀, 세제변경 등으로 발생하는 위험 ⑤ 공사법규정 및 정책의 변경, 계약제도 변경, 클레임 제기, 토지수용 등 토지 관련 정책 등에 의한 위험
건설사업 추진 단계별 위험도 분류 (Perry와 Hayes, 1985; 김인호, 2001)	① 타당성 분석 단계의 위험 (Feasibility Study) ② 계획, 설계 단계의 위험 (Planning & Design) ③ 계약, 시공 단계의 위험 (Contract & Construction) ④ 운영 및 유지관리 단계의 위험 (Operation & maintenance)	① 타당성 분석 시 수요예측 및 공사비 산출 오류 등으로 발생하는 위험 ② 계획과 설계 시 신기술 도입·적용, 시방서의 정밀도와 적합성, 타당성 조사 연구결과의 반영 시 발생하는 위험 ③ 계약, 시공 시 계약방식 및 시공방법의 타당성, 안전성, 설계변경, 기후예측, 관리감독 오류로 발생하는 위험 ④ 운영 및 유지관리 시 시장의 수요변화, 유지관리 수요변동, 운영상의 안전 미흡으로 발생하는 위험
통제 가능 여부에 의한 위험도 분류 (Inyany, 1983)	① 통제 가능한 위험 (Controllable Risks) ② 통제 불가능한 위험 (Uncontrollable Risks)	① 사업과정에 통제 가능한 위험 (예: 작업 미숙지, 설계·시공 동시수행, 생애주기비용의 간과, 수요예측의 부정확, 부적절한 계약방식/공사기준, 부적절한 자재와 장비 등) ② 사업과정에서 통제가 불가능한 위험 (예: 비정상적인 인플레이션, 파산, 환경문제, 정부의 규제 등)

4.2.3 위험도 관리체계

위험도 관리체계는 특정 상황에 관련된 위험도의 원인을 파악하여 관련 인자를 식별하고, 식별된 위험도 발생 시 예상되는 결과를 확률적 분석기법을 활용하여 측정・평가함으로써 위험도의 부정적인 영향을 관리하는 연속된 과정을 의미한다. 위험도 관리의 추진절차에 대해서는 연구자별로 용어를 다양하게 정의하고 있다. 위험도 관리의 분류체계는 Flanagan 외(1990)의 경우 위험도 식별(Risk Identification), 위험도 분류(Risk Classification), 위험도 분석(Risk Analysis), 위험도 대응(Risk Response)의 4단계로, Fellows(1989)는 위험도 식별(Risk Identification), 위험도 계량화(Risk Qualification), 위험도 할당(Risk Allocation), 위험도 대응(Risk Response)의 4단계로, RAMP(Risk Analysis and Management for Projects, 1998)는 위험도 검토(Risk Review), 위험도 관리(Risk Management), 위험도 모니터링(Process Close-down)의 3단계로 분류하는 등 연구자별로 상이한 모습을 보이고 있다. 그러나 본 장에서는 이들이 내용적으로 동일하다고 판단하고, 위험도 식별(Risk Identification), 위험도 분석(Risk Analysis), 위험도 대응(Risk Response)의 3단계로 정의하고자 한다.

〈위험도 관리체계〉

① 위험도 식별은 위험도의 근원을 인식하고 관련 인자의 유형과 특성을 파악함으로써 발생 가능한 위험도의 성격을 규명하는 과정이다. 이 단계에서는 사업으로 인해 향후 발생될 수 있는 모든 위험도의 근원과 주요 인자를 파악하고, 각 위험도의 발생결과에 대한 잠재적인 영향도 고려하여야 한다.

② 위험도 분석은 다양한 확률론적 분석기법을 사용하여 인식된 위험인자를 계량화해 나가는 과정이다. 분석단계에서는 위험도의 발생규모, 위험도 변수의 개별적인 영향 및 종합적인 위험도의 효과를 계량적으로 추정・평가하여야 한다.

③ 위험도 대응은 식별・분석된 위험도 인자의 처리방안을 수립하는 과정으로, 위험도 대응을 위해 사업자는 특정 위험을 다른 사업주체에게 회피, 전가시키거나 이를 적극적으로 수용하는 등 적절한 대응방안을 수립하게 된다.

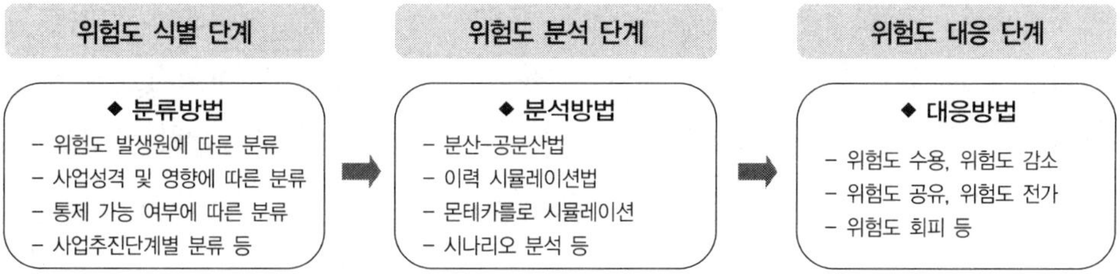

그림 4.2 위험도관리체계도

4.3 위험도 분석기법의 종류 및 적용방안

4.3.1 위험도 분석기법의 종류

모형의 분석기법의 종류에는 분산-공분산법(Variance-Covariance Approach), 이력 시뮬레이션기법(Historical Simulation Approach), 몬테카를로 시뮬레이션기법(Monte Carlo Simulation Approach), 시나리오 시뮬레이션기법(Scenario Simulation Approach)이 있으며 이를 각각 설명하면 다음과 같다.

(1) 분산-공분산법(Variance-Covariance Approach, VCA)

VCA는 중심극한이론(Central Limit Theory, CLT)[13]에 의해 관찰치가 정규분포가 된다는 가정에서 출발하였으며, 모든 위험변수는 정규분포를 띠고, 정규분포하의 위험도 함수는 선형의 성질을 가지는 것으로 분석하는 대표적인 모수적 추정방법이다. 따라서 분석이 용이하지만 정확도가 떨어지고 위험변수의 비정규(Non-normality) · 비선형(Non-linearity) 특성을 반영하지 못하는 단점을 가지고 있다.

(2) 이력 시뮬레이션기법(Historical Simulation Approach, HSA)

HSA는 과거의 이력자료를 이용하여 위험변수의 확률분포를 추정하는 모수적 추정방법이다. 개념적으로 간단하고 확률분포에 관한 가정에 의존하지 않아 분포의 모수예측으로 인한 오차가 발생하지 않고, 과거의 위험도 발생추세를 적절히 반영하여 위험도를 계량화할 수 있는 장점을 가지고 있다. 그러나

13) 중심극한정리(Central Limit Theory)는 관찰치가 증가함에 따라 표본의 평균이 정규분포를 따르게 된다는 이론이다.

통계적으로 유의한 이력자료의 수집이 어렵고, 이를 수집하더라도 이력자료의 신뢰성에 문제가 발생할 수 있을 뿐만 아니라, 분석기간 내 이력자료의 추세와 동일하게 위험도가 발생하지 않을 경우에 대한 분석이 불가능한 단점을 가지고 있다.

(3) 시나리오 시뮬레이션기법(Scenario Simulation Approach, SSA)

SSA는 이력 시뮬레이션기법과는 반대로 사업의 타당성을 결정하는 중요한 위험변수에 대해 일어날 수 있는 대안들을 시나리오로 작성한다. 이때 분석가는 이력자료에 없지만 있음직한 대안을 주관적으로 판단하여 적용한다. 그러나 잘못 설정된 시나리오는 잘못된 추정을 낳게 되고, 변수 간의 상관관계가 발생할 경우 이력자료가 없기 때문에 추정의 정확도가 떨어지는 단점이 있다. 따라서 이력 시뮬레이션기법 등 다른 기법을 보완하여 SSA를 적용하는 것이 바람직하다.

(4) 몬테카를로 시뮬레이션기법(Monte Carlo Simulation Approach, MCSA)[14)]

MCSA는 위험변수(예를 들면 공사비, 유지관리비 등)를 주어진 분포형태별로 난수(Random Number)[15)]를 발생하여 확률밀도함수, 누적확률밀도함수 등 위험도의 평가지표를 반복적으로 계산하는 시뮬레이션 기반의 분석기법으로,

---

14) 몬테카를로 시뮬레이션기법은 협의의 해석과 광의의 해석으로 구분되는데, 협의의 해석으로는 결과변수의 확률분포를 입력변수의 확률분포로부터 추출하여 계산하는 샘플링기법을 의미하고, 광의의 해석으로는 난수를 사용하여 모의실험을 반복적으로 수행하는 시뮬레이션기법을 포괄적으로 의미한다.

15) 난수(Random Number)란 간격 [0, 1] 사이에 균등하고 독립적으로 배분된 확률변수(Probabilistic Variable)로 일반적으로 독립적인 균등분포를 가진 확률변수라고 해석할 수 있다. 본 장에서는 컴퓨터 시뮬레이션 분석을 위해서 연속형 확률밀도함수 f(x)를 무수한 *n*개의 구간으로 분할하여 단계적(Stepwise Approximation)으로 이산형 확률밀도함수와 같은 방법으로 추정함으로써 연속형 확률분포를 추정한다(Haitsma 외, 1964; Halton, 1970; Molenaar, 1968). 그러나 컴퓨터 상에서 대규모 난수를 저장하고 이를 검색하여 적용하는 방법은 계산시간이 많이 걸리는 문제점을 안고 있다. 이에 Shreider(1964), Telchreew(1965), Tocher(1963) 등은 가난수(Pseudo Random Number)를 개발 · 이용하였다. 가난수는 대수학적 공식(Algebraic Formula)에 의해 상호 독립적이고 균등하게 배분된 분포를 발생하는 방법으로 Power Residue 기법과 Multiplicative Congruential 기법 등이 주로 사용된다.

확률분포의 활용에 제약을 받고 있는 타 방법들의 문제점을 극복할 수 있는 장점이 있다. MCSA는 위험변수의 분포형태와 상관관계를 비모수적 추정방법으로 손쉽게 적용할 수 있으나, 계산된 위험도를 분석가가 직관적으로 이해하기가 어렵고, 많은 추정량에 따른 계산시간 때문에 컴퓨터 기술이 발달하기 전에는 적용하는 데 한계가 있었다.

4.3.2 몬테카를로 시뮬레이션기법

몬테카를로 시뮬레이션기법은 위험도 발생항목의 확률변수를 설정하고, 해당 분포의 범위 내에서 난수를 발생하여 사업의 불확실성을 평가하는 시뮬레이션기법이다. 이 기법의 분석절차는 그림 4.3과 같고, 이를 사용하기 위해서 필수적이라고 할 수 있는 확률변수의 분포형태 선정방법과 항목(Cost item) 간의 상관관계(Correlations) 분석방법에 대해서는 본 절에서 보다 구체적으로 소개하고자 한다.

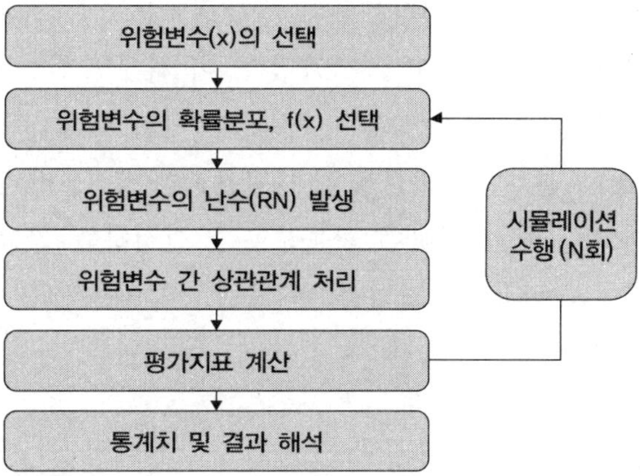

그림 4.3 몬테카를로 시뮬레이션 분석절차

(1) 확률변수의 확률분포 선정방법

위험도 분석 결과의 정확성에 매우 중요한 영향을 미치는 것이 바로 위험변수의 확률변수를 선택하는 과정이다. 예를 들어, 위험도 분석 시 총비용은 식 (4.1)과 같이 확률변수 분포의 합으로 구성되며, 따라서 개별 비용항목에 대한 분포형태의 선정이 총비용의 정확도를 결정하게 된다.

$$C_{tot} = \sum_{i=1}^{n} C_i \qquad (4.1)$$

여기서, C_{tot}: 사업변동을 유발하는 비용항목의 합

C_i : 확률변수로 모형화된 비용항목

위험변수의 확률분포 선정 시 Spooner(1974)는 정규분포(Normal Distribution), 로그정규분포(Lognormal Distribution), 삼각분포(Triangular Distribution), 베타분포(Beta Distribution), 균등분포(Uniform Distribution)로 건설사업의 비용항목 확률분포를 추정하여 확률분포의 특성별로 적용하는 방안을 제시하였다. 균등분포는 자료량이 충분치 않고 상대적으로 변동의 범위가 작을 때 사용하며, 삼각분포는 가장 단순한 형태로 최우추정치가 정확하고 변동의 폭, 즉 최대·최소점에 대한 정보가 확실하다고 판단될 경우 적용이 가능하다. 그러나 일반적으로 건설비용은 감소하는 경우가 드물어 최소 비용항목이 없는 비용항목으로도 추정이 가능하다. 따라서 단측(Unimodal)이며, 한쪽으로 편중된(Skewed) 분포형태인 베타분포와 로그정규분포로 건설비용의 분포형태를 추정하는 것이 바람직하다고 제시하였다. 이 외에도 Touran(1987, 1994), Teichoz(1964) 등의 연구자들이 SOC·교통투자사업 위험변수의 확률분포를 적용하여 <표 4.1>과 같이 확률분포의 활용사례 및 선정기준을 제시하였으며, 현재 이러한 연구에 근거하여 확률분포를 선정하는 참고자료로 활용하고 있다.

상기 연구자들의 연구결과를 종합하면, 확률분포의 선정기준을 다음과 같이 일곱 가지로 요약할 수 있다.

〈확률분포의 선정기준〉

① 참여자의 주관적 의견 반영이 용이해야 한다.
② 변수의 결정이 쉽게 이루어져야 한다.
③ 다양한 분포유형의 제공이 가능하도록 충분한 유연성을 가져야 한다.
④ 구간한계와 폐쇄확률밀도함수를 가져야 한다.
⑤ 비대칭분포를 표현할 수 있어야 한다.
⑥ 단측(Unimodal) 형식으로 표현할 수 있어야 한다.
⑦ 계산과정이 단순해야 한다.

표 4.2 위험변수의 모수추정 시 분포 활용 연구사례

분포유형	분포형태	적용 경우	연구사례
균등분포	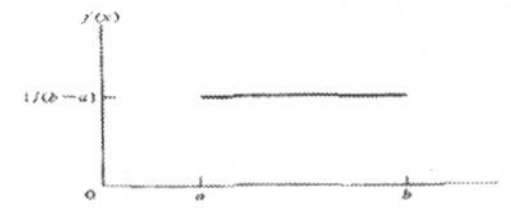	· 자료량이 불충분할 경우 · 자료 변동이 상대적으로 적을 경우 · 최우추정치가 불분명할 경우	· Spooner(1974) · Touran, Bolster(1994)
삼각분포	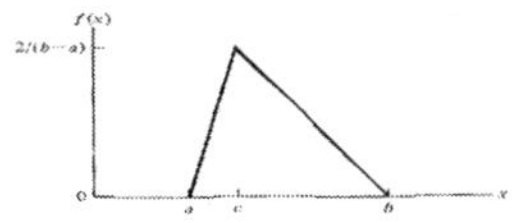	· 최우추정치가 정확할 경우 · 최대, 최소점의 정보가 확실할 경우	· Maker, Bryant(1990) · Spooner(1974) · Touran, Bolster(1994)
정규분포	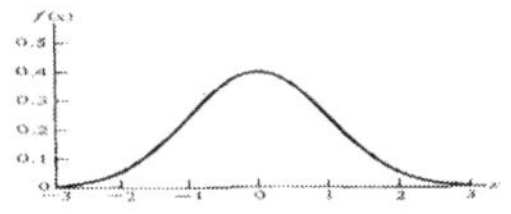	· 최우추정치의 가능성이 높은 경우	· Bodie(1993)
베타분포	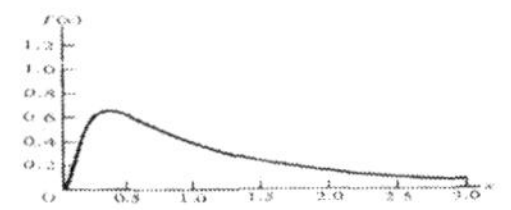	· 단측(Unimodal) · 한쪽으로 편중된(Skewed) 분포형태	· Touran(1987) · Spooner(1974) · Touran, Bolster(1994)
로그정규분포	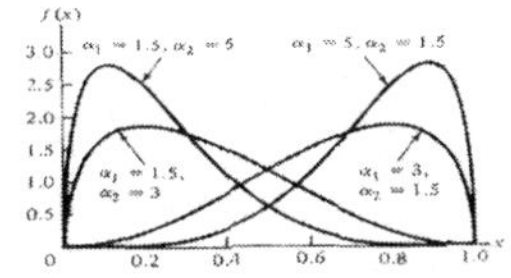	· 단측(Unimodal) · 한쪽으로 편중된(Skewed) 분포형태 · 토목, 전기, 건설 관련 비용의 일반적인 분포형태로 사용	· Touran(1987) · Teichoz(1964) · O'Shea(1966) · Gaarslev(1969)

(2) 위험변수 간의 상관관계 처리방법

두 개 위험변수의 확률분포가 상관관계를 가지고 있는 경우 한 분포에서 추출한 값이 다른 분포에서 추출된 값에 영향을 주게 되는데(PouliQuen, 1972), 이를 위험변수 간의 상관관계로 나타내면 다음과 같다(Touran 외, 1992).

$$C_{tot} = \sum_{i=1}^{n} C_i \tag{4.2}$$

$$Var(C_{tot}) = \sum_{i=1}^{n} Var(C_i) + \sum_{i \neq j}^{n} \sum^{n} Cov(C_i, C_j) \tag{4.3}$$

여기서, C_{tot}: 사업 변동을 유발하는 비용항목의 합

C_i : 확률변수로 모형화된 비용항목

$Var(C_{tot})$: 총비용의 분산

$Cov(C_i, C_j)$: 비용 C_i, C_j 간의 공분산값

$$\rho^{(C_i, C_j)} = \frac{Cov(C_i, C_j)}{\sigma c_i \times \sigma c_j}$$: 비용 C_i, C_j 간의 상관계수

이때 분포 간의 상관관계 $\rho^{(C_i, C_j)}$은 $-1 \sim 1$의 값을 가지며, 0은 두 변수가 독립적인 것을 의미하고, 1은 한 변수가 큰 값이 발생하면 다른 변수도 큰 값을 발생시키는 것을, -1은 한 변수가 큰 값을 발생시키면 다른 변수는 매우 작은 값을 발생시키는 것을 의미한다. 이러한 분석방법에는 개략추정방법, 낙관적·비관적 분석방법, 상세추정방법, 주관적 상관계수법, 순위상관계수법이 있다.

먼저, ① 개략추정방법(Approximate Method)은 높은 상관관계를 가지는 변수들을 하나의 변수로 묶어 독립적으로 분석하여(Touran, 1989; Curran, 1989; PouliQuen, 1972) 일정 규모의 비용 변동폭을 계량화하는 방법으로, 분석이 쉽고 실용적이나 위험변수의 항목이 많아질수록 추정의 정확도가 떨어지는 단점이 있다.

② 낙관적-비관적 접근방법(Pessimistic-Optimistic Approach)은 두 변수 간의 상관관계가 결과에 미치는 결과를 낙관적, 비관적인 경우에 따라 분석하는 방법이다. 즉, 사업의 경제성이 높은 경우 비관적으로 분석하여 경제성이 있으면 신뢰성이 높은 결과를 얻을 수 있다. 반대로 경제성이 없는 경우 낙관적으로 분석하여도 경제성이 좋지 않은 경우는 경제성이 없는 것으로 판정한다. 여기서 경제성의 판단기준은 자본비용의 기회비용이 10%일 경우로, 10% 이상의 수익률이 발생할 확률이 기준치 이상이면 경제성이 있는 것으로 판단할 수 있다.

③ 상세추정방법은 비용항목들 간에 결합밀도함수(Joint Density Function)를 추정하여 변수들 간의 공분산값을 계산하는 모수추정방법이다(Devore, 1991). 본 기법은 위험변수의 변동을 명확히 구분하여 분석할 수 있는 장점이 있으나, 이력자료가 풍부해야 하며 위험변수가 정규분포가 아닌 경우 계산이 매우 복잡하다는 단점을 가지고 있다.

④ 주관적 상관관계법(Subjective Correlation)은 다항변수의 분포(Multivariate Distribution)하에서 정보가 부족할 경우 변수의 상관관계를 3개의 정량적 지표로 제시하는 것을 말한다(Touran, 1993). 건설비용의 상관계수값은

0과 1 사이의 값에서 발생하므로 상관관계가 약함・중간・높음으로 구분하여, 상관계수가 0~0.3 사이일 때 0.15로, 0.3~0.6 사이일 때 0.45로, 0.6~0.10 사이일 때 0.8로 적용할 수 있다.

⑤ 순위상관계수법은 어떤 분포들 간에도 상관관계를 묘사할 수 있는 장점을 가지고 있기 때문에 비분포접근법(Distribution Free Approach)이라 불린다. 순위상관계수법은 19세기 초 C. Spearman에 의해 변수 간 순위를 기초로 하는 순위상관계수(Rank Correlation)를 통해 도입되었으며, 이후 Iman(1982)이 순위점수를 이용한 모의실험을 통해 다양한 분포상에서 상관난수(Correlated Random Number)를 발생시킬 수 있는 방법론을 제시하였다.

(3) 위험변수의 표본추출방법

표본추출방법에는 크게 MCS(Monte-Carlo Sampling)방법과 LHS(Latin Hyper-cube Sampling)방법이 있다. MCS기법은 누적확률분포의 Y축의 0과 1사이에서 가난수를 발생시켜 이에 상응하는 위험변수값을 선택하는 대표적인 샘플링기법으로, 확률분포 상에서 발생확률이 높은 지역의 입력변수가 집중되는 군집문제(Clustering Problem)를 야기시킨다. 이러한 결과는 낮은 확률을 가지지만 중요한 사건에 대해 고려하지 못함으로써 사업의 위험도를 정확히 계량화하지 못하는 문제를 낳기 때문에, 위험변수의 확률분포와 유사한 표본을 발생시키기 위해서는 많은 반복수행이 필요한 단점을 가지고 있다.

반면 LHS기법은 Mackay, Bekman과 Conover(1979), Loh(1996)가 시뮬레이션모형 상에서 MCS기법의 문제점을 보완하기 위해 개발한 모형으로, 위험변수(비용, 편익, 사업 외적 변수)의 표본을 작은 확률을 가진 Outlying사건을 포함하여 추출할 수 있도록 전략적으로 누적확률밀도의 간격(0~1)을 M개의 구간으로 분할하는 샘플링기법이다. 이때 분할된 구간에서 각각 위험변수, (X)의 표본을 추출해내고 한번 표본이 추출된 구간에서는 다시 표본을 선정하지 않음으로써 전 구간에서 고루 표본을 추출할 수 있기 때문에 위험변수의 표본이 확률분포에 빠르게 수렴[16]하는 장점을 가지고 있다.

---

16) 수렴은 입력변수의 확률분포 통계치(평균, 표준편차, %값)가 오차범위 내에서 안정적으로 발생하는 것을 의미한다.

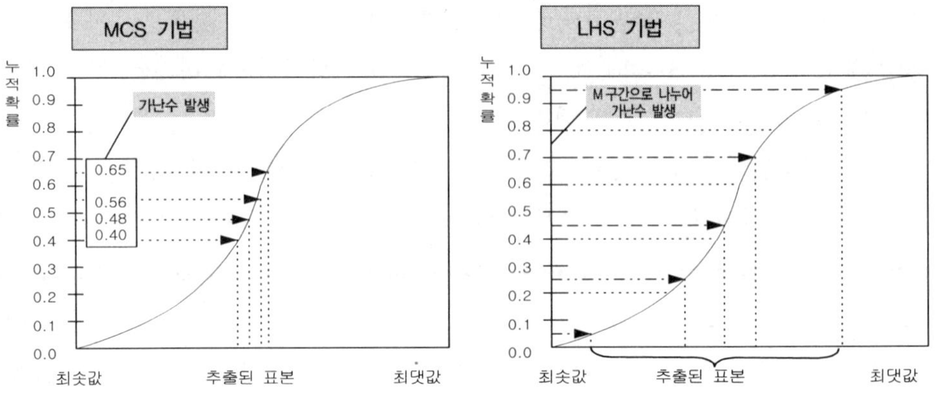

그림 4.3 표본추출 방법

(4) 효용곡선에 따른 결과값 해석방법

위험도 분석은 건설 또는 사업기간 내에 발생하는 위험도를 결정하는 변수를 확률분포로 설정하고 비용 또는 재무옵션의 위험도를 확률분포화하여 추정하게 된다. 이때 결과는 비용 또는 기대수익 등의 확률밀도함수(PDF), 누적확률밀도함수(CDF)로 제공되는데, 하나의 사업이나 대안을 평가할 때는 확률분포가 나타내는 평균(μ), 표준편차(σ)를 이용한 변동계수(Coefficient of Variation)를 이용한다. 변동계수는 평균을 표준편차로 나눈 값으로, 변동계수가 작을수록 사업의 위험도가 높은 것으로 평가한다.

$$C \cdot V = \mu / \sigma \tag{4.3}$$

이를 이용한 대표적인 위험도 분석사례로 이용택(2003)은 ITS(Intelligent Transport Systems)사업이 일반 교통사업과 다른 사업의 특성을 비교하여 설명하기 위해 사업비와 총 사업비와의 변동계수를 비교 분석한 결과 일반 교통사업에 비해 사업비와 총 사업비의 변동계수가 낮아 위험하며, 상대적으로 사업비보다 운영비를 포함한 총 사업비의 변동계수가 더욱 낮아 ITS사업의 경우 운영기간에 발생하는 운영비에 대한 위험관리가 중요하다는 결과를 확인하였다.

표 4.3 교통투자사업 간 사업비 및 총 사업비 변동계수 비교 (단위: 달러)

연구자	사업비			총 사업비		
	이용택 (2005)[1]	정동욱 외 (2000)[5]	US.DOT (1996)[3]	이용택 (2005)[1]	US.DOT (1994)[2]	US.DOT (1996)[4]
사업대상	ITS사업	경량철도	철도사업	ITS사업	철도사업	철도사업
μ	122억	4,855억	5,762만	797억	120,250만	9,927만
σ	8억	45억	259만	193억	6,300만	354만
$C \cdot V = \mu / \sigma$	15	107	22	4	19	28

주: 1) 대전광역시 첨단교통모델도시사업의 ITS사업 사례분석 추정결과
2) 총연장 19.3 km 철도구축사업의 재무 및 건설위험 분석을 위한 사업비용 추정결과
3) 매릴랜드교통국(MTA)의 경량철도 구축 II단계 사업으로 총 7.5마일의 철도확장사업의 사업비용 추정결과
4) 3) 사업의 설계・구축을 통합한 턴키발주 시 사업비용을 추정한 결과
5) 총연장 10.3 km에 BTO방식으로 민간투자사업으로 추진되는 울산시 경량전철 건설사업의 재무적 리스크분석 추정결과

다음으로, 분석가가 사업의 타당성을 평가하는 과정에서는 <그림 4.4>와 같이 사업주체의 위험에 대한 효용유형에 따라 사업추진을 위한 대안이 달라질 수 있기 때문에 사업주체의 효용곡선을 파악할 필요가 있다. 만약 투자재원이 C^*로 결정되어 있다면, 사업주체의 효용곡선이 위험 추구적인 경우에는 기댓값이 평균값 이하인 E(x1)에서, 위험 중립적인 경우에는 평균값에 근사한 E(x2)에서, 위험 회피적인 경우에는 평균값 상위인 E(x3)에서 사업의 투자를 결정하게 된다.

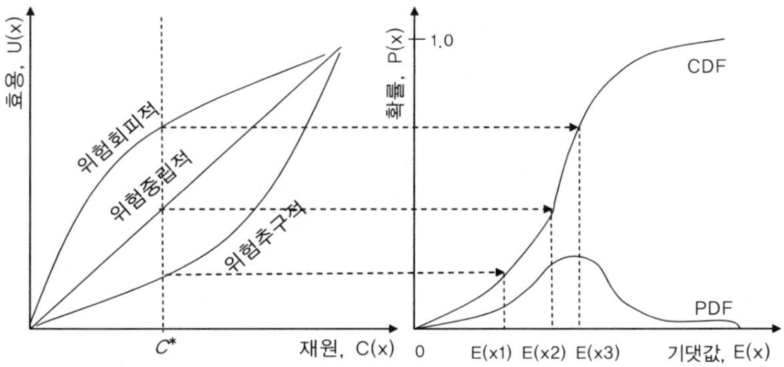

그림 4.4 사업주체의 효용곡선에 따른 결과값 해석

〈사업주체의 효용곡선에 따른 사업대안 선정사례〉

기업 1, 기업 2의 두 기업에서 공공기관이 발주한 두 개의 사업 중 하나의 사업에 참여하기로 하였다면, 사업 1에 대한 기댓값이 4.2억 원으로 사업 2의 기댓값 1.45억 원보다 높더라도 기업 1은 사업 1을, 기업 2는 사업 2를 각각 선택하게 된다.

표 4.4 사업별 기댓값 산출 내역

사업 1			사업 2		
확률(A)	수익(B)	기댓값(A*B)	확률(A)	수익(B)	기댓값(A*B)
0.2	10억 원	2	0.2	2억 원	0.4
0.5	5억 원	2.5	0.7	1.5억 원	1.05
0.3	−1억 원	−0.3	0.1	0억 원	0
소계		4.2억 원	소계		1.45억 원

기업 1은 <그림 4.5>와 같이 위험중립적인 효용곡선을 가지고 있는 반면 기업 2는 위험회피적인 효용곡선을 가지고 있기 때문에 비록 기댓값이 높더라도 안전한 사업 2에 참여하기로 결정하게 된다. 이때 <표 4.5>와 같이 기업 1의 사업 1, 2에 대한 기대효용은 각각 0.6, 0.31로 기대효용이 높은 사업 1을 채택하고, 기업 2의 사업 1, 2에 대한 기대효용은 각각 0.65, 0.73으로 기대효용이 높은 사업 2를 선택하게 된다.

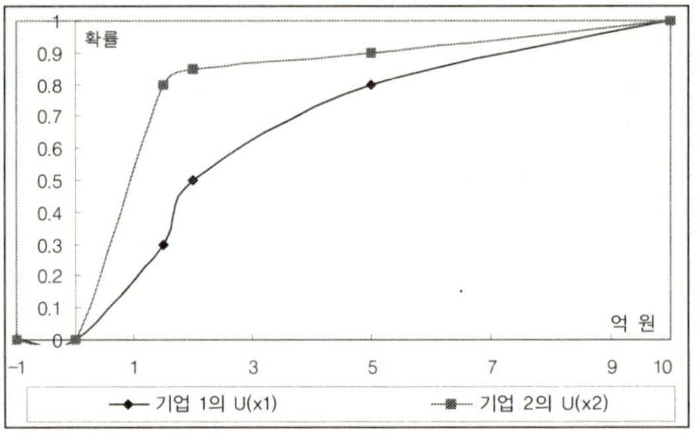

기댓값 (억 원)	기업 1의 U (x1)	기업 2의 U (x2)
10	1	1
5	0.8	0.9
2	0.5	0.85
1.5	0.3	0.8
0	0	0
−1	0	0

그림 4.5 기업의 효용곡선

표 4.5 기업의 기대효용 산출 근거

기업 1의 기대효용 산출						기업 2의 기대효용 산출					
사업 1			사업 2			사업 1			사업 2		
확률 (A)	효용 (B)	기대효용 (A*B)	확률 (A)	효용 (B)	기대효용 (A*B)	확률 (A)	효용 (B)	기대효용 (A*B)	확률 (A)	효용 (B)	기대효용 (A*B)
0.2	1	0.2	0.2	0.5	0.1	0.2	1	0.2	0.2	0.85	0.17
0.5	0.8	0.4	0.7	0.3	0.21	0.5	0.9	0.45	0.7	0.8	0.56
0.3	0	0	0.1	0	0	0.3	0	0	0.1	0	0
소계		0.6	소계		0.31	소계		0.65	소계		0.73

4.4 분석 툴 및 적용사례

4.4.1 분석 툴(소프트웨어)

위험도 분석용 소프트웨어는 시뮬레이션 작성언어로 구축하는 방법과 소프트웨어 패키지를 사용하는 방법이 있다. 대표적인 시뮬레이션 언어에는 SLAM (Pritsker, 1986), SIMAN(Pegden, 1990)이 있다. 이는 분석가가 자유롭게 분석의 틀을 구성할 수 있는 장점이 있지만 사용이 어려워 학습에 시간이 소요되고, 확률적 시스템을 모형화하는 데 대한 전문적인 지식이 있어야 한다. 반면 대표적인 소프트웨어 패키지로는 Palisade사의 @RISK와 Primavera사의 MontecarloTM이 있다. 본 소프트웨어는 사용이 편리하나 주어진 패키지틀을 확장할 수 없다는 단점이 있다. 본 소프트웨어들은 공정별 시간과 재원이나, 재무옵션에 따른 사업주체의 현금흐름을 누적확률분포함수로 보여주는 등 평가지표에 대한 통계분석 및 보고 기능을 제공한다.

이 외에도 교통투자사업의 목적에 따라 위험도 분석을 적용함으로써 교통학자나 경제학자가 아니더라도 이용하기 쉽고 편리하도록 개발된 패키지가 있다. 예를 들어, 미국 교통부(DOT)에서 도로포장관리의 사업비 산정을 위해 개발한 HDM-4, 고속도로계획 및 예산배정을 효율적으로 운용하기 위해 개발한 StraBENCOST, 지능형교통체계(ITS)의 서브시스템 선정 및 경제성 분석을 위해 개발된 IDAS 등이 대표적인 교통투자사업용 위험도 분석 패키지라고 할 수 있다.

4.4.2 교통투자사업의 위험도 분석모형 연구사례

국외에서는 IBRD(1972)에서 최초로 경제성 분석에 위험도 분석기법을 적용한 이래로, 1990년대 이후 민간부문의 사회간접자본투자가 확대되면서 교통사업의 재무성 분석 방법론으로 PRA모형이 활용되고 있다. 그러나 일반 교통사업의 경제성 분석에 적용된 PRA모형은 수렴조건 등 분석방법론이 미흡하고 계산비용과 시간이 많이 소요될 뿐만 아니라 의사결정 방법론이 애매하다는 문제점을 가지고 있다. 또한 이는 대규모 공급 위주의 교통투자사업에 대한 재무성 분석을 중심으로 하여 재원(사업비, 공사기간)관리 목적으로 개발되었을 뿐만 아니라, 사업의 위험변수에 대한 자료와 분포추정의 오차에 대한 문제점, 분석시간과 노력에 비해 의사결정방법이 애매한 문제점, 그리고 확률분포의 적용과 해석에 있어 주관성이 개입할 수 있다는 모형의 한계 또한 가지고 있다.

표 4.6 모형별 연구의 한계 분석

구 분	목 적	연구자	연구의 한계
PRA모형	경제성 분석	· IBRD(1972)	· 수렴조건 없는 반복계산 · 위험변수의 분포추정 미흡 · 계산시간이 많이 소요 · 의사결정방법론이 애매함 · 저개발국 차관지원사업 분석
	재무성 분석	· Lam 외(1998) · US. DOT(1994; 1996) · Touran(1997) · 이용택 외(1999)	· 사업비, 공기관리 분석모형 · 재원조달 및 관리에 초점 · 위험변수 분포추정 미흡 · 대규모 교통투자사업 위주로 분석

PRA를 적용한 일반교통사업의 타당성 분석사례를 살펴보면 다음과 같다.

PouliQuen(1972)은 Lighterage 항만건설사업에 민감도 분석을 보완하는 기법으로 PRA모형의 개념을 타당성 분석에 최초로 도입하였다. 분석대상지인 소말리아의 항만건설사업은 1967년 IBRD지원으로 방파제와 2개의 접안시설 및 2개의 환승창고, 저장고, 사무공간을 건설하는 사업으로 경제성 분석결과 IRR이 12.2%로 경제성이 있는 사업으로 분석되었으나, 이는 사업의 위험이 높은 저개발국가의 투자사업이므로 PRA모형을 도입하여 분석하였다. 여기서 주요 위험변수를 사업비, 노동생산성, 물동량, 사고발생비율, 수입증가율, 근무일수, 생애주기로 구분하고 이에 대한 확률밀도함수를 가정하고 MCSA를 이용하여 내부수익률을 300회 계산하였다. 확률분포의 가정은 근무일수, 물동량, 사고발생비율은 정규분포를 사용하였으며, 수입증가율, 노동생산성, 생애주기는 계단식 사각(Step Rectangular)분포를 사용하였고, 사업비는 로그정규분포를 사용하였다. 그 결과 94% 내에서 7% 이상 수익률이 발생하고 있어 당해 사업이 비교적 위험도가 적으며 경제성이 있는 것으로 보고하면서, PRA

모형이 위험변수 간의 복합적인 변동을 고려함으로써 사업의 위험도를 종합적으로 분석할 수 있는 분석방법론이라고 제시하였다.

IBRD(1972)는 TANZAM 고속도로사업의 타당성 분석에 대해 PRA모형을 적용하였다. 본 사업은 잠비아의 구리벨트부터 탄자니아의 Dar es Salaam항구에 이르는 1,170마일의 비포장도로를 965마일의 2차로 포장도로로 새로 건설하는 사업으로, 이 중 탄자니아 중부지역의 311마일에 대해 PRA모형을 적용하여 경제성 분석을 수행하였다. 이를 위해 공사비, 교통량, 차종별 교통량 증가율, 차량운행비용, 도로유지관리비용을 삼각분포로 가정하여 MCSA를 이용하여 내부수익률을 300회 반복계산하였다. 확률분포의 가정을 살펴보면, 공사비($), 차종별 교통량 증가율(%), 차량운행비용($/마일), 도로유지관리비용($/마일)은 균등분포를, 교통량은 계단식 사각분포를 가정하였으며, 운행비용 절감, 도로유지비용 절감 등의 편익은 균등분포로 가정하였다. 내부수익률의 누적확률밀도를 산출한 결과, 95% 내에서 수익률이 10% 이상 발생할 것으로 나타나 사업의 위험도가 적고 경제성이 있는 것으로 나타났다.

Lam 외(1998)는 민자도로투자를 위한 재무성 분석모형에 PRA모형을 적용하였다. 민자도로사업은 초기투자비용이 높으나 수익은 교통량의 변화에 따라 불확실한 특징을 가지고 있어 MCSA를 이용하여 PRA모형을 개발하였다.

Malini(1999)는 BOT(Build-Operation-Transfer)방식으로 추진되는 민자교량건설사업에 대해 MCSA를 기반으로 PRA모형을 적용하였다. 모형에서 고려되는 위험변수에는 정책변수, 거시경제지표, 투입변수 등이 있다. 정책변수에 해당하는 것으로는 건설기간, 무상 사용기간, 통행요금비율 등이 있으며, 거시경제지표에는 할인율, 이자율, 인플레이션 상승률, 부채비율, 통행량 증가율 등이 사용된다. 또한 투입변수로는 건설비용, 운영비용, 유지관리비용 등을 선정하였다. 본 연구에서는 대상 사업에 대한 다양한 시나리오에 따라 평가지표로 설정된 순현재가치(NPV), 내부수익률, 자금상환기간에 대한 확률분포를 추정하였으며, PRA모형을 통해 다양한 시나리오 평가가 가능하다고 보고하고 있다.

이용택 외(1999)는 민자도로투자의 재무성 분석 시 사업의 재무적 위험도를 분석하기 위해 PRA모형을 적용한 재무성 분석모형을 개발하였다. 본 연구에서는 MCSA를 도입하여 비용과 편익의 변동을 실비용, 편익의 일정비율(+20%~-20%)로 가정하여 총 사업비와 순현재가치의 누적확률분포를 산출하였다. 또한 서울외곽순환고속도로(일산~퇴계원 구간)와 대전~당진 고속도로를 대상으로 사례분석을 수행하였다. 대전~당진 고속도로의 경우 2,100회 반복계산한 결과, 순현재가치의 평균값이 -3,860억으로 100% 사업성이 없는 것으로 나타났으며, 서울외곽순환고속도로의 경우 2,200회 반복계산 후 순현재가치의 평균값이 980억으로 전체의 84%가 수익이 발생하는 것으로 나타났다.

Touran(1997)은 대규모 철도사업 추진 시, 건설과 재무적 위험을 통합하여 MCSA를 기반으로 PRA모형을 개발하였다. 특히 프로젝트 파이낸싱 도입 시 민간부문의 재원을 효과적으로 도입할 수 있는 대안을 분석하기 위하여 정립한 모형을 이용해 총 공사비의 누적확률분포와 사업기간의 순현금흐름 분석을 수행하였으며, 계획가가 통계적으로 신뢰할 수 있는 범위 내에서 사업의 재무성을 분석할 수 있도록 하였다.

Grimsey 외(2000)는 프로젝트 파이낸싱과 민・관협력방식(PPP), 민간자본 참여(PFI)정책 등을 통해 기존에 공공기관이 부담하던 사업위험을 인센티브를 제공하여 민간에게 이전하도록 하는 정책대안을 PRA를 이용한 재무성 모형을 통해 분석하였다. 공공기관은 민간의 재원을 활용하여 공공서비스를 제공하고, 민간은 공공서비스 금액에 상응하는 가치(Value-For-Money)와 위험분담을 수용함으로써 근본적으로 민・관협력방식의 사업에 참여하게 된다고 설명하고 있다. 또한 하수관리사업을 대상으로 사례분석을 수행해 정립한 모형을 이용하여 사업비와 내부수익률의 누적확률분포를 도출하였다. 또한 민・관협력, 민간자본 참여로 이루어지는 사업이 성공적으로 추진되려면 해당 위험을 계량화하여 배분하는 합리적인 절차가 필요하다고 보고하였다.

이용택 외(2005)는 ITS(Intelligent Transport Systems)사업의 경제성에 영향을 미치는 위험변수를 확률밀도함수, 누적확률밀도함수로 산출하고 몬테카를로 시뮬레이션기법을 통해 최종 산출된 사업비 및 경제성 지표의 통계값을 이용하여 사업의 경제성 및 위험도를 합리적으로 판단할 수 있는 PRA모형을 개발하였다. 이를 활용하여 지방자치단체에서 추진하는 대규모 ITS사업의 사례

표 4.7 교통 관련 사업의 위험도 분석모형 적용사례

연구자	분석 목적	분석 대상	분석방법 및 내용
Louis Y. PouliQuen (1972)	IBRD사업으로 저개발국가에 대해 기존의 경제성 분석(민감도 분석)을 보완한 확률분석 개념 도입	소말리아 Mogadiscio 지역의 Lighterage 항만건설사업(1967년)	몬테카를로 시뮬레이션의 기본개념을 도입하여 공학적 판단에 의한 사업비 확률밀도 추정 및 IRR의 누적확률밀도 도출
IBRD (1972)	IBRD사업으로 불확실성이 높은 저개발국가 대상 사업에 대해 확률분석 개념 도입	잠비아의 Copper belt부터 탄자니아의 Dar es Salaam 항구에 이르는 965마일의 2차로 도로건설사업	몬테카를로기법을 활용하여 공학적 판단에 의한 비용의 확률밀도 및 IRR의 누적확률밀도 산정
Touran (1997)	미 대중교통국(MTA)의 철도사업의 재무와 건설 위험을 통합적으로 분석하기 위해 위험도 분석모형 도입	미 대중교통국이 추진하는 19.3 km의 철도사업의 총 건설비용 및 현금흐름 분석	몬테카를로 시뮬레이션기법을 활용하여, 발생비용의 재원조달방식별로 재무적 위험도를 분석하며, 총 사업비의 누적확률밀도와 사업기간의 현금흐름 분석을 도출
이용택, 김상범, 원제무 (1999)	민자유치고속도로의 사업성 분석을 위한 위험도 분석방법론 정립 및 사례분석	BOT방식으로 추진된 우리나라 2개 민자고속도로를 대상으로 하여 사례분석 수행(외곽순환고속도로, 대전~당진 고속도로)	몬테카를로 시뮬레이션기법을 활용, 공학적 판단에 비용과 편익의 확률밀도함수를 선정, 총 공사비, NPV의 누적확률밀도를 도출
김인호, 현창택 (2000)	경량전철에 관한 민간투자사업의 재무적 위험도 분석모형 정립	BTO방식의 중소도시 경량철도 민자투자사업의 사례분석 수행(U시 사례)	몬테카를로 시뮬레이션기법을 활용하여 공학적 판단에 의해 비용, 편익의 확률밀도를 산정, 총 사업비 및 NPV의 누적확률밀도 도출
Darrin Grimsey, Mervyn K. Lewis (2000)	민·관협력, 민간자본 참여사업의 사업주체별 위험도 분석모형 정립	스코틀랜드의 하수관리 민자사업에 대해 사례분석을 수행	몬테카를로 시뮬레이션기법을 활용, IRR의 누적확률밀도 도출
이용택, 남두희, 임강원 (2005)	ITS사업의 경제성 분석을 위한 위험도 분석방법론 정립 및 사례분석	우리나라 대전광역시 첨단교통모델도시 사업에 대해 사례분석을 수행	몬테카를로 시뮬레이션기법을 활용, 총 사업비 및 경제성 분석지표(B/C, NPV, IRR)의 누적확률밀도를 도출

분석(대전광역시 첨단모델도시사업)을 수행한 결과, 타 SOC사업에 비해 ITS 사업의 총 사업비 변동이 크고 사업의 위험도가 높은 것으로 나타났으며 이러한 사업비 관련 위험도를 줄이기 위한 우발성 예산을 추정하였다(표 4.3 참조). 또한 DEA모형의 경제성 평가지표는 PRA모형의 확률분포 상에 하나의 %값으로 나타나며, 평균값 또는 중앙값과 비교할 때 경제성이 과소추정되는 것으로 나타났다. 즉 대규모 ITS사업 경제성 평가 시 DEA모형이 편의된 하나의 사례만으로 경제성을 평가함으로써 경제성을 과대·과소추정하는 오류를 범할 수 있는 것으로 나타났다.

4.5 위험도 대응방안

지금까지 위험발생 항목을 파악하고 이를 계량화하는 방안을 살펴보았다. 다음으로 발생 가능한 위험도를 경감시키고 사업주체에 따라 적정하게 위험을 배분하는 위험도 관리방안을 검토할 필요가 있다. 위험도를 관리하기 위해서는 먼저 각 항목에 대한 위험이 각 사업주체에 어떠한 영향을 미치는지에 대한 분석이 필요하며, 합리적인 위험배분의 원칙하에 사업주체 간의 역할분담에 관한 정책대안을 수립·협의해 나가야 한다.

4.5.1 위험도 배분의 원칙

사업주체 간의 위험도 배분의 원칙은 연구자별로 다양하게 제안되고 있으나 본 장에서는 내용별로 분류하여 크게 두 가지로 정의하였다.

첫째, 해당 위험도를 통제할 수 있는 경우, 이를 최적으로 관리할 수 있는 사업주체에게 위험도를 할당한다(Diekmann 외, 1998; Thompson과 Perry, 1992; Wideman, 1992). 예를 들어 철도가 도심을 지나는 계획안에서 인접 건물에 진동이 미침으로써 발생하는 위험은 설계기술을 보유한 설계자가 담당하는 것이 바람직하다.

둘째, 해당 위험도가 통제되지 않는다면 위험도를 받아들이기 가장 좋은 입장에 있거나 이를 견뎌낼 수 있는 능력을 가진 주체에게 할당하는 것이 바람직하다(Bramble 외, 1990; Thompson과 Perry; Wideman, 1992; Diekmann 외,

1988; Nadel, 1979). 이때 위험을 전가받은 사업주체에게 위험도에 대한 프리미엄을 고려해 주거나, 해당 위험의 발생으로 인한 인센티브를 제공하는 것이 바람직하다.

4.5.2 위험도 대응방안

사업추진 시 발생이 예상되는 위험도에 대응하는 방안은 대표적으로 위험도 수용, 위험도 감소, 위험도 공유, 위험도 전가, 위험도 회피방안으로 구분할 수 있다.

첫째, 위험도 수용(Risk Acceptance)방안으로 사업주체가 위험도를 수용할 때 위험도는 계획된 위험도와 비계획된 위험도로 구분된다. 계획된 위험도는 사업추진을 위해서 불가피한 대안이 없는 경우, 위험도에 대한 결과가 알려지지 않은 경우, 위험도 발생확률이 높은 경우, 위험도 발생의 확률은 낮지만 치명도가 높은 경우 사업주체가 자발적으로 사업의 위험도에 대한 체계적인 위험도 계획을 수립한다. 반면 사업주체가 위험도를 인식하지만 정확하게 그 크기를 추정할 수 없으며 동시에 사업주체의 비용에 큰 영향을 미칠 때 수동적으로 위험도를 받아들이게 되는데, 이러한 위험도를 비계획된 위험도라 한다.

이러한 위험도 수용은 우발성을 가지고 있는 경우와 그렇지 않은 경우로 다시 나뉜다. 우발성 예산(Contingency Budget, CB)을 가지는 위험도 수용은 실제 발생할 손실(예를 들면, 비용이나 시간)을 사업비로 일부 확보하는 것이다. 이와 같이 사업추진 시 위험항목의 우발성으로 인해 발생하는 비용의 합을 우발성 예산이라 하고 이를 사업의 예산에 합산한다. 반면 위험의 발생확률이 낮아 계획한 사업비 내에서 사업을 성공할 확률이 목표값 이상일 경우에는 우발성 예산을 배제한 채 사업에 착수하기도 한다.

〈우발성 비용을 고려한 사업비 산정사례〉

추정사업비가 사업비의 확률분포 상의 50%값인 100억이라 하고 사업의 관리목표값을 85%값으로 설정하여 사업비가 15% 이내에서 초과 변동하도록 관리하고자 한다면, 이는 위험수용형 사업으로 분류할 수 있으며 20억의 우발성 비용을 확보하여 120억으로 사업비를 결정하게 된다. 이러한 분석방법을 이용하여 공공부문의 합리적인 사업비 결정 및 위험도를 고려한 경제성 분석에 활용하는 것뿐만 아니라, 민간부문에서의 입찰사업비 결정과정으로 확대하여 설명할 수 있다. 먼저 공공부문은 관리목표값인 120억으로 사업을 발주하면, 민간부문(기업)에서 공공부문과 다른 비용항목을 대상으로 추정사업비와 PRA모형을 이용하여 사업비의 확률분포를 추정한다. 이때 기업이 추정한 사업비가 85억이라고 한다면, 기업은 85억과 발주공사비, 120억 사이에서 낙찰가능성과 위험도 감소 및 수익 증가의 상쇄(Trade-off)효과를 고려하여 사업비를 산출하게 되고, 이것이 바로 기업의 입찰사업비가 된다. 또한 민간 간의 입찰경쟁을 통해 낙찰될 경우 위와 같은 상쇄효과를 고려하여 수렴되는 108억을 사업비로 결정하게 된다.

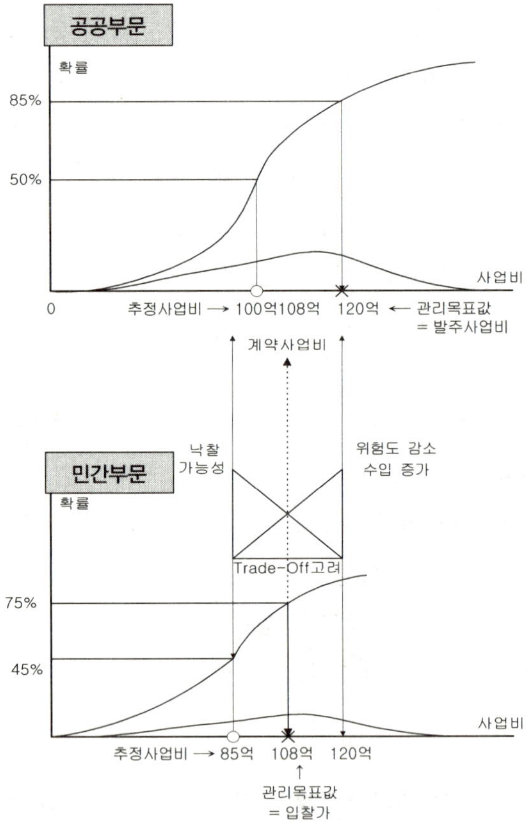

그림 4.6 우발성 비용을 고려한 사업비 산정 과정

둘째, 위험도 감소(Risk Reduction)방안으로 사업주체가 위험도를 수용했지만 잠재적인 영향을 낮추는 특별한 방어적인 계획안을 가지고 있는 경우를 말한다. 이 경우에는 위험도 발생의 확률을 낮추거나, 사건이 발생한다면 재무적 위험도를 낮추는 방법이 있다. 예를 들면 훈련프로그램을 강화하고 우수한 노동력을 확보하는 동시에 프로젝트 기간 동안 노사안정을 확보함으로써 인적자원의 위험도를 감소시킬 수 있다. 또한 사업자가 강력한 프로젝트 통제력을 가지기 위해 우수한 하청업자(Subcontractor)를 확보하고 안전・위기관리, 책임할당(Responsibility Allocation)제를 도입하는 등의 노력도 이에 속한다.

셋째, 위험도 공유(Risk Sharing)방안으로 한 사업주체가 특정 위험도를 통제하기 불가능하거나 이로 인해 사업의 효율성이 떨어질 때, 2개 이상의 사업주체가 자신이 가장 잘 통제할 수 있는 위험도를 담당하여 공유하는 방안이다. 예를 들어 계약단계에서 최대가격보장(Guaranteed Maximum Price, GMP) 계약을 사용하여 위험도를 공유할 수 있다. 이는 계약상에 설정한 최대비용 초과 시 발주자가 일정 비용을 보장해주는 방식으로 시공사와 발주자 간에 사업비용에 관한 위험도를 공유할 수 있는 방안이다.

넷째, 위험도 전가(Risk Transfer)방안으로 계약자, 설계자, 자재공급자, 시공업체, 하청업체, 보험회사에 위험도를 적절히 전가하는 것이다. 위험도 전가는 초기에 설정된 위험도 배분의 원칙하에 전체적으로 사업이 최상의 결과를 얻도록 관련 기관의 참여를 적극 유도해야 한다. 이때 사업주체들은 할당된 위험 중 직접적인 대인・대물피해, 결과적 손실, 합법적인 신뢰성을 인정받을 수 있는 경우뿐만 아니라, 인사 관련 등 전문적인 위험의 경우에도 위험을 보장해주는 보험서비스를 사용할 수 있다.

다섯째, 위험도 회피(Risk Avoidance)방안으로 위험도가 높은 작업, 재료, 과정을 피하는 것으로, 예를 들어 사업의 계획・설계단계에서는 신기술보다 검증된 기술을 도입함으로써 위험도를 줄일 수 있다.

4.6 정책적 시사점과 향후 과제

미국의 35대 대통령 John F. Kennedy는 “There are risks and costs to a programme of action but they are far less than the long range risks and costs of comfortable inaction."(정책시행에는 예산과 위험이 존재하기 마련이다. 그러나 무사안일한 무대응은 장기간 과다한 예산낭비와 더 큰 위험을 자초한다.)라고 말하였는데, 이는 정부가 공공정책이나 사업을 추진할 때 의사결정 과정에서 위험도에 대한 적극적인 관리와 대응이 얼마나 중요한가를 강조한 말이라 할 수 있다. 더욱이 우리나라의 경우, IMF 경제위기 이후 정부의 재정여건 악화와 유가인상, 세계에서 가장 빠른 고령화 속도, 정보통신기술의 발달 등 교통투자사업을 둘러싼 사회적, 경제적, 공학적 여건이 빠르게 변화하면서 교통투자사업의 불확실성과 위험도가 증가되고 있는 추세여서 교통학자에게도 이에 대한 적극적인 대응책이 요구되고 있다. 본 장에서는 교통투자사업의 타당성 분석 시 위험도를 정량적으로 계량화하는 기법에 대해서 고찰하였는데, 이는 해당 사업주체에 부담되는 사업의 위험도 항목을 파악하고 이를 계량화하여 평가하고, 합리적으로 배분 · 감소시켜 나가는 체계적인 위험도 관리방안을 의미한다 하겠다.

위험도 분석기법은 의사결정자에게 교통투자사업의 타당성을 판단하는 정책자료를 제공하고, 이를 통해 합리적인 재원의 투자를 유도할 수 있어 국내에서도 적극 활용되기를 기대한다. 그러나 교통투자사업에 위험도 분석모형을 적용할 때에는 아직까지 수렴조건 등 분석방법론이 미흡하며 계산비용과 시간이 많이 소요될 뿐만 아니라 의사결정자방법론이 애매하다는 문제점 등이 개선되어야 한다. 이 외에도 사업의 위험변수에 대한 이력자료 확보와 확률분포 추정의 오차에 대한 문제점, 분석시간과 노력에 비해 의사결정방법이 애매한 문제점, 그리고 확률분포의 적용과 해석에 있어 분석가의 주관이 개입될 수 있는 문제점 등이 지속적으로 보완되어야 할 것이다.

특히 국내 교통투자사업의 타당성 평가지침으로 활용되기 위해서는 무엇보다도 위험발생 항목의 확률분포에 대한 이력자료를 축적 · 분석하여야 하며, 각 항목별로 합리적인 확률분포와 모수추정에 대한 연구가 지속적으로 추진되어야 할 것이다. 아울러 이러한 평가기법뿐만 아니라, 교통투자사업에서 발생하는 정치적, 경제적, 사회적, 공학적, 재무적 위험도를 종합적으로 관리할 수 있는 위험도 관리체계를 체계적으로 정립하고, 제도화해 나가야 하겠다.

참고문헌

1. 원제무(1998), 도시계량분석, 박영사
2. 양지청(1998), "민자유치대상 고속도로의 사업성분석", 국토연논, 국토개발연구원
3. 노성태(1996), "민자유치제도 발전방향", 한화경제연구원
4. 김인호 외(2001), 건설사업의 리스크관리, 기문당
5. 이용택 외(1998), "민자유치대상사업의 정부재정지원방식 적용사례연구", 고속도로 57호, 한국도로공사
6. 이용택 외(1999), 교통투자사업의 위험도관리기법, 대한토목학회지
7. 이용택 외(1999), 민자유치대상고속도로투자의 위험도분석, 대한교통학회지 제17권 제5호
8. 이용택 외(2005), 확률적 위험도분석을 이용한 ITS사업의 경제성평가모형, 대한교통학회지 제23권 제3호
9. 이용택, 남두희(2005), 위험도분석을 활용한 교통투자사업평가의 효율화방안, 교통기술과 정책 2005년 12월호, 제2권 제4호[17]
10. Abe(2002), Evaluation of route comparison information boards on Hansin expressway, 6th ITS AP Forum
11. Bernaer(1998), A Review of micro-simulation models, Institute of Transport Studies, University of Leeds
12. Curran(1989), "Range estimating" Journal of Cost Engineering and Management, ASCE., 31(3), pp. 18~26
13. De Rus and Chris Nash(1998), "Recent developments in transportation economics", Ashgate
14. Devore(1991), "Probability and statistics for engineering and the sciences", Brooks/Cole Publishing Co., Pacific Grove, Calif
15. Diekmann(1983), "Probabilistic estimating: Mathematics and applications" Journal of Construction Engineering and Management, ASCE, 109(3), pp. 297~308
16. Dodgson(1998), Evaluating transport projects and policies, Recent Development in Transport Economics
17. Dowd(1998), "Beyond Value at Risk", John Wiley & Sons
18. Fishman(1978), "Principles of discrete event simulation", John Wiley & Sons, New York

---

17) 본 장은 이용택, 남두희(2005)의 원고를 수정·보완하여 작성한 것임

19. Hendrickson(1984), Transportation Investment and Pricing Principle, Willey Interscience
20. ITE(2000), “Information Technology”, Intelligent Transportation Primer
21. Iman and Conover(1982), “A Distribution-Free approach to introducing Rank Correlation Among Input Variables”: Commun. Statistic Simulation Computation 11(3), pp. 311～334
22. Institution of Civil Eng.(2000), Risk Analysis and Management for Projects
23. Johnson and Ramberg(1978), “Transformations of the multivariate normal distribution with applications to simulation”, Technical Report, Los Alamos Science Lab., Los Alamos, N. M.
24. Jorion(1997), “Value at Risk”, IRWIN, pp. 185～203
25. Knight(1921), Risk, Uncertainty, and Profit, Mifflin, New york
26. Kratofil(2001), A Benefit-Cost Analysis for the use of ITS technology for temporary construction zone traffic management on the I-496 reconstruction in Lansing, Michigan
27. Linda(1995), Bestfit, Distribution Fitting Software by Palisade Corporation, Winter Simulation Conference
28. Loh(1996), On Latin Hypercube Sampling, Annals of Statistics Vol. 24, No. 5
29. Newton(1972), Cost-Benefit Analysis in Administration, George Aleen & Unwin LTD
30. PouliQuen(1972), Risk Analysis in Project Appraisal, IBRD, Johns Hopkins Press
31. Spooner(1974), “Probabilistic estimating”, Journal of the Construction Division
32. Touran and Wiser (1974), “Monte Carlo technique with correlated random variable”, Journal of Cost Engineering and Management, ASCE, 11(2), pp. 258～272
33. Touran(1993), “Probabilistic Cost Estimation with subjective correlation”, Journal of Cost Engineering and Management, ASCE, vol. 119, No. 1
34. Touran(1994), “Integration of financial and construction risk”, TRR1450, pp. 15～22

05

체계적인 의사결정지원을 위한 데이터관리체계(HPMS, ADMS)

Data Management System(HPMS, ADMS)
for efficient data-driven decision making process

"The major purpose of the HPMS is to support a data driven decision making process within FHWA."

– HPMS Field Manual(2006)

5.1 개요

우리나라의 도로분야 정부예산은 2003년 8조 8,000억 원에서 2007년에는 7조 5,000억 원으로 2003년 대비 15% 감소하였으며, 이러한 추세는 당분간 지속될 전망이다. 특히 장래 SOC투자 추이를 판단할 수 있는 기획재정부의 「국가재정운용계획」에서도 장래 늘어나는 복지, 환경, 국방수요의 증가로 SOC분야의 전체 투자규모가 줄어들 뿐만 아니라 육상교통시설의 투자방향이 도로에서 철도와 같은 녹색교통 중심으로 재편됨에 따라 도로분야의 투자비율이 지속적으로 하락할 것으로 보인다.

도로분야의 인프라 공급규모와 재원배분의 적정성에 대해서는 그간 정책부서와 재정부서 등 중앙부처 간, 공공기관과 시민단체(Non Government Organization, NGO) 간 뚜렷한 시각 차이를 보여왔다. 먼저 정책부서인 국토해양부에서는 우리나라의 도로 1 km당 자동차대수가 151대로 194대인 독일에 이어 세계 최고수준인 데 반해, <표 5.1>과 같이 인구당 도로연장, 면적당 도로연장, 차량당 도로연장, 국토계수당 도로밀도 등 도로스톡(Stock)을 나타내는 공급지표들이 선진국들보다 전반적으로 낮은 수준으로, 장래 수요를 고려하면 도로공급정책이 지속되어야 한다고 주장한다. 그러나 녹색연합 등 시민단체나 재정부서에서는 도로의 공급은 승용차 이용을 더욱 부추겨서 도로를 더욱 혼잡하게 하고, 이는 다시 도로건설로 이어지는 악순환이 발생하기 때문에 도로공급정책은 교통혼잡을 해소하는 데 한계가 있을 뿐 아니라 또 다른 환경문제를 야기할 수 있다고 지적한다.

표 5.1 국가별 도로스톡(Stock) 공급지표 비교

구 분	한국	일본	미국	영국
인구당 도로연장(km/천 명)	1.9	9.1	22.8	6.3
면적당 도로연장(km/km^2)	0.9	3.1	0.6	1.6
차량당 도로연장(km/대)	7.4	16.3	30.8	15.0
국토계수당 도로밀도(km/$\sqrt{\text{면적}\cdot\text{인구}}$)	1.3	5.3	3.9	3.1

출처: 국토해양부 교통정책과(2006년)

또한 우리나라의 자동차 1대당 1일 평균 주행거리는 2002년 기준으로 61.2 km로 미국 55.3 km보다 하루 6 km, 일본 25.7 km보다 무려 35.5 km나 길게 나타나는 등 실증적 통계자료를 근거로 선진국과 달리 우리나라의 자동차 이용은 지속적으로 증가하는 추세에 있기 때문에 도로공급정책은 한계가 있다고 비난한다.

이와 같이 도로공급정책이나 도로공급 규모와 재원배분에 대해 공공기관과 단체나 전문가별로 뚜렷한 시각 차이가 발생하고, 사업의 타당성 여부, 건설 중 환경문제 등을 이유로 공사 중지를 요구하는 등 도로건설에 대한 사회적 갈등이 발생하는 원인은 무엇보다도 그간 도로공급의 성과를 평가하는 성과 평가체계와 이를 뒷받침할 객관적인 데이터베이스(또는 통계) 관리가 부실한 데 있다.

우리나라의 경우 현재 한국도로공사 등 도로운영기관에서 8종 이상의 도로교통조사 및 통계보고서를 작성・배포하고 있으나, 운영기관별로 필요한 용도에 따라 표준화된 데이터항목, 형식이나 조사방법 없이 각각 통계를 생산하고 있어 수집데이터의 신뢰성과 호환성이 떨어지고 이로 인해 정책적 활용도도 미흡한 실정이다.

표 5.2 도로교통 관련 통계목록

목 록	작성기관	작성주기	간행물명(발간시기)
도로시설 현황 등 통계자료집	국토해양부	매년	도로현황조서(매 익년 4월)
교량시설 현황 등 통계자료집	국토해양부	매년	교량현황조서(매 익년 4월)
도로(국도, 지방도)교통량 통계	국토해양부	매년	교통량통계연보(매 익년 4월)
고속도로 교통량 통계	한국도로공사	매년	고속도로교통량통계(매 익년 4～5월)
도로(자치단체) 교통량 조사	서울시 등	매년	서울시교통량조사 등(매 익년 4～5월)
교통사고 통계	경찰청	매년	교통사고분석(매 익년 4월)
교통안전연차보고서	국토해양부	매년	교통안전연차보고서(매 익년 9월)
건설교통통계	국토해양부	매년	건설교통통계연보(매 익년 10월)

더욱이 1992년 한국도로공사의 교통관리센터(Traffic Management Center, TMC) 설립을 시작으로 우리나라에서도 실시간으로 교통류를 관리하고 운전

자에게 교통정보를 제공하는 지능형교통체계(Intelligent Transport Systems, ITS)가 확산되면서 2008년 기준으로 전국적으로 30여 개 이상의 교통관리센터에서 방대한 양의 교통데이터를 수집 · 가공하고 있다. 이렇게 지능형교통체계의 교통관리센터에서 수집된 교통데이터는 특정 지점에서 인력이나 이동식 검지기로 일정기간 고정시간대에 비연속적인 교통자료를 수집하는 전통적인 데이터 조사방법의 한계를 극복하고, <표 5.3>과 같이 관리 대상 도로의 전 구간을 대상으로 24시간 실시간으로 연속적인 데이터를 수집 · 저장하고 있기 때문에 과거 전통적인 조사방법의 수집데이터의 한계로 인해 분석할 수 없었던 교통정책 및 교통계획에 대한 교통체계분석이 가능하게 되었다.

표 5.3 전통적인 조사데이터와 지능형교통시스템 실시간 데이터 비교

구 분	전통적인 조사데이터	지능형교통시스템 수집데이터
수집기간	비연속적	연속적
수집방법	노동집약적	자동
수집대상	고정시간, 지점	24시간 실시시간, 지점/구간
신뢰성	높음	보통: 잦은 에러 발생
저장량	적음	많음

출처: FHWA(2004), Getting More by Working Together-Opportunities for Linking Planning and Operations

ITS의 실시간 교통데이터는 시간적 · 공간적 · 내용적으로 교통데이터의 수집범위가 넓고 다양하기 때문에, 교통정보 제공 목적뿐 아니라 교통계획, 교통안전, 교통운영 · 관리 등 다양한 교통행정분야에서 주요 정책자료로 활용될 수 있는 장점에도 불구하고, 한국교통연구원의 연구결과(2006)에 따르면 우리나라 교통관리센터의 경우 과거 이력교통데이터(Historic Data)를 저장하지 않았거나, 저장한다 하더라도 교통관리센터마다 데이터의 항목이나 저장형식, 데이터 보관기간 등이 상이하기 때문에 데이터의 신뢰성이나 호환성이 떨어져 다양한 정책적 활용이 미흡한 것으로 나타났다.

이에 반해 미국의 경우, 연방국도관리청(Federal Highway Administration, FHWA)에서는 1978년부터 도로성과모니터링시스템(Highway Performance Monitoring System, HPMS)이라는 국가도로체계에 관한 종합교통데이터베이

스를 구축하여 표준화된 데이터항목과 형식에 따라 동일한 교통조사방법으로 교통데이터 조사를 수행하고 있다. 그리고 이렇게 누적된 데이터베이스에 근거하여 중·장기 교통정책 또는 계획을 수립하고 이 정책 또는 계획에 따라 공급된 도로사업의 성과를 위 데이터베이스를 이용하여 평가한 후, 성과에 따라 예산을 재편성하도록 노력하고 있다.

게다가 교통부(DOT)에서는 1990년대부터 지능형교통시스템 운영으로 발생되는 실시간 교통이력자료가 교통정보 제공 및 교통운영·관리뿐 아니라 중요한 교통정책자료로 활용될 수 있음을 인지하고, 교통관리센터 구축 시 ADUS(Archived Data User Service), ADMS(Archived Data Management Systems)를 구축·운영토록 하여 교통행정목적별로 누적교통데이터를 체계적으로 관리하고 정책적으로 활용하도록 권고하고 있다.

따라서 본 장에서는 도로분야의 정책 또는 계획 수립, 건설 및 운영, ITS 도입을 통해 생산된 교통데이터를 체계적으로 관리하는 데이터관리체계를 구축하여 최적의 의사결정을 할 수 있도록 한 모범사례(Best Practice)로 미국의 도로성과모니터링시스템(HPMS)과 ADUS/ADMS를 소개하고 국내 도로교통 정책에 주는 정책적 시사점을 제시하고자 한다.

5.2 도로성과모니터링시스템(HPMS)

5.2.1 도입배경 및 추진 경위

1965년 미국 의회(National Assembly)가 FHWA에 「국가도로수송실태보고서」를 격년제로 보고할 것을 요구하면서 FHWA에서는 1968년 처음으로 종합적인 도로통계보고서를 출간하게 되었다. 이후 주 정부에서 각각 산발적으로 수행하던 특별교통조사와 교통데이터 수집방식을 체계적으로 수집·관리·제공하기 위해 국가도로체계의 종합교통데이터베이스 구축의 필요성이 대두됨에 따라 1978년 FHWA에서는 '도로성과모니터링시스템'을 개발하게 되었다. 도로성과모니터링시스템의 개발에 따라 국가도로와 주(State)내 간선도로, 집산도로, 국지도로의 건설·운영·유지관리와 관련한 교통데이터와 교통조사 방식이 체계적으로 통합관리되게 되었다. 또한 1980년부터 FHWA에서 HPMS

의 데이터베이스에 근거하여 도로건설 및 운영에 대한 성과를 평가한 「도로성과관리보고서」(Condition and Performance Report)를 격년제로 작성하여 의회에 제출하고 있다.

그림 5.1 미국 FHWA의 HPMS 홈페이지(http://www.fhwa.dot.gov/policy/ohpi/hpms/)

5.2.2 도입목적 및 활용방식

HPMS의 도입목적은 첫째, 중앙부처와 주 정부 및 도로운영기관에서 산발적으로 조사하던 도로분야 교통데이터의 항목, 형식과 조사방법론을 표준화하고, 국가차원에서 도로운영기관별, 도로기능별 위계(hierarchy)에 따라 교통데이터를 통합적으로 수집 · 관리함으로써 교통조사비용을 절감하고 데이터의 신뢰성과 호환성을 증진시켜 정책적 활용도를 높이는 데 있다.

둘째, FHWA에서는 HPMS 데이터베이스를 근거로 국가도로건설사업의 전략적 추진계획(Strategic Planning)을 수립하고 이에 따라 추진된 도로건설사업에 대해 이 HPMS의 데이터베이스(성과지표)를 이용하여 성과평가하게 된다. 즉, FHWA에서는 GPRA(Government Performance and Results Act)와 TEA-21

(Transportation Equity Act for 21st Century)법률에 따라 HPMS의 데이터를 활용하여 도로투자프로그램의 전략적 추진계획을 마련하고, HPMS의 데이터를 성과지표(Performance Index)로 하여 이 계획대비 성과를 평가・관리하고 있다.

셋째, HPMS 데이터베이스는 교통투자프로그램의 성과를 평가하여 예산제약하에서 신규로 투자할 대상 사업을 선정하여 사업의 적정 투자규모와 재원배분의 논리적 근거를 제공하고 있다. 즉, 주 도로 유지관리, 고속국도 건설, 도로안전프로그램 등에 사용되는 연방보조도로기금(Federal-Aid Highway Fund), 도로안전기금(Highway Safety Fund), 도로유지관리기금과 같은 도로분야 기금의 적정 재원규모와 주(State) 간 적정 예산배분율에 대한 과학적 근거와 기준을 제공한다.

넷째, HPMS 데이터베이스는 주 정부, 광역교통행정기구(Metropolitan Planning Organizations, MPO), 지역정부의 의사결정자에게 합리적인 의사결정을 위한 정책데이터를 제공하는 동시에 교통전문가에게는 <표 5.4>와 같이 육상교통체계분석모형(Surface Transportation Efficiency Analysis Model, STEAM), 도로타당성분석모형(Highway Economic Requirements System state version, HERS-ST) 등 교통정책 및 교통체계 분석의 공인된 입력데이터로 제공되고 있다.

표 5.4 FHWA의 교통체계분석용 소프트웨어 개발사례

모형 명칭	분석 내용
STEAM(Surface Transportation Efficiency Analysis Model)	• STEAM은 FHWA가 교통투자사업으로 인한 사업효과를 분석하기 위해 4단계 수요예측과정으로 추정된 교통수요를 기반으로 사업의 비용, 사용자의 편익을 추정하는 소프트웨어
StratBENCOST	• StratBENCOST는 FHWA가 지원하는 National Cooperative Highway Research Program의 일환으로 도로계획 및·예산관리를 위해 개발한 비용-편익 분석도구 • 사용자가 교통투자사업의 특성, 사업의 비용을 직접 입력하면 해당 사업의 비용-편익 분석을 제공하는 소프트웨어
HERS-ST (Highway Economic Requirements System State Version)	• HERS는 FHWA가 도로재포장, 재건설, 확장 등 전국 차원의 도로개량사업의 타당성을 평가하는 데 사용하기 위해 개발한 비용-편익 분석도구 • HERS-ST는 오리건 주와 인디애나 주에서 주 단위로 타당성 분석에 도입한 이후 주 정부에서 사용하기 편리하도록 개량화한 소프트웨어

출처: http://www.fhwa.dot.gov/planning/toolbox/

5.2.3 대상 구간 및 데이터 수집 범위

(1) 대상 도로

데이터 수집 대상 도로는 지역별로 크게 도시부와 지방부로 나누고 있으며, 세부적으로는 기능별로 지역간도로(Interstate), 간선도로(Principal Arterial), 보조간선도로(Minor Arterial), 주집산도로(Major Collector), 보조집산도로(Minor Collector), 국지도로(Local)로 구분하고 있다. 또한 이와 같은 도로의 등급 구분에 따라 입력하는 수집데이터의 항목과 개수도 변하게 된다.

(2) 데이터항목 및 내용

HPMS시스템의 입력항목은 <표 5.5>와 같이 시기, 주 코드, 도로포장상태, 표본 선정방법, 연평균 일교통량(Annual Average Daily Traffic, AADT) 등을 포함하여 총 98개 항목으로 이루어져 있다. 입력데이터는 일정 주기마다 또는 변화가 있을 시 운영자가 입력해야 하는 데이터와 HPMS 내 소프트웨어에 의해 자동으로 생성 또는 갱신되는 데이터로 구분된다. 또한, 입력데이터는 매년 1월 15일까지 주 정부의 주관하에 HPMS 현장매뉴얼(HPMS Field Manual)의 항목별 입력방법에 따라 전년도 실적데이터를 입력하여야 하며, 고의나 과실로 인하여 잘못된 데이터를 제출하는 경우 법률에 의해 제재를 받게 된다.

5.2.4 HPMS 구성체계 및 역할분담

(1) 구성체계 및 관계기관의 법적권한(Authority)

FHWA의 장은 연방보조도로기금(Federal-Aid Highway Fund)이 지원되는 모든 도로투자프로그램에 대한 데이터를 요구할 수 있도록 법률로 보장하고 있으며, 이를 위해 필요한 데이터항목, 형식, 내용 등의 데이터를 HPMS 현장매뉴얼의 요구사항(Requirements)에 상세히 규정해 놓고 있다.

또한 주 정부는 의회와 FHWA에서 요청한 데이터를 법률에 따라 의무적으로 제공하고 있다. 이에 따라 의회에서는 도로정책 또는 계획의 성과데이터를 요청할 수 있으며, 이러한 성과데이터에 근거하여 연방보조도로기금이 소요되는 도로투자프로그램의 예산을 합리적으로 재배정하게 된다.

표 5.5 HPMS 데이터베이스 입력자료 항목

연번	입력항목	연번	입력항목
1	Year of data	49	Standard Sample Expansion Factor
2	State Code	50	Surface/Pavement Type
3	Reporting Unit	51	Structure Number(SN) or Slab Thickness(D)
4	County Code	52	General Climate Zone
5	Section Identification	53	Year of Surface Improvement
6	Is Standard Sample	54	Lane Width
7	Is Donut Sample	55	Access Control
8	State Control Field	56	Median Type
9	Is Section Grouped	57	Median Width
10	LRS(Linear Reference System) Identification	58	Shoulder Type
11	LRS Beginning Point	59	Right Shoulder Width
12	LRS Ending Point	60	Left Shoulder Width
13	Rural/Urban Designation	61	Peak Parking
14	Urbanized Area Sampling Technique	62	Widening Feasibility
15	Urbanized Area Code	63	Curves by Class
16	NAAQS(National Ambient Air Quality Standard) Nonattainment Area Code	~68	〃
17	Functional System Code	69	Horizontal Alignment Adequacy
18	Generated Functional System Code	70	Type of Terrain
19	National Highway System(NHS)	71	Vertical Alignment Adequacy
20	Planned Unbuilt Facility	72	Grades by Class
21	Official Interstate Route Number	~77	〃
22	Route Signing	78	Percent Passing Sight Distance
23	Route Signing Qualifier	79	Weighted Design Speed
24	Signed Route Number	80	Speed Limit
25	Governmental Ownership	81	Percent Peak Single Unit Trucks
26	Special Systems	82	Percent Average Daily Single Unit Trucks
27	Type of Facility	83	Percent Peak Combination Trucks
28	Designated Truck Route	84	Percent Average Daily Combination Trucks
29	Toll	85	K-Factor
30	Section Length	86	Directional Factor
31	Donut Area Sample AADT Vol. Group Identifier	87	Number of Peak Lanes
32	Standard Sample AADT Vol. Group Identifier	88	Left Turn Lane Codes
33	Annual Average Daily Traffic(AADT)	89	Right Turn Lane Codes
34	Number of Through Lanes	90	Preveiling Type of Signalization
35	Measured Pavement Roughness(IRI)	91	Typical Peak Percent Green Time
36	Present Serviceability Rating(PSR)	92	Number of At-Grade Intersection
37	High Occupancy Vehicle(HOV) Operations	~94	〃
38	Highway Surveillance Systems	95	Peak Capacity
~46	〃	96	Volume/Service Flow Ration(V/SF)
47	Sample Identifier	97	Future AADT
48	Donut Area Sample Expansion Factor	98	Year of Future AADT

출처: FHWA(2000), HPMS Field Manual

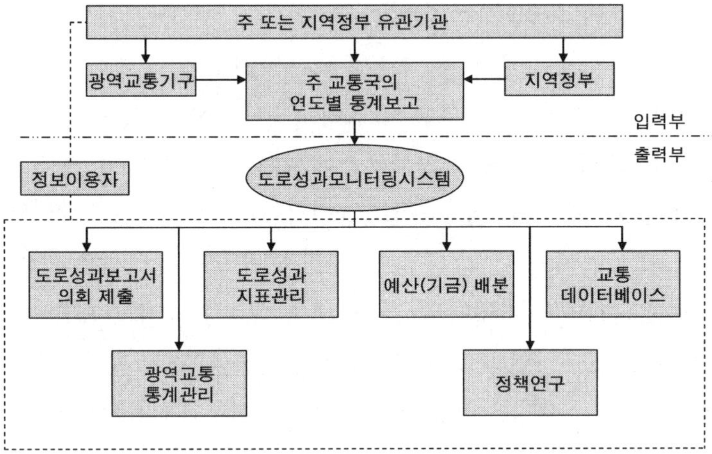

그림 5.2 HPMS 운영체계

(출처: FHWA(2000), HPMS Field Manual)

(2) 기관별 역할과 주요 업무

가. 주 정부(State Government)

주 정부는 지역정부, 광역교통행정기구, 도로운영기관 등의 유관기관과 협력하여 주내 도로에 대한 교통데이터를 수집하고, FHWA에서 개발・보급한 PC기반 소프트웨어를 이용하여 수집한 교통데이터를 FHWA에 제출할 의무를 가지고 있다. 또한 주 정부에서 HPMS의 교통데이터를 FHWA에 제출하면 FHWA는 제출된 교통데이터의 정확도를 검증하고 이를 유지관리할 의무를 가진다.

이때 사용되는 PC기반 소프트웨어는 교통데이터의 항목별로 입력 툴(Input Tool)과 분석 툴(Analytic Tool)로 구분할 수 있는데, 유용한 분석 툴로는 Transtats, HPMS Map Viewer가 있다. 이는 특정 도로구간에 대해 지난 수년간의 이력교통데이터를 전자지도(Digital Map)에 맵핑(Mapping)하여 보여주는 기능을 가지고 있다. 다음으로 교통추이분석표는 지난 5년간 교통데이터의 변화를 타 주와 비교하거나 주 전체, 국가 전체 평균값과 비교하여 보여주는 기능을 가지고 있다. 따라서 FHWA의 지역사무소에서는 주 정부가 제출한 HPMS의 교통데이터에 대한 정확도를 검증할 때 이와 같은 다양한 분석 툴을 활용하고 있다.

나. FHWA 지역사무소(Division Office)

FHWA 지역사무소는 매년 주 정부가 해당 연도에 수행한 HPMS프로그램 데이터의 정확도와 관련한 업무를 점검하여 FHWA 본부에 제출하는 역할을 담당하고 있다. 특히 FHWA 지역사무소에서는 주 정부에서 제출한 고위험도 데이터항목(High-Risk Data Area)이나, HPMS데이터 중 현장시설물 데이터항목, 필수입력 데이터항목 등을 점검하여 매년 HPMS 검토서를 FHWA 본부에 제출한다. 또한, FHWA 지역사무소에서는 앞에서 언급한 바와 같이 주 정부에서 차기 HPMS프로그램의 운영을 위해 수립한 내년도 통합업무계획프로그램(Unified Planning Work Programs, UPWP)과 연구계획서(State Planning and Research, SPR)를 검토하여 FHWA 본부에 보고하고 있다.

① 고위험도 데이터항목 점검

'어떠한 교통데이터의 항목을 선정하여 성과지표로 사용할 것인가'라는 문제는 도로정책이나 계획의 성과평가 결과에 직접적인 영향을 줄 뿐 아니라 연방보조도로기금의 예산규모나 배정에 중요한 영향을 미치기 때문에 HPMS 추진 시 매우 중요한 사항으로 고려되어 왔다. 이 때문에 FHWA에서는 교통데이터의 정확도를 확보하기 어려운 데이터항목은 위험도가 높은 데이터항목으로 구분하여 관리하고 있다. 예를 들면 장래 연평균 일교통량(AADT), 공로마일리지(Public Road Mileage), 차량통행거리(Vehicle Mile Travel, VMT) 등은 도로의 성과를 대표하는 성과지표로 연방보조도로기금의 예산배정에 직접적인 영향을 미치는데도 표본 선정 및 조사방법에 따라 통계값이 변화할 수 있기 때문에 HPMS의 교통데이터 관리를 위해 꾸준히 노력하고 있다. 따라서 FHWA 지역사무소에서는 이와 같은 고위험도 데이터항목에 대해 HPMS 매뉴얼에 따라 적절하게 교통데이터가 수집·관리되었는지를 집중 점검하고 있다.

② 현장시설물 데이터항목 점검

FHWA 지역사무소는 3년 주기로 주 정부가 제출한 도로분야 현장시설물 관련 데이터에 대해 현장점검을 실시하고 있다. 이와 같은 현장시설물 데이터 항목으로는 도로시설 유형, 차로 구성, 교차로 수, 중앙분리대, 길어깨, 포장, 속도제한, 회전차로(도시부), 주차장, 다인승차량(Heavy Occupancy Vehicle,

HOV) 시설, 관제방식(신호운영방식)이 포함된다. FHWA 지역사무소에서는 이와 같은 HPMS의 현장시설 데이터가 정확한지, 데이터 수집방식은 합리적인지를 현장조사하여 확인하게 된다.

③ 필수입력 데이터항목 승인

FHWA 지역사무소에서는 주 정부에서 보고한 연평균 일교통량(AADT), 공로 마일리지(VMT) 등 필수입력항목 데이터가 실질적으로 연방보조도로기금의 예산배정 등 정책적으로 활용이 가능한 신뢰할 만한 수준인지를 점검하고, 신뢰할 수준인 경우 이를 승인한다. 이때 주 정부는 주내 도로를 대상으로 HPMS의 교통데이터를 수집하고, 이에 1차적인 승인 책임을 가지게 된다.

④ 연도별 검토보고 제출

FHWA 지역사무소는 주 정부에서 추진하는 HPMS의 통합업무계획프로그램의 집행실태를 점검한 후 매년 「HPMS 검토보고서」(Annual Review Memo)를 작성하여 FHWA 본부에 제출할 의무가 있다. 이 HPMS 검토보고서에서는 통합업무계획프로그램 절차와 집행이 적정한지와 주 정부에서 수집한 교통데이터의 정확도를 검토한다. 또한 검토 결과 취약한 분야에 대한 향후 대책(Action)을 제시하는 한편, 과거 FHWA의 시정 요구사항에 대한 주 정부의 개선 노력들을 필수적으로 점검하여 기록·관리한다. 아울러, 교통환경의 변화나 주 정부의 교통정책 변화에 따른 HPMS 프로그램 및 프로세스 개선사항도 검토하여 FHWA 본부에 보고하고 있다.

⑤ 프로그램 승인 및 재정지원 적정성 검토

FHWA 지역사무소의 HPMS 검토보고서에서 제기된 쟁점이나 문제점을 해소하고, 정확도가 떨어지거나 고위험도 데이터항목에 해당하는 교통데이터의 수집·관리기법 및 프로세스를 개선하기 위해 주 정부에서는 매년 이에 대한 연구계획서(SPR)나 통합업무계획프로그램(UPWP)을 수립하여 FHWA 지역사무소에 제출한다. 이에 대해 FHWA 지역사무소는 주·지역정부가 이 보고서에서 제시한 업무계획, 소요인력, 조사장비, 교육·훈련, 소요예산의 적정성을 검토한 후 중앙정부의 재정지원 적정성 여부 및 지원규모를 주 정부와 협의·조정하여 FHWA 본부에 보고하는 역할을 수행하고 있다.

다. FHWA 본부(Headquarter)

FHWA 본부는 HPMS의 데이터베이스를 총괄 관리하는 기관으로서, 주에서 수집된 교통데이터가 정확도, 호환성 등의 질적 요구수준을 만족하는지를 관리하고 있다. 또한 이 관서는 주 정부에게 HPMS 운영에 필요한 기술지원을 제공하는 동시에 교통데이터의 기술적 · 정책적 활용도를 높이는 역할을 담당하고 있다.

이를 자세히 살펴보면, FHWA 본부는 주 정부에서 제출한 교통데이터가 「HPMS 현장매뉴얼」에 따라 작성되었는지, 현재 연도에 맞게 교통데이터가 보정되었는지, 장래 예측된 통계값이 정확한지 등을 검토하고, 만약 부적절한 사례가 발견되면 주 정부와 FHWA 지역사무소에 '시정조치'를 명령하게 된다. 이러한 FHWA 본부의 시정조치에 대해 주 정부에서는 차기 교통데이터 제출일 이전까지 해당 교통데이터를 수정하고, FHWA의 지역사무소는 주 정부의 조치상황을 「HPMS 검토보고서」에 반영하여 교통데이터의 개선 여부를 검토하고 FHWA 본부에 이를 보고한다. 또한 FHWA 본부에서는 매년 각 주에서 내년도 HPMS 연구개발 및 집행에 필요한 연구계획서(SPR)와 통합업무계획프로그램(UPWP)을 검토 · 승인하고 이에 필요한 예산을 지원하는 동시에 프로그램의 집행 여부를 모니터링하여 적절한 절차에 따라 계획된 인력과 예산이 적정히 투입되었는지를 총괄적으로 점검하는 역할을 하고 있다.

5.3 ADUS/ADMS

5.3.1 도입배경 및 목적

FHWA, FTA 등 미국의 주요 교통행정기관에서는 1990년대 중반부터 지능형교통체계 구축 시 수집된 실시간 교통데이터를 교통계획(Planning)과 운영(Operation) · 관리(Management) 단계에서 정책적으로 활용하기 위해서, 지역 내 교통 관련 기관이 운영하는 교통관리센터 간에 수집된 누적교통데이터가 상호 호환되도록 하는 데이터관리시스템의 구축 · 운영이 필요하게 되었다.

5.3.2 정의 및 내용

(1) ADUS(Archived Data User Service)

ADUS(Archived Data User Service)는 교통관리센터로 수집되는 누적교통데이터를 실시간 교통관리 · 신호제어 및 정보제공 등의 지능형교통서비스 제공목적 외에 다양한 수요자에게 다양한 목적에 맞도록 교통데이터를 제공하는 서비스를 의미한다. FHWA에서는 1998년 지능형교통체계에서 생성된 실시간 교통데이터를 효율적으로 이용하고자 내부에 관련 소위원회를 결성하여 누적교통데이터의 활용방안을 모색하면서, 1999년에는 국가ITS아키텍처(National ITS Architecture)에 <표 5.3>과 같은 누적교통데이터 관리항목을 추가하여 체계적으로 데이터베이스를 관리하도록 명문화하였다.

또한 <그림 5.3>과 같이 누적교통데이터를 교통계획, 교통운영 · 관리, 운전자 교통정보 제공 및 교통시스템의 성과평가 시 관계기관 관련자들(Stakeholder)에게 필요한 정보를 적시적소에 제공토록 하여 교통행정의 효율성을 전반적으로 증대시키고 있다.

표 5.6 국가ITS아키텍처에 명시된 ADUS의 교통데이터 항목

- 고속도로 데이터
- 톨(Toll) 데이터
- 간선도로(Arterial) 데이터
- 주차관리(Parking Management) 데이터
- 대중교통이용 데이터
- 유고관리 데이터
- 안전 관련 데이터
- CVO(Commercial Vehicle Operation) 관련 데이터
- 환경과 날씨 관련 데이터
- 차량과 승객정보 데이터
- 복합일괄수송(Intermodal operation) 운영 데이터

(2) ADMS(Archived Data Management Systems)

ADMS는 ADUS를 구현하기 위해 실시간으로 수집되는 방대한 양의 교통데이터를 효과적으로 활용할 수 있도록 만든 데이터관리시스템을 말한다. 다시 말해, ADMS는 다양한 정보이용자를 위해 실시간으로 수집된 교통데이터를 가공, 저장 · 분석, 제공하기 위해 구축된 일종의 정보관리시스템이라 할 수 있다. 따라서 수집된 실시간 교통데이터와 다른 서브시스템, 시스템의 관리자 및 운영자를 연결시키는 중요한 기능적 역할을 담당하고 있다.

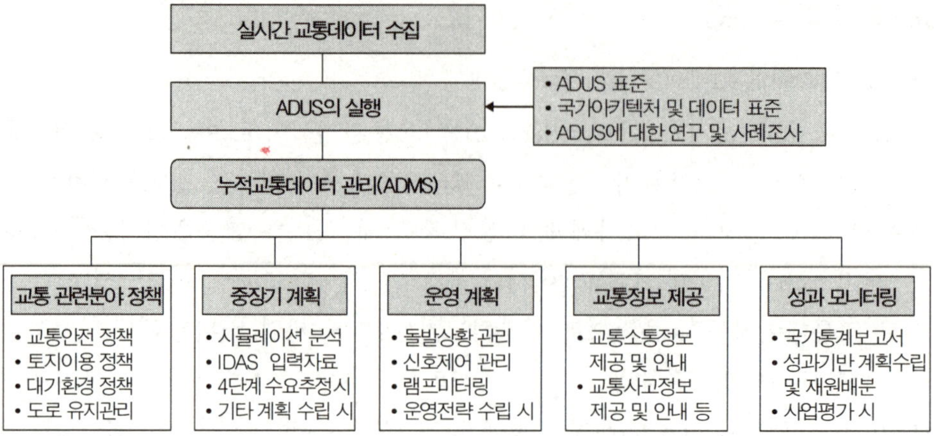

그림 5.3 ADUS/ADMS의 교통데이터 활용분야

(출처: Cambridge Systematic, Inc.(2000. 5.), Strategic Plan for The Development of ADUS Standards, p. 20)

5.3.3 ADUS/ADMS 운영사례

(1) 워싱턴 주의 Transportation Center(TRAC)시스템

워싱턴 주(Washington state)에서는 Puget Sound 고속도로관리시스템의 교통운영 및 관리를 위해 TRAC시스템을 구축한 후, 워싱턴 주 교통국과 워싱턴 대학교를 중심으로 지역의 교통문제를 해결하기 위한 교통정책 연구 및 분석용으로 이 시스템의 데이터베이스를 구축·활용하고 있다. 뿐만 아니라 최근에는 교통관리센터의 누적교통데이터를 이용하여 행정기관의 교통계획 수립 및 교통정책의 의사결정을 지원하도록 하는 노력을 하고 있다. 예를 들어, 이와 같은 사례로 누적교통데이터를 활용하여 다인승차량(Heavy Occupancy Vehicle, HOV)차로 운영개선, 공사장 교통 처리대책 수립, 특별행사 시 차로 운영계획 수립, 램프미터링 운영관리 등의 운영계획 수립에 실질적으로 활용하고 있다. 보다 자세한 사례별 내용은 http://depts.washington.edu/trac/을 참고하기 바란다.

(2) 캘리포니아 주의 교통국, PeMS

캘리포니아 주 교통국(California Department of Transportation, Caltrans)은 '도로용량 증가만으로는 고속도로의 혼잡관리에 대한 성과를 향상시킬 수 없다'라는 인식하에 버클리 공과대학(UC Berkeley) 내 교통연구소와 함께 연구소 내 ADUS/ADMS의 일종인 고속도로성과측정시스템(Freeway Performance Measurement System, PeMS)을 <그림 5.4>와 같이 구축하여 2002년부터 운영하고 있다.

본 시스템은 PeMS 사용자들이 인터넷을 접속(transacct.eecs.berkeley.edu)하는 경우 수집된 누적교통데이터를 이용할 수 있도록 하였을 뿐 아니라, 실시간 교통데이터를 가공하여 목적지별 통행시간정보를 예측한 후 샌프란시스코 시내 곳곳에 설치된 동적 교통정보제공판(Dynamic Message Signs, DMS)에 표출하고, 이 외에 정보가공판매자(Value-Added Resellers, VARS)에게도 HPMS

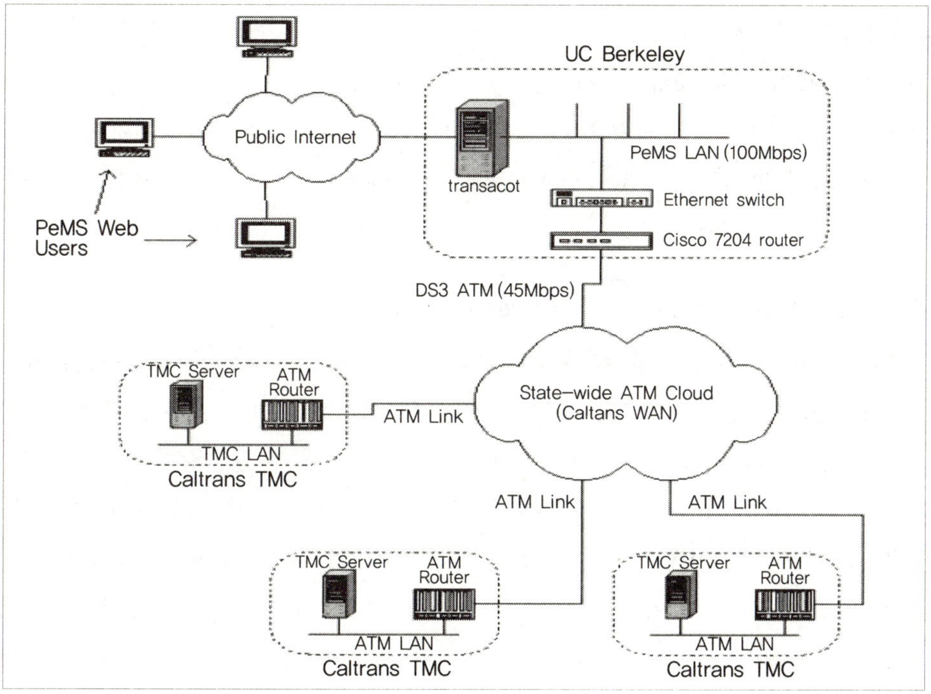

그림 5.4 PeMS 시스템 구축 현황
(출처: CalTrans(2006), PeMS Manual)

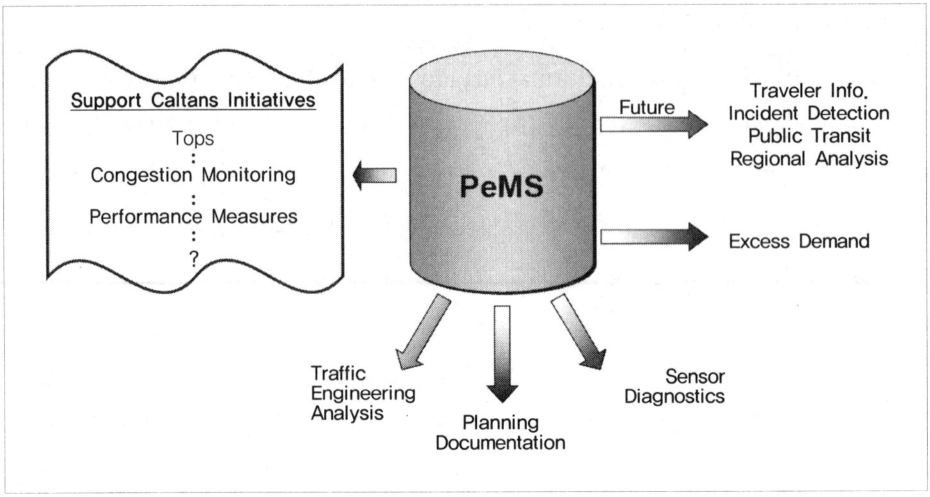

그림 5.5 PeMS 시스템 활용사례
(출처: Caltrans(2006), PeMS Manual)

의 원천교통데이터(Raw Data)를 제공하고 있다. 또한 Caltrans에서는 교통혼잡상황을 지속적으로 모니터링하면서 이렇게 축적된 누적교통데이터를 이용하여 램프미터링(Ramp Metering) 운영성과 평가, 도로서비스수준(Level Of Service, LOS) 분석, 교통혼잡지역 관리, 가변차로 운영 등 교통체계분석을 통한 교통운영전략(Traffic Operations Strategies, TOPS) 및 교통대책 수립에 적극 활용하고 있다.

(3) 미네소타 주의 교통관리센터(Minnesota TMC)

미네소타 주에서는 지역교통관리센터(Regional Transportation Management Center, RTMC)의 운영기능에서 분리되어 미네소타 대학의 교통데이터연구소(Transportation Data Research Laboratory) 내에 중앙집중방식 형태로 별도의 교통관리센터를 개발하여 ADUS/ADMS를 구축·운영하고 있다. 이 교통관리센터에서는 3,500개의 루프검지기와 430개의 램프미터링 현장장비의 운영상태를 관리하고 이로부터 올라오는 실시간 교통정보를 수집하고 있다. 특히, 교통관리센터 내 운영자들은 램프미터링 운영을 위한 입력자료의 정확성을 높이기 위해 램프미터링용 루프검지기에서 올라오는 교통데이터를 검증(Sensor Diagnostics)하여 실시간 교통데이터(변수)를 지속적으로 정산

(Calibration)하고 있다. 또한 수집된 누적교통데이터는 유관기관과 관련자들에게 인터넷, CD-ROM이나 DVD 등 다양한 형태로 제공되고 있다.

5.3.4 ADUS/ADMS 도입효과

워싱턴 주, 캘리포니아 주, 미네소타 주의 ADUS/ADMS 운영사례를 살펴보았듯이, 미국 내 주 정부와 광역교통행정기구(MPO)에서는 ADUS/ADMS의 누적교통데이터를 활용하여 단기교통운영전략의 개선이나 중·장기 교통계획 및 교통정책의 대안을 수립하는 등 과학적인 의사결정지원체계를 마련하고 있다. 이러한 ADUS/ADMS의 운영에 따른 기대효과를 요약하면 다음과 같다.

(1) 교통계획 수립의 개선(Improved Planning Process)

과거 전통적인 교통계획에서는 시간적·공간적·내용적으로 제한된 교통데이터를 수집하고, 이를 전제로 분석대안을 검토할 수밖에 없었기 때문에 교통체계의 최적대안을 충분히 검토하지 못하는 한계가 있었다. 그러나 ITS의 실시간 교통데이터와 누적 교통데이터를 관리하고 활용하는 ADUS/ADMS에서는 운영자가 교통사고, 특별한 행사상황 등 다양한 동적(Dynamic) 교통환경하에서 다양한 단기운영전략을 마련하거나 해당 노선의 운전자 통행행태 등을 고려한 다양한 정책대안에 대한 교통체계분석 및 수요예측이 용이해짐에 따라 공무원이나 정책의사결정자에게 보다 현실적인 중·장기 교통계획의 수립과 정책대안의 제시가 가능하게 되었다.

(2) 운영전략의 개선(Improved Operating Strategy Process)

실시간 교통데이터 및 누적교통데이터를 분석하여 교통신호운영, 대중교통운영체계, 화물운송체계를 최적화하기 위한 도로운영전략과 관련된 운영변수를 정산(Calibration)하고 운영대안에 대한 성과지표(MOE)의 변화를 점검하여 운영계획 및 전략을 수립·보완하고 있다.

(3) 교통정책의 의사결정지원체계 개선(Improved Decision-Making Process)

교통정책 수립 시 ADUS/ADMS의 누적교통데이터를 활용하여 장래 정책대안에 대한 사업효과를 예측하고, 정책의 타당성을 검증하여 도입하거나, 정책 도입 후에도 의사결정에 대해 사후 평가하여 시행 중인 정책대안을 개선해 나감으로써 합리적인 정책수행을 위한 의사결정지원 수단으로 활용하고 있다. 특히 워싱턴, 미네소타 등의 주 의회에서는 교통사업 및 정책의 예산배분(Budget Allocation)을 위한 근거자료로 ADUS/ADMS의 누적교통데이터를 적극 활용하고 있다.

(4) 조사·연구방법 개선(Improved Survey and Analysis Methodology)

교통관리센터에서 수집된 누적교통데이터를 이용하여 지방자치단체에서 수행하고 있는 도시교통정비기본계획 수립, 교통영향평가, 교통개선대책 등 교통계획과 사업에 관련된 연구·조사분석의 중복을 방지하고, 비용-효과적(Cost-Effective)으로 표준화된 데이터항목 및 조사방법을 적용함으로써 도시교통체계의 성과지표를 수집·관리해 나갈 수 있다.

5.4 정책적 시사점과 향후 과제

지금까지 도로의 건설·운영과정 또는 ITS 구축으로 축적된 누적교통데이터를 국가차원에서 도로별, 운영기관별 위계에 따라 데이터베이스를 구축·관리함으로써 도로행정과 교통정책 수립 시 데이터에 기반한 의사결정지원체계(Data-driven Decision Making Process)를 확립한 HPMS와 ADUS/ADMS 운영사례를 살펴보았다. 이 운영사례는 국내 교통분야 통계관리 및 데이터베이스 구축·운영 시 다음과 같은 정책적 시사점을 주는 것으로 보인다.

첫째, 우리나라의 교통분야 통계관리는 도로운영기관별로 해당 기관의 통계수요에 따라 조사항목과 형식, 조사방법에 대해 표준화된 공인절차 없이 각각 수집·관리되는 한계가 있었다. 따라서 교통조사의 신뢰성과 호환성을 높이고, 조사비용을 절감할 뿐 아니라 교통데이터의 정책적 활용도를 높이기 위해서는 교통계획 단계부터 운영·유지관리 단계까지 필요한 통계수요에 맞추어 행정기관별, 도로위계별 교통분야 통계조사의 위계를 정립하고, 이에 필요한 조사항목, 형식과 조사방법론을 표준화하는 등 국가교통통계조사 및 데이터관리체계를 재정립할 필요가 있다.

둘째, 교통정책 또는 교통계획수립 및 교통투자사업의 선정을 객관적인 데이터베이스에 근거하여 성과지표와 연계되도록 계획하고 사업의 성과와 예산집행 간의 연계성을 더욱 강화할 필요가 있다. 예를 들어, 교통계획 대비 사업성과에 따라 예산을 재배정하는 등 객관적인 데이터베이스의 성과지표에 근거하여 교통계획 및 사업의 예산규모와 배분율을 산정토록 하는 것이다. 이와 같은 데이터에 기반한 의사결정지원체계를 확립하면, 교통정책 및 계획수립 시 객관적인 성과지표나 통계 부족으로 인해 발생하던 사회적 갈등 또한 줄어들 것으로 보인다. 또한 이를 위해서는 이러한 교통정책 및 계획 또는 사업의 대안을 평가할 수 있는 교통체계분석모형(HERS-ST 등의 사례와 같이)을 개발하고 이 데이터베이스 간의 호환성 및 모형과의 연계성을 강화하여 교통계획과 정책에 대한 과학적인 분석에 대한 신뢰성을 더욱 높여야 할 것이다.

셋째, 교통데이터를 국가차원의 위계에 따라 표준화된 데이터항목과 형식으로 관리하기 위해서는 물리적인 데이터베이스 구축도 필요하다. 따라서 앞에서 살펴본 미국의 사례와 같이 도로건설과 운영단계에 필요한 HPMS나 ITS 사업으로 축적된 ADUS/ADMS와 같은 물리적 데이터베이스시스템도 검토하여 우리나라 환경에 맞는 데이터베이스 원형(Prototype)을 개발할 필요가 있다. 또한 데이터베이스 구축 시에는 운영자 등급과 데이터 위계에 따라 필요한 수요자의 교통데이터 입・출력관리가 가능하도록 구현하기 위해 온라인 인터넷망(PeMS 사례와 같이)을 이용하는 개방적인 데이터 접근도 가능하도록 해야 할 것으로 보인다.

넷째, 교통계획 단계부터 운영・유지관리 단계까지 교통행정에 필요한 통계수요를 국가 차원의 위계별로 구축한 후, 교통계획 및 운영전략의 성과평가 도구로 활용하는 데이터베이스 관리시스템 및 성과평가시스템을 제도화하기 위해서는 미국의 GPRA법이나 TEA-21법률 제정사례와 같이 법적 근거를 마련하고 이에 필요한 세부적인 절차(데이터항목, 조사방법, 시스템 요건 등)를 매뉴얼화(HPMS Manual, ADUM/ADMS Manual 등)하여 보급・관리하는 것도 매우 중요한 실행과제라 판단된다.

참고문헌

1. 건설교통부 언론보도자료, 2006. 4. 28.
2. 녹색연합 언론보도자료, 2006. 5. 8.
3. 박은미(2004), ITS사업 진단과 과제, 교통기술과 정책 제1권 제1호, pp. 44～45
4. 이용택(2001), 21세기 지능형교통체계의 표준정책 방향, 대한토목학회지
5. 이용택(2002), 국가 ITS 표준화추진체계 운영효율화방안(한국・미국・일본사례 비교분석을 중심으로), 대한교통학회지, 2002년 4월호 제20권 제2호(통권60호)
6. 이용택(2005), 국내 지능형교통체계 사업평가체계 도입방향, 대한교통학회지, 2004년 6월호 제22권 제3호(통권74호)
7. 이용택(2005), 지능형교통체계의 데이터관리시스템 개선방안(미국 ADUS/ADMS 사례를 중심으로), 교통기술과 정책, 제3권 제3호, pp. 179～185
8. 이청원(2005), 광역 BIS 쟁점과 해결방안, 교통기술과 정책 제2권 제4호, p. 31
9. 최기주(2005), 교통데이터와 교통정책(Transportation Data and Policy): 연결고리가 시급하다, 교통기술과 정책, 2005년 12월
10. 한국교통연구원(2006), ITS현황분석 및 대책수립을 위한 기초 연구, p. 75
11. FHWA(2000), Highway Performance Monitoring System Field Manual: http://www.fhwa.dot.gov/policy/ohpi/hpms/hpmspubs.htm
12. FHWA(1999), HPMS Reassessment. Final Report
13. FHWA(2003), HPMS Submittal Software Version 5.5 and User's Guide: http://apps.fhwa.dot.gov/HPMS
14. FHWA(2002), Computer-Based Training CD
15. TranStats HPMS Map Viewer: http://www.fhwa.dot.gov/policy/ohpi/hpms/index.htm
16. FHWA(2001), Continuous Process Improvement-Tools and Techniques for Practitioners
17. FHWA(2000), HPMS Catalog of New Technology and Techniques: http://www.fhwa.dot.gov/policy/ohpi/hpms/hpmspubs.htm
18. HPMS Frequently Asked Questions and Answers: http://www.fhwa.dot.gov/policy/ohpi/hpms/faqs.htm
19. FHWA(2003), A Continuous Process Improvement Model for HPMS: http://www.fhwa.dot.gov/policy/ohpi/hpms/hpmspubs.htm
20. FHWA(1989), Highway Functional Classification, Concepts, Criteria and Procedures: http://tpd.az.gov/advplan/fc_home/guidelines/fc_fhwa_ gdeln.html

21. http://www.fhwa.dot.gov/policy/ohpi/hpms/index.cfm
22. Cambridge Systematic, Inc.(2000), Strategic Plan for The Development of ADUS Standards
23. http://www.itsa.org/committe.nsf
24. Federal Transit Administration(2005), Archived Data Management Systems-A Cross-Cutting Study
25. FHWA(2004), Getting More by Working Together-Opportunities for Linking Planning and Operations
26. Margiotta, R(1998), ITS as a Data Resource: Preliminary Requirement for a User Servicep, pp. 4~5
27. University of Wisconsin(2002), A Literature and Best Practice Scan: ITS Data Management and Archiving
28. Caltrans(2006), PeMS Manual

06

교통시설 투자재원 확보를 위한 변화와 한계

미국의 도로신탁기금 고갈에 따른 문제점과 대책

New Financial Mechanism to manage solvency of transportation investment Fund

"미국에는 경관도로나 자전거도로, 페리선, 교통박물관도 필요하다.
그러나 도로신탁기금이 고갈되고 도로와 교량이 부실화되는 이 시점에서도 자전거 이용자를 유쾌하게 하거나 시민이 아닌 거북이의 안전을 위한 시설에 재정을 투자해야 하는지에 대해 사업의 타당성이나 투자우선순위를 철저히 따져 보아야 한다."

– John McCaine 미 공화당 상원의원(2009년 7월 의회리포트 중에서)

6.1 개요

우리나라의 교통계획은 장기투자계획(20년)인 국가기간교통망계획에 따라 중기투자계획(5년)인 중기교통시설투자계획에서 수단별, 지역별, 개별 사업계획을 통해 개별 사업에 대한 투자우선순위와 재원조달에 대한 계획 간 연계·조정기능을 수행하고 있다. 이와 관련하여 국토해양부에서 수립한 제3차 중기교통시설투자계획(2010~2014년)에서는 2014년까지 교통시설 투자재원 규모(164조 원)가 제2차 계획(2005~2009년)과 동일한 수준임에도 불구하고 교통시설특별회계(연 9조 원)의 주 세입원인 교통에너지환경세(70% 점유) 세율의 전입비율이 하향 조정되고, 일반회계의 전입규모도 지속적으로 감소하는 등 안정적 재원 확보가 곤란한 '투자재원 부족'의 문제가 대두되고 있다.

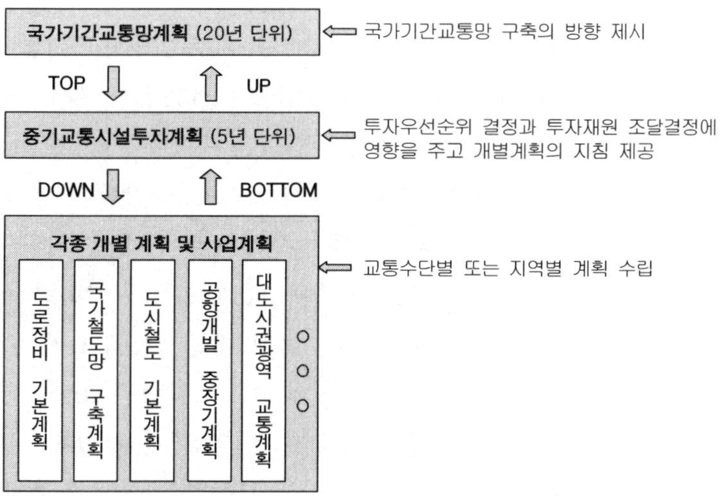

그림 6.1 우리나라 교통계획 위계구조

(출처: 감사연구원(2010), 교통시설투자 개선을 위한 교통계획 감사기법 및 사례연구)

우리나라의 교통시설 투자재원의 배분 문제를 자세히 살펴보면 첫째, 현재와 같은 교통시설특별회계에 의존한 교통시설 투자재원 확충방식은 교통시설특별회계법 시행지침 제2조에 따라 교통수단별로 칸막이식으로 배분(도로: 51~59, 철도: 14~20, 항만: 10~14, 항공: 6 이하)되어 재원배분의 유연성이 떨어지고 재원배분도 도로 위주로 편성(영국의 경우 일반회계, 도로: 38,

철도: 45)되는 문제를 야기한다. 이와 같이 특별회계에 따른 칸막이식 재원배분은 한국, 미국 등 일부 국가에서 사용되고 있으며 <표 6.1>과 같이 교통시설투자에 대한 안정적인 투자재원 확보가 가능하다는 장점이 있는 반면, 필요 이상으로 특정한 교통시설에 많은 재원이 배분되거나 교통 이외의 긴급한 재정수요에 대한 대응이 떨어져 영국 등 대다수 유럽 국가에서는 운용하지 않고 있다.

표 6.1 특별회계의 장단점 비교

특별회계 찬성론(대상국: 한국, 미국)	특별회계 반대론(대상국: 영국, 프랑스)
• 교통시설투자에 대한 안정적인 재원 확보 • 교통에너지환경세는 특별회계의 70%에 해당하여 재원운용의 경직성은 미미	• 교통시설에 필요 이상으로 많은 재원이 배분되어 긴급한 재정수요가 있는 다른 부분의 재원부족 초래

출처: 한국교통연구원(2008), 교통투자재원확보방안 연구의 내용 재작성

둘째, 교통시설특별회계의 주 수입원(2007년 기준 70%)인 교통에너지환경세는 휘발유, 경유 판매 시 리터당 고정액(휘발유: 462원/L, 경유: 328원/L)을 세금으로 부과하여 교통시설특별회계로 전입되는 구조를 가지고 있으나, 교통에너지환경세 전입비율이 2007년 85.5%에서 80%로 삭감되어 세수가 감소하였다. 뿐만 아니라 2008년의 갑작스런 유가 인상으로 인해 유류세율을 휘발유 505원, 경유 358원에서 휘발유 462원, 경유 328원으로 삭감하면서 세수입이 급격히 줄어들고 있다. 셋째, 사회 · 복지분야에 대한 예산수요가 증가하여 교통시설특별회계의 일반회계 전입비율도 2000년 12.9%에서 2005년 5.5%로 점차 삭감되는 추세이므로 일반회계 차입도 쉽지 않은 상황이다.

넷째, 국토해양부와 기획재정부에서는 장래 부족한 교통시설 투자재원 확보를 위해 민자사업을 활성화(2009년 2조 원→2010년 2.5조 원)하고자 하고 있으나 최근 5년간 정부고시사업은 전무하고, 제3자 공고사업은 최소운영수익보장제도 등 민자사업 육성정책을 전면 폐지한 이후 민자유치 실적이 부진하는 등 민자사업을 이용한 재원조달도 불투명한 실정이다.

다섯째, 국토해양부에서 5년마다 중기투자계획을 수립하면서 중기투자계획기간 내 재원부족과 확충 가능한 재원규모를 고려하여 적정한 사업 수를 조정하여야 하는데도 개별 계획 내 사업을 과다하게 반영하거나, 기 추진사업의

사업비 증액으로 신규 추진사업의 재원 집행실적이 부진하는 등 시설계획과 재원조달계획 간 연계·조정기능 부족으로 재원집행의 효율성이 하락하는 문제도 발생하고 있다. 이러한 사례로 국토해양부에서 2차 중기투자계획(2005~2009년) 수립 시 개별 사업에 대한 투자 조정기능이 부족해 개별 사업을 과다 취합하여 반영함으로써 2005~2008년까지 중기투자계획 대비 투자실적이 79.9%(75.3/ 94.3조 원) 수준으로 집행실적이 매우 저조한 실정이다.

이와 같이 우리가 경험하고 있는 투자재원의 부족문제를 최근 심각하게 경험하고 있는 나라가 바로 미국이다. 미국의 도로신탁기금(Highway Trust Fund)은 1956년 고속도로수익법(Highway Revenue Act)이 제정된 이래 이 기금을 이용하여 고속도로와 대중교통의 전반적인 건설 및 운영에 필요한 자금을 조달해 왔지만 1950~1960년대 완성된 국가도로망의 대규모 유지보수 시기가 도래하였고, SAFETEA-LU(Safe, Accountable, Flexible, Efficient Transportation Equity Act: Legacy for Users)법안(2005~2009년)에 따라 장애인과 소외계층에 대한 교통투자가 확대되어 수입보다 지출이 급격히 증가하면서 도로신탁기금이 고갈되었다. 따라서 본 장에서는 미국의 도로신탁기금의 고갈로 인한 재원조달의 문제점과 이에 대처하기 위해 개발된 다양한 금융기법의 운용사례를 소개하고 이에 대한 정책적 시사점 및 향후 과제를 살펴보고자 한다.

6.2 도로신탁기금 고갈사례

6.2.1 도로신탁기금 개요

도로신탁기금은 1956년 고속도로수익법(Highway Revenue Act)에 따라 주간 고속도로를 건설하기 위해 도로이용자가 납부한 통행료, 유류세 및 차량 보유·등록세 등을 도로건설 및 운영에 한정하여 사용하도록 규정한 우리나라의 교통시설 특별회계 성격의 기금이다. 또한 1956년 최초의 고속도로수익법에서는 위 기금이 1972년도에 만료되도록 하였으나, 수차례 연장되어 운영되다가 최근의 SAFETEA-LU법안(2005년)에 따라 지금까지 유지되고 있다.

도로신탁기금은 도입 초기에 고속도로계정(Highway Account)을 설치하여 고속도로에만 투자되도록 하였으나, 1983년 이후 대중교통이나 Intermodalism 확충을 위한 대중교통계정(Mass Transit Account)이 설치되어 도로 이외의 교통시설 확충에도 적극 활용되고 있다. 여기서 Intermodalism은 승용차, 환승주자장, 환승센터, 대중교통 등 다른 교통수단 간 단절이 없는(seamless) 연계수송을 강화하여 출발지부터 도착지까지 편리하게 이동할 수 있도록 하는 효과적인 수송체계를 구현하는 것을 의미한다.

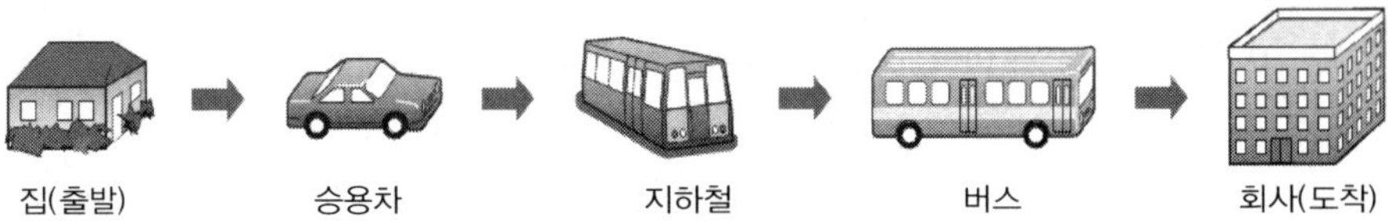

그림 6.2 Intermodalism 개념도

특히 도로신탁기금의 교통프로그램 간 재원배분 원칙은 <그림 6.3>과 같이 기금 내 계정 간, 프로그램 간 50~100%까지 전용이 가능하도록 되어 있어 도로시설 외에도 대중교통 및 Intermodalism 등 다양한 교통프로그램에 투자가 가능한 장점이 있는 반면 정책목적과 다른 사업에도 전용될 수 있는 등 문제가 발생할 수 있기 때문에 사업에 대한 집행성과를 반드시 점검하도록 하고 있다.

또한 다른 교통분야 신탁기금[18]과 마찬가지로 도로신탁기금은 고속도로수익법에 따라 세금징수, 분배 등 <그림 6.5>와 같은 자금조달절차를 통해 정해진 특별 목적으로만 사용되도록 규정되어 있다. 먼저 도로신탁기금의 세입구조는 ① 유류소비세(휘발유, 디젤 및 특수 유류)와 ② 트럭 관련 세금(트럭 및 트레일러 판매세, 트럭 타이어 및 대형차량 사용세) 등을 통해 징수된다. 또한

18) 미국의 교통투자 관련 신탁기금은 도로, 철도 분야에 사용되는 도로신탁기금(1956년) 외에도 공항, 항로분야에 사용되는 공항항로기금(1970년), 항만, 운하분야에 사용되는 항만유지기금, 운하기금이 있으며 주요 세입 종류와 규모는 다음과 같다.

(단위: 100만 달러, 2003년 기준)

분야	근거	주 수입	세입 규모
도로 · 철도	도로신탁기금(1956년)	일반회계지원, 유류소비세, 타이어세 등	33,726
공항 · 항로	공항항로기금(1970년)	일반회계지원, 공항이용료, 화물세, 유류소비세	10,088
항만 · 운하	항만유지기금(1986년) 운하기금(1978년)	일반회계지원, 항만이용료, 유류소비세	944

<그림 6.4>와 같이 최근 3년간(2005~2008년) 도로신탁기금의 약 88.1%가 유류세를 통하여 조달되었고, 나머지 11.9%는 트럭 관련 세금을 통해서 조달되었다.

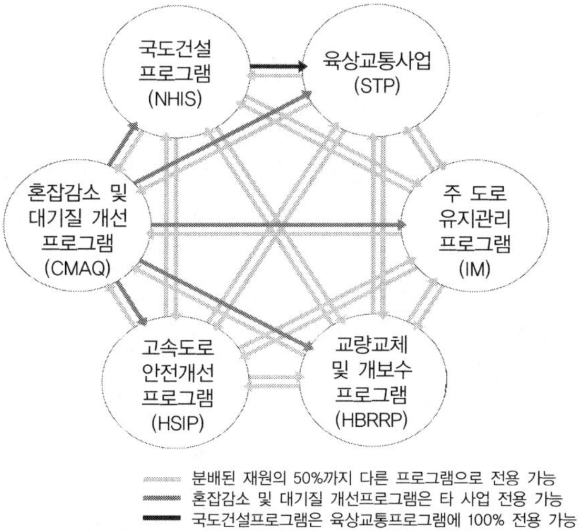

그림 6.3 도로신탁기금 재원의 전용 현황
(출처: GAO(2008) 내부자료)

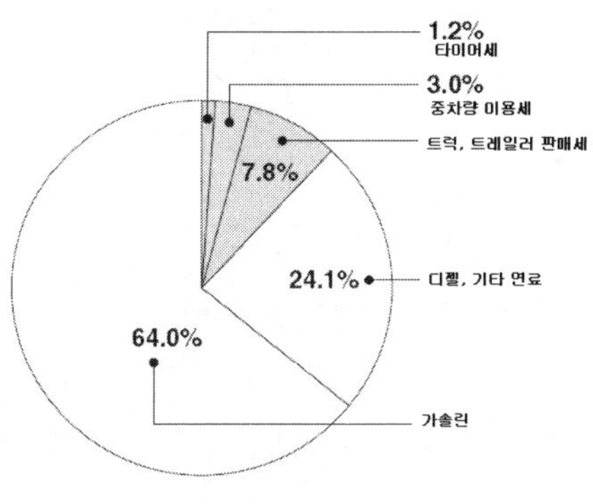

그림 6.4 도로신탁기금 세수 구조
(출처: 미국 도로관리청(FHWA) 내부자료)

세수 구조로 볼 때 휘발유(Gasoline)세의 비중이 64%로 가장 높게 나타나고 있으나, 1997년 이후로 갤런당 18.4센트의 고정세율을 적용했고 최근 휘발유 가격 상승, 대체에너지 개발, 고효율 자동차의 보급 등으로 휘발유 사용이 감소함에 따라 총 징수액이 줄어들어 세수가 감소하고 있다. 이 외에 도로신탁기금의 원천인 세수 구조와 계정 간 배분 구조를 살펴보면 <표 6.2>와 같다. 또한 세수 종류별로 고속도로계정에 83.9~93.3%, 대중교통계정에 6.7~15.5%, 지하저장누설에 0~1.1%가 배분되고 있다.

표 6.2 도로신탁기금 세수 및 배분 구조

유류세				
소비세의 종류	**세율(센트)**	**고속도로계정**	**대중교통계정**	**지하저장누설신탁기금**
휘발유(Gasoline)	갤런당 18.4	83.9	15.5	0.5
디젤(Diesel)	갤런당 24.4	87.9	11.7	0.4
가소홀(Gasohol)	갤런당 18.4	83.9	15.5	0.5
액화석유가스(LPG)	갤런당 18.3	88.4	11.6	0
액화천역가스(LNG)	갤런당 24.3	92.3	7.7	0
천연가스(M85)	갤런당 9.25	83.5	15.5	1.1
압축천연가스 (Compressed natural gas)	1,000 ft^3당 144.47	93.3	6.7	0
트럭 관련 세금				
타이어세	3,500파운드 초과 시 10파운드당 9.45센트 부과			
트럭판매세 (Truck and Trailer sales)	33,000파운드 초과 트럭, 26,000파운드를 초과하는 트레일러 판매가 12%			
중차량이용세 (Heavy Vehicle Use)	매년 55,000파운드 초과 트럭에 초과 시 100달러, 1,000파운드 초과 시마다 22달러 추가(최대 550달러)			

출처: GAO(2009) 감사결과보고서

한편, <그림 6.5>와 같이 도로신탁기금의 세금징수와 분배절차를 구체적으로 살펴보면, 먼저 미 재무부에서 <표 6.2>와 같은 소비세를 징수한 후 도로신탁기금 고속도로계정에 배분될 금액을 추정하고 내부수익서비스(Internal Revenue Service)를 통하여 실질적인 징수금을 확인한 후 배분금액을 조정하는 과정을 거친다. 계정별 배분은 TEA-21법, SAFETEA-LU법 등 5년 단위의 다년 인증 법령에 의해서 초기 결정되며, 이 법령에 따라 매년 계약금액을 제공할 뿐 아니라 주 정부에 배정되어 있는 재원 내에서 매년 채권의 상한을 결정한다. 또한 보장되어 있는 재원 수준은 도로신탁기금 내 고속도로계정으로 장래에 입금될 예측수입을 기초로 작성하는데, 다음 연도의 연간 예산을 배정할 때에 법령에 따라 내용이 갱신되도록 되어 있다. 매해 연방교통부는 주 정부에 계약에 대한 권한을 위임하여 프로젝트를 진행하며, 프로젝트 진행 시기에는 실질적인 예산의 배분은 이루어지지 않는다. 다만, 각 주 정부는 자신들에게 분배된 예산의 규모를 통보받고, 연방교통부는 이후 승인된 프로젝트에 연방 채권을 발행하고, 주 정부는 프로젝트 종료 후 상환금 지급을 요청하는 전자서류를 연방국도관리청에 제출하며 이에 대해 재무부는 각 주에 해당 재원을 상환할 의무를 가진다.

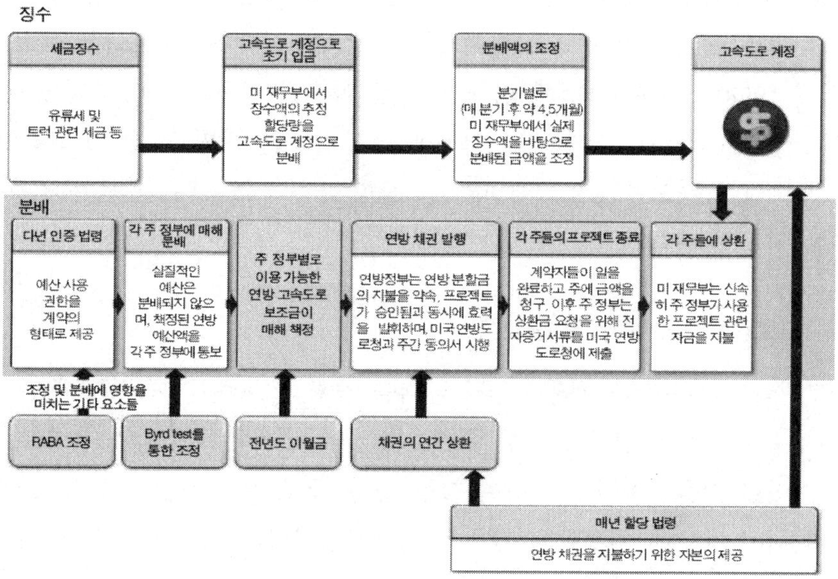

주: 1) RABA(Revenue Aligned Budget Authority): 실질적인 수익과 지출을 비교, 조정하는 역할
2) Byrd test: 각 주에서 상환할 수 있는 금액을 측정하는 역할

그림 6.5 도로신탁기금 고속도로계정의 세금징수와 분배 과정
(출처: 미국 감사원(GAO, 2009) 감사결과보고서)

이때 각 주에 투자재원을 배정하기 위해 각 주에서 상환할 수 있는 재원배분 금액을 측정하는 'Byrd검증'과 실질적인 수입과 지출을 비교, 조정하는 'RABA절차'를 거치게 된다. 1956년 미 의회는 주 정부가 고속도로신탁기금 지급을 요청한 재원에 대한 합리적인 배분절차가 부족하다는 판단하에 교통부가 연 4회에 걸쳐 다년 인증 법령에서 인증한 사업비 대비 현재 조달 가능한 기금의 규모를 비교하여 각 주에서 상환할 수 있는 금액을 조정하도록 하는 검증절차를 신설하였다. 이때 처음 도로신탁기금을 제정하였던 상원 재정위원

회의 의장인 Harry Flood Byrd의 이름을 따서 'Byrd검증'이라 부르게 되었다.

최근 SAFETEA-LU법안에서는 회계연도 말 기준으로 과거 4년간 평균수입보다 인증한 사업규모에 대한 투자규모가 초과하여 가용한 기금이 부족한 경우 Byrd검증에 대한 조정 없이도 지급이 가능할 때까지 부족한 비율만큼 지급을 연기한다. 과거 도로신탁기금을 운영하는 동안 1961년과 2004년 두 번에 걸쳐 주 배정비율을 조정한 바 있다.

다음으로 RABA절차는 다년간 인증 법령에서 정한 사업을 추진하도록 추정한 수익과 현재 수익을 비교하여 고속도로계정의 개별 프로그램을 조정하기 위해 1998년 TEA-21법에 의해 도입된 이후 현재까지 운영되고 있다. 교통부는 법령에서 다년간 인증한 사업에 조달가능한 재원규모를 고려하여 예상보다 수입이 높으면 프로그램 규모를 상향 조정하고, 낮으면 하향 조정하는 절차를 거치게 된다.

6.2.2 도로신탁기금 현황 및 문제점

도로신탁기금은 장래 채권의 상환금액을 정확히 예측할 수 없을 뿐만 아니라 세계 유류시장의 변화로 인한 유류소비 감소에 따른 세수감소나 도로 대수선으로 인한 지출증가에 대비하여 항상 일정 금액 이상의 잔고가 유지·관리되어야 하기 때문에 재무부에서는 최소 3개월 이상의 지출 금액을 미리 확보해놓고 있다.

그러나 이 기금은 2000년에 230억 달러로 최고치를 기록한 이후 잔고가 점차 줄어들다가 2008년도에 들어서 고갈되는 위기를 맞게 되었다. 이러한 원인으로는 첫째, SAFETEA-LU법 인증 시 프로젝트를 과다하게 승인한 것을 들 수 있다. 일반적으로 세계 경제 추이에 따른 유류가격 변동 등으로 인해 장래 수입 예측에 오류가 발생하기 때문에 이를 완충하기 위해서 예비비를 필수적으로 확보해야 한다. 그러나 2005년도에 승인된 SAFETEA-LU법 상에서는 지출이 예측된 수입을 초과하도록 사업량을 과다하게 계획함으로써 기금 고갈이 이미 예상되어 있었다는 것이다. 실제로 1950~1960년대 완성된 국가고속도로망의 대규모 유지보수시기가 도래하였고 대중교통과 교통약자에 대한 신규 투자가 증가함에 따라 1998~2003년간 218억 달러를 집행하도록 한

TEA-21법에 비해 SAFETEA-LU법은 2005~2009년간 286억 달러를 집행하도록 하여 수입에 비해 지출을 과다 승인하였다.

둘째, 2008년도 세계적인 경기침체와 높은 유류가격 상승으로 인해 미국 내 유류사용량이 감소하여 도로신탁기금의 88.1% 비중을 차지하는 유류세 수입이 급격히 감소하면서 SAFETEA-LU법에서 예측했던 예상수입에 미달하게 되었다. 이에 따라 <그림 6.6>과 같이 2008년부터 기금이 고갈되어 단기적으로 재무국의 일반기금 150억 달러(2008년도 80억 달러, 2009년도 70억 달러)를 지원받았음에도 불구하고 기금의 지급능력은 여전히 낮아 장래 도로교통시설의 투자가 불투명한 실정이다.

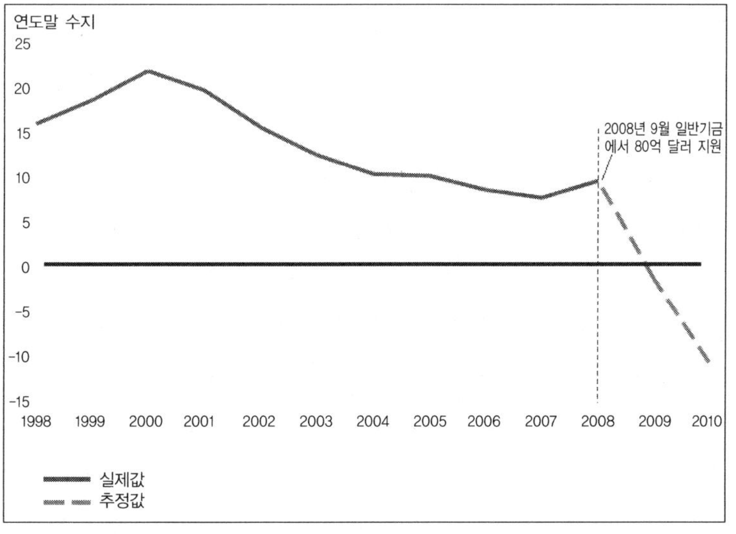

그림 6.6 도로신탁기금 수지 분석
(출처: 미국 GAO(2009) 내부자료)

6.2.3 재원 안정성 확보방안

장기적으로 기금의 수입과 지출의 균형을 맞추어 기금의 안정성을 확보하기 위해서는 ① 기존 교통시설의 운영효율성을 증진하는 방안 ② 기금의 기존 수입구조를 개선하는 방안 ③ 도로이용자에 도로 상에서 발생하는 총비용을 부과하는 방안 ④ 다양한 금융기법을 발굴하는 방안 등 4가지 방안을 대표적으로 들 수 있다. 또한 위 방안들은 각각의 장 · 단점을 가지고 있기 때문에 대안을 선택할 때에는 대안 간의 상쇄관계(Trade-off)를 고려하여 도입 여부를 신중히 결정해야 하는데 이를 구체적으로 살펴보면 다음과 같다.

첫째, 기존 교통시설의 운영효율성을 증진하는 방안은 현재 운영 중인 교통시설의 용량을 향상시키거나 운영 효율화를 꾀하여 운영성과(Performance)를 향상시킴으로써 신규 사업의 수나 투자규모를 줄이는 방안으로, 이는 추가적인 재정지출 시기를 늦추거나 재정규모를 줄이는 효과가 있다. 이에 대해 GAO(2008)에서는 교통부에서 교통분야 재정지출의 70% 이상을 육상교통분야에 집중투자하고 있는데도 첨두시 국도(National Highway) 혼잡구간이 1982년 32%에 비해 2009년 67%로 오히려 증가하는 등 육상교통프로그램의 투자효율성이 저하됨에 따라 기존 교통시설의 운영을 효율화하는 방법을 포함하여 육상교통프로그램에 대해 성과척도에 기반하여 투자효과를 높임으로써 신규 사업의 투자를 줄이는 방안을 적극 검토하도록 권고하였다.

둘째, 기금의 기존 수익구조를 개선하는 방안은 현재 도로신탁기금의 주 수입원인 유류세와 트럭 관련 세금을 실질적인 지출규모에 맞도록 현실화하는 방안으로, 미 의회 내 예산처(Congressional Budget Office)와 재정분야 전문가들은 경기침체에 따른 유류소비 및 차량 구매 저하로 인해 세입이 감소하는 문제를 해결하기 위해서 유류세율을 상향 조정하거나 물가상승률을 반영하는 방안을 제안하고 있다.

셋째, 도로이용자에게 도로사용자부담(Pay-as-you-go) 원칙에 따라 사용자가 도로이용 시 발생하는 총비용을 지불하도록 하는 방안이다. 현재 갤런당 고정세율로 정해진 유류세가 이 원칙에 따라 도입되었지만, 이는 혼잡비용, 오염비용 등 도로이용 시 운전자가 발생시키는 총비용을 반영하지 못할 뿐만 아니라 실질적인 주행거리와 연계되어 요금이 부과되지 못하는 한계가 있었다. 이에 따라 사용자부담 원칙을 적용하여 혼잡통행료, VMT 통행료, 화물이용료 등을 추가해 사용료로 도입하는 방안이 검토되고 있다.

넷째, 다양한 금융기법을 발굴하는 방안은 현재 수입원(Revenues)을 보완할 수 있는 채권, 대출확약, 신용공여 및 민간투자유치 확대 등 다양한 금융 메커니즘(Financing Mechanism)을 활용하여 주 정부나 지역정부가 지역여건에 맞도록 자율적으로 교통시설 투자재원을 조달하도록 하는 방안이다. 그러나 이와 같은 금융기법은 단기간에 부족한 재원을 충원하는 데에는 유용하지만 궁극적으로 주 정부나 지방정부가 장래에 갚아야 할 부채이기 때문에 해당 기관의 재무적 안정성을 충분히 고려하여 적용하여야 한다.

6.3 재무적 재원조달기법 대안 소개

6.3.1 세금 조정(유류세) 및 신설(탄소세)방안

최근 들어 세금을 통한 세수입을 확충하기 위해서 전통적인 주 수입원이었던 유류세를 현실화하고, 기후변화에 따른 탄소배출을 제한하도록 하는 교토협약(1997)[19]에 따라 탄소세를 신설하여 재원을 확충하는 세금 조정 및 신설대안이 대두되고 있다.

(1) 유류세

자동차 연료에 부과되는 소비세(Excise)인 유류세는 도로신탁기금의 주 수입원으로 징수와 단속비용이 적으면서도 안정적인 세수입을 제공하는 장점이 있다. 그러나 미국의 경우에도 유류세는 도로 사용에 따라 발생하는 유지관리비용, 혼잡비용, 환경비용 등이 반영된 총비용으로 부과되지 않을 뿐만 아니라, 1993년 이후 꾸준한 물가상승에도 불구하고 세율이 인상되지 않아 실질적으로 세수입이 줄어들고 있다. 이에 따라 미 의회 내 예산처에서는 도로신탁기금 실태조사(2007)를 실시한 후, 도로신탁기금의 안정성 측면에서 현재 유류세의 갤런당 세율을 조정하거나 물가상승률 지표를 반영하여 상향 조정하도록 요구한 바 있다.

(2) 탄소세

탄소세는 화석연료의 연소 시 발생하는 이산화탄소(Carbon dioxide) 발생량에 따라 부과하는 세금으로, 소비자들이 차량구매 시 경차나 하이브리드차, 전기차 등을 적극 구매하도록 하는 등 차량선택에 관한 의사결정에 영향을 미

19) 교토의정서는 그동안의 경제개발로 온실가스를 다량 배출한 38개 선진국에게 2008년부터 2012년까지 1990년 대비 평균 5.2%의 온실가스 감축의무를 부과하고 개발도상국에게는 이를 면제하는 내용을 포함하고 있다.

칠 뿐만 아니라 자동차 제조사가 자발적으로 유류 소비를 줄이는 차량을 제조하도록 유도할 수 있다. 또한 탄소세는 운전자, 참여기관(또는 기업)에 부과하여 이를 교통시설 투자를 위한 수입원으로 활용할 수 있다. 뿐만 아니라 탄소배출거래제는 배출권의 매매를 통하여 저감의무를 달성할 수 있도록 참여사업장 혹은 공공기관별로 기준 배출량 대비 온실가스 감축목표를 설정하고 목표 달성을 위하여 배출량 초과분과 감축분을 거래하는 제도로, 참여기관들이 탄소배출 총량을 초과하는 경우 경매시장을 통해 초과배출량에 해당하는 배출권을 구매하도록 하고 경매과정에서 발생하는 수수료 등 수입을 교통시설 투자에 활용하도록 할 수 있다.

6.3.2 사용료 조정 및 신설방안

도로이용 시 사용자가 지불하는 통행료를 교통시설 투자재원으로 적극 활용할 수 있도록 하는 방안으로 VMT 통행료(Vehicle Mile Travel tolling), 화물이용료와 혼잡통행료 등의 추가적인 도입이 가능하다.

(1) VMT 통행료

VMT 통행료 징수방식은 차량이 도로를 주행한 거리(VMT)에 따라 통행료를 책정하는 방식으로, 2006년 미국 오리건 주 교통부에서 GPS를 이용해 통행거리를 추적해 통행료(마일당 0.012달러)를 납부하도록 하는 시범사업을 실시하여 사업의 타당성을 검증한 바 있다. GPS를 이용한 VMT 통행료 징수방식은 도시지역 내 혼잡지역에서도 차량의 통행거리를 추적(Tracking)하여 일정한 혼잡지역이나 혼잡시간대뿐만 아니라 차량의 연료경제성에 따라 마일당 통행료 요율을 조정하는 방식이다. 따라서 운전자의 통행거리 감소로 인해 교통혼잡을 완화하고 연료 소모를 줄일 수 있을 뿐만 아니라, 연료경제성에 기반하여 요율을 조정하면 연료경제성이 높은 차량을 구매하도록 차량 구매자의 행태도 변화시킬 수 있는 장점이 있다. 그러나 운전자 개인에 요금을 부과해야 하기 때문에 유류세나 탄소세에 비해 요금징수를 위해 고가의 요금징수설비를 설치해야 하고 위반 단속, 차량이동에 대한 이력관리 등에 정부의 행정비용이 많이 소요될 뿐만 아니라 개별 통행자의 이동경로를 추적하여 관리하기 때문에 개인의 프라이버시를 침해하는 단점을 가지고 있다.

(2) 화물이용료(Freight Fee)

기존 물류시설의 용량이 국내, 국제 물동량 증가에 미치지 못하면서 물류시설 확충을 위한 재원조달기법으로 화물이용료 신설이 검토되고 있다. 화물이용료는 수입물품에 관세 형태로 컨테이너당 일정 금액을 화주에게 징수하는 방식으로, 현재 미국의 관세는 재무부의 일반기금으로 편입되고 있기 때문에 관세의 일정 세율을 상향 조정하여 육상교통 재원으로 배정하는 방식이 권고되고 있다. 이는 신규 투자재원을 발굴할 뿐만 아니라, 일반기금을 특별기금으로 전환함으로써 재원을 안정적으로 확보할 수 있는 장점이 있다.

(3) 혼잡통행료(Congestion Pricing)

혼잡통행료는 첨두시간대에 도로를 사용하는 통행자에게 혼잡통행료를 부과하여 비첨두시간대, 다른 노선, 다른 교통수단으로 전환시키는 등 운전자의 행태변화를 유도하는 정책이다. 또한 경제협력개발기구(Organization for Economic Cooperation & Development)에서도 교통부문에서 발생하는 외부효과를 절감하기 위해서 우선적으로 검토되어야 할 수요관리기법(Transportation Demand Management)으로 혼잡통행료를 권장할 정도로 정책성과가 검증된 대안이기도 하다.

혼잡통행료의 장점으로는 목표한 서비스 수준(LOS)을 유지하기 위해 도로 혼잡이 증가하면 평균비용(Average Cost)이 아닌 한계비용(Marginal Cost)으로 통행료를 부과하기 때문에 교통혼잡을 줄여 국가 또는 지역 내 이동성을 향상시킬 뿐만 아니라, 혼잡구간의 도로건설의 타당성이나 자본투자의 가치가 혼잡에 따른 수입금의 증가와 통행시간 절감 등 편익의 증가로 인해 높아지게 된다.

6.3.3 금융기법 도입방안

금융기법은 주 · 지역정부가 채권(Bonds), 대출(Loans), 신용공여(Credit Assistance), 민자사업 등 혁신적인 자금조달기법을 단독으로 또는 혼합하여 사용함으로써 세금, 사용료 등 전통적인 재원조달방식으로 자금조달이 불가능한 사업을 적은 정부예산으로 조기 완공할 수 있도록 하는 기능을 한다. 또한 이와 같은 금융기법은 현재 부족한 재원을 조기에 조달하여 인플레이션에 의한 사업비의 증가와 공사기간의 연장을 막을 수 있는 장점이 있지만, 한편으로 장래에 원금을 이자와 함께 갚아야 하는 채무이기도 하다. 이 때문에 전통적인 재원조달기법으로 건설된 도로보다 도로사용자의 통행료나 미래세대의 세금이 증가하는 문제가 발생하므로 현재 도로교통서비스의 축소와 장래 재원의 안정성 간의 상쇄관계를 동시에 고려하여 재원조달 방식과 규모를 결정해야 한다.

(1) 채권(Bonding) 발행

비과세채권(Tax-exempt Bonds), 민간채권(Private Bonds), GARVEE(Grant Anticipation Revenue Vehicle)채권 등의 채권 발행은 전통적인 투자재원이 부족할 때, 부족한 차액만큼 채권을 발행하여 재원의 유연성을 제공할 수 있다. 교통부는 SAFETEA-LU법에 따라 2009년까지 육상교통프로그램에 150억 달러의 비과세채권을 발행하도록 하였으며, 2008년 7월 현재 기준 53억 달러 6개 사업에 배정되어 교통시설 투자에 적극 활용되고 있다. 또한 다른 채권과 달리 GARVEE채권은 사업이 지연되어 총 사업비나 공사기간이 지연되는 경우 주 정부가 채권을 발행한 후, 이에 대한 원금, 이자 관련 비용을 연방정부에서 장래에 배정할 예정인 연방보조기금(Future Federal-aid highway Apportion)을 이용하여 상환하는 기법이다. 2008년 3월 현재 기준으로 22개 주・지역정부가 82억 달러의 GARVEE채권을 발행하고 나머지 20개 주도 도입을 적극 검토 중에 있다. 이러한 채권 발행은 교통시설 투자를 위한 선행투자자본(Up-front capital)을 제공하지만 정부가 투자자들의 리스크를 보상하기 위해 적정 수익을 보장해 주어야 하기 때문에 주 정부에서는 전통적인 연방보조금(Grant)에 의한 재원조달보다는 많은 자본이 소요되는 단점이 있다.

(2) 대출(Loans), 대출확약(Loan Guarantees), 신용공여(Credit Assistance)

연방정부는 현재 주・지역정부 또는 민간사업자가 육상교통프로그램의 투자를 유인하기 위해 연방정부의 자금을 차입하여 일종의 레버리지효과[20]를

20) 빚을 지렛대로 투자수익을 극대화하는 효과

얻을 수 있도록 2가지 종류의 금융기법을 운영 중에 있다. 먼저, 1998년 교통인프라재무혁신법(Transportation Infrastructure Finance and Innovation Act, TIFIA)에 따라 연방국도관리청(FHWA)이 주 정부 등의 도로사업에 대출확약 등을 통해 신용공여하도록 하고 있다. 또한 철도재건 및 개량기금(Railroad Rehabilitation and Improvement Financing, RRIF)은 연방정부가 대중교통, Intermodalism, 철도시설을 개량・건설하는 주 정부의 사업에 대해 대출확약을 주고 있다. 연방정부는 2008년 현재까지 15개의 TIFIA 프로젝트에 48억 달러를, RRIF 프로젝트 21개에 약 7.5억 달러를 대출확약하여 투자하고 있다.

(3) 연방정부의 회전기금(Revolving Fund)

회전기금은 연방정부와 주 정부가 종잣돈을 마련하고 기금을 조성하여 주 정부와 민간사업자가 교통시설 투자에 대출한 대출금을 갚는 데 사용하는 기금이다. 또한 주 정부와 민간사업자가 대출금을 상환하면 이를 기금에 적립하였다가 다른 대출을 통해 신규 사업에 재투자하게 된다. 대표적인 회전기금으로는 연방정부와 주 정부가 공동 투자한 주정부인프라뱅크(State Infrastructure Banks, SIBs)가 있으며, 2007년 6월 기준으로 33개 SIBs가 596개의 대출약정을 체결하여 약 62억 달러에 해당하는 재원을 조달하고 있다. 그러나 회전기금이 대출의 체납이나 인플레이션 등의 영향으로부터 기금의 자본가치를 유지하기 위해서는 자본의 지속적인 유입이 필요하기 때문에, 지속적인 자본 유입이 없는 경우 기금의 자본가치가 줄어들어 기금을 지속적으로 운영하기 어려운 문제점이 있다.

(4) 민간투자(Public Private Partnership, PPP) 확대방안

민간투자(PPP)제도는 민간의 자본과 혁신적인 노하우를 이용하여 주 정부 및 지역정부의 재정지출을 줄이고도 교통시설을 확충하거나 운영・관리의 효율성을 증가시키고, 기존 운영 중인 시설의 운영권을 민간에게 이양(Extracting)[21]하여 교통시설의 재투자를 위한 재원을 단기간에 확보할 수 있는 제도이다. 이 외에도 PPP제도는 투자사업으로 인한 리스크를 민간사업

21) 예를 들어, 인디애나 주는 인디애나 유료도로의 운영권을 민간에 임차(leasing)하여 38억 달러의 재원을 확보하여 10개년 주 교통계획의 재원으로 활용하였다.

자와 공유하거나 민간사업자에게 전이시킬 수 있을 뿐만 아니라, 공공부문이 운영하는 도로보다 운영 및 유지관리 등 실제 소요되는 비용에 근거해 통행료를 책정할 수 있기 때문에 시설투자에 대한 의사결정을 더욱 비용-효과적(Cost-Effectiveness)으로 할 수 있는 장점이 있다.

그러나 현재 필요한 교통시설의 투자재원을 민간투자재원으로 차입하였다가 다음 세대에 걸쳐서 도로이용요금에 투자자의 수익을 덧붙여 민간투자자에게 장기간 지불하는 구조적인 한계를 가지고 있다. 더욱이 PPP제도는 재무적, 법적 자문비용 등 추가되는 부대비용이 공공부문의 전통적인 조달방식보다 많이 소요되기 때문에 건설비용도 비싸게 책정되기 쉽다. 이 때문에 공공기관이 운영하는 도로의 통행료에 비해 통행료가 쉽게 인상되고, 해당 도로에 다른 교통수단이나 노선이 없어 시장을 독점하면 합리적인 수익률 이상을 덧붙여 통행료에 높게 반영할 수 있다. 이와 관련하여 PPP제도의 한계와 향후 과제는 제7장에서 다시 살펴보도록 하겠다.

6.4 정책적 시사점과 향후 과제

지금까지 미국의 도로신탁기금의 고갈로 인한 재원조달의 문제점과 교통시설 투자재원을 확보하기 위한 다양한 금융기법을 살펴보았다. 이와 관련한 정책적 시사점 및 향후 과제를 살펴보면, 첫째, 교통시설특별회계에 의존하여 교통수단별로 칸막이식으로 재원을 배분하는 구조는 재원배분의 유연성이 떨어지고 도로 위주로 예산이 편성되는 등 특정 수단에 예산이 편중될 수 있기 때문에 재원배분의 효율성과 유연성 확보를 위해서도 국가기간교통망의 완성단계나 서비스 수준이 일정 수준에 도달하는 시점에서 특별회계의 폐지 여부를 검토할 필요가 있다.

둘째, 교통시설의 재원조달을 위한 세금 및 사용료 인상이나 신설방안은 기존 교통시설의 운영 효율화를 꾀하여 기존 투자의 성과를 향상시키고, 신규사업 수나 투자규모를 줄여 재정의 안정성을 확보해 나가려는 정부의 구조조정(시설계획 및 재원조달계획 간 연계를 강화시키는 등) 노력이 전제되어야만 국민들에게 정책적으로 수용될 수 있다. 이 때문에 GAO(2008)에서는 ① 육상교통프로그램에 대해 성과척도에 기반하여 사업대안 간 투자우선순위가 높은 사업을 우선적으로 추진하는 경쟁적 사업추진 절차를 도입하도록 하는 한편 ② 연방정부의 육상교통프로그램 접근방법을 다음과 같은 5가지 원칙하에 제도적으로 개선하도록 교통부에 권고하였다.

〈GAO의 육상교통프로그램 사업추진에 대한 원칙 권고〉

▶ 사업목표가 사업의 성과와 연계되어 잘 정의되어 있는가?
▶ 사업의 목표달성에 있어 연방정부의 역할이 분명히 정의되어 있는가?
▶ 주 정부 · 지역정부에서 연방정부의 재정지원에 대해 공공책임성 있게 집행하였는가?
▶ 연방재정 지원에 대한 성과를 거양할 수 있는 최적의 대안 또는 접근방법을 채택하였는가?
▶ 재무적 지속가능성이 있는가?

셋째, 도로시설의 운영을 효율화하고, 추가적인 재원을 발굴하기 위해서는 도로이용자에게 도로사용부담원칙에 따라 도로이용 시 발생하는 총비용을 지불하도록 하는 방안을 적극 도입할 필요가 있다. 특히 혼잡통행료는 OECD에서도 대도시권 수요관리기법으로 정책적 성과를 인정하여 도입을 권장하고 있으며, 기후변화협약에 따른 탄소세 또는 탄소배출거래제 도입과 같이 정책의 패러다임의 변화에 따라 도입되는 신규 세수입을 교통시설 투자재원으로 적극 활용하려는 노력이 필요하다.

넷째, 미국 연방정부는 주 정부 · 지역정부가 지역주민의 요구나 사업의 고유 특성을 반영하여 사업의 추진시기와 규모를 조정할 수 있도록 사업주도권을 지방에 대폭적으로 이양하고 있다. 또한 이에 필요한 재원을 전통적인 재원조달기법 외에 채권, 대출확약, 신용공여 및 민간투자유치 확대 등의 선진금융기법을 복합적으로 결합한 다양한 재원조달기법을 활용하고 사업시기와 규모를 주 정부, 지역정부가 자율적으로 결정할 수 있는 제도적 환경을 마련하고 지원하고 있는데, 이러한 장점은 국내 도로정책에서도 시사하는 바가 매우 크다고 판단된다.

참고문헌

1. Tom Coburn, M.D. & John McCain(2009), Congress Raids the Highway Trust Fund for Pet Projects While Bridges and Roads Crumble United States Senate
2. GAO(2008), Surface Transportation: Principles can Guide Efforts to Restructure and Fund Federal Programs
3. GAO(2009), Highway Trust Fund: Option for Improving Sustainability and Mechanisms to Manage Solvency
4. 전제범(2009), 사회기반시설 공급을 위한 창의적 자본조달기법의 활용, 건설경제
5. 장기태(2009), 적자에 직면한 미국 도로신탁기금의 문제점과 전망, 월간교통 제139호
6. 한국교통연구원(2008), 교통투자 재원확보 방안연구
7. 감사연구원(2010), 교통시설투자개선을 위한 교통계획 감사방법 및 사례연구

07

지속가능한 재원조달을 위한 민간투자제도의 쟁점과 향후 과제

영국 런던지하철 메트로넷 파산의 정책적 시사점을 중심으로

Issues and challenges of private investment(Public Private Partnership) in public sectors for sustainable financing

"과거의 성공을 미래의 가장 위험한 요소로 인식해야 한다."
– 앨빈 토플러(1928년~)

7.1 개요

우리나라의 민간투자제도는 1994년 8월 영국의 민간협력제도(Public Private Partnership)를 벤치마킹하여 제정된 「사회간접자본시설에 대한 민간자본유치 촉진법」을 근거로 처음 도입된 이후, 최소운영수입보장제도(1999), 민자적격성조사제도(2005), 운영수입보장수준 축소 및 폐지(2006), 수요예측 재검증제도 도입(2006) 등 점진적인 제도 보완을 통해 사회간접자본시설(SOC)의 중요한 조달방식으로 자리 잡고 있다. 국내 민간투자사업 규모는 2003년 27.6조 원(50건)에서 2008년 43.4조 원(84건)으로 최근 5년간 총 사업비 측면에서 약 1.6배 증가하였으며 2008년 기준으로 국내 SOC 재정투자 대비 민간투자금액이 18.4%(민간투자금액/재정투자금액=3.8조 원/20.5조 원)를 차지하는 등 양적, 질적으로 급격히 성장하게 되었다.

이러한 국내 민간투자사업의 성장에도 불구하고 인천공항철도가 타당성 조사 당시 예측수요(2008년 기준 22만 6,700명) 대비 7.3%인 1만 7,000명이 이용하여 2008년도에만 1,666억 원의 보조금을 지급하였고, 향후 30년 동안 정부 재정지원 규모가 13조 8,000억 원에 이를 것으로 전망되는 등 과다 추정된 수요를 근거로 최소운영수익을 보장함으로써 민간투자사업이 국가재정을 부실하게 만들었을 뿐만 아니라 재정사업 대비 높은 통행료로 국민 부담을 증가시키는 등의 제도적 문제점을 드러내기도 하였다.

한편, 국내뿐만 아니라 민간투자사업의 발상지인 영국에서도 2002년도에 국철운영자인 레일트랙(Railtrack)의 운영 실패로 국철 운행이 중단될 위기를 경험하였고, 2009년도에는 런던지하철(London Underground) 운행노선의 2/3를 운영하고 있는 메트로넷(Metronet)의 파산으로 공적자금이 투입된 것을 계기로 민간사업자들이 국가에서 추진하는 SOC사업에 민간투자를 통해 자유롭게 참여하는 방식에 대한 회의론이 제기되고 있다. 영국 내에서 이러한 회의론을 제기한 대표적인 인물은 전임 런던 시장 켄 리빙스턴(Ken Livingstone)으로 메트로넷의 파산으로 인해 납세자의 세금을 투입한 데 대해 민영화의 대표적인 실패사례로 규정하면서 "정부가 단기적, 재무적 이익에서 벗어나 납세자와 공공의 편익 증진을 고려할 때 런던지하철의 운영권을 영구히 회수해야 한다."고 주장하고 있다.

아울러, 영국 경제학자들 중 일부는 중앙정부와 지방자치단체에서 민간사업자와 협약을 체결한 53개 병원 인프라구축사업에 대해 정부가 현 시가로 매입할 경우 24억 파운드의 예산을 절감할 수 있다고 분석하면서, 무분별한 PFI[22](Private Finance Initiative)계약 남발이 국가의 예산을 낭비하고 재무적 투자자에게 과도한 이익만을 보장하고 있다고 주장하고 있다. 특히 이들은 1992년 이후 영국의 중앙정부 또는 지방자치단체에서 도로, 철도, 학교, 병원, 환경처리시설 등 SOC건설을 위해 민간사업자와 550억 파운드 이상의 PFI계약을 체결하였으며 민간사업자에 대한 정부 재정지원으로 인해 향후 정부재정이 상당히 압박받게 될 것으로 예측하고 있다.

따라서 세계 최초로 민간의 자본과 창의성을 활용하여 도로, 학교, 병원 등의 SOC를 확충하는 민간투자제도를 도입한 영국에서 제기된 민간투자사업의 회의론과 런던지하철 메트로넷의 파산이라는 최악의 민간투자사업 사례분석(Case Study)을 통해 이 사태가 나타내는 시사점 및 향후 과제를 점검하여 장래 우리나라 민간투자제도의 원활한 추진을 위한 교훈으로 삼고자 한다.

7.2 국내 민간투자사업 추진현황

7.2.1 민간투자제도 개요

민간투자사업은 사회기반시설서비스에 소요되는 정부의 재정부담을 줄일 뿐 아니라 창의적인 경영기법 등을 활용하여 사회기반시설 구축·운영의 효율성을 높이기 위해 1994년 8월 「사회간접자본시설에 대한 민간자본유치촉진법」이 제정된 이래 <표 7.1>과 같이 3차례에 걸친 법 개정을 통해 주요 정책 방향과 내용을 보완하여 왔다.

22) 본 장에서는 영국의 PPP와 PFI를 우리나라의 민간투자제도와 동일한 제도로 기술

표 7.1 민간투자제도의 주요 연혁

기 간	주요 내용
1968～1993년	• 도로법, 항만법 등 개별 법령에 따라 추진 - 도로, 항만, 역사 등을 중심으로 민간자본 유치
1994～1998년	• 「사회간접자본시설에 대한 민간자본유치촉진법」 제정('94. 8.) - 금융시장 미성숙, 사업 경험 부족 등으로 활용실적 저조
1999～2004년	• 「사회간접자본시설에 대한 민간투자법」으로 전면 개정('98. 12.) - 최소운영수입보장 근거 마련(시행령 제37조) - 민간투자지원센터(PICKO) 설치
2005～2008년	• 「사회기반시설에 대한 민간투자법」으로 개정('05. 1.) - 대상 사업 확대(35개 → 44개) - 한국개발연구원(KDI) 소속으로 공공투자관리센터(PIMAC)[23] 설치 • 「민간투자사업 기본계획」 변경 ('06. 1.) - 민간제안사업은 최소운영수입보장제도 폐지 - 정부고시사업은 보장기간 단축(15년 → 10년) 및 보장수준 축소 (90～70% → 75～65%)
2009년～	• 「사회기반시설에 대한 민간투자법」 일부 개정('09. 5.) - 사회복지시설을 추가하는 등 민간투자법의 대상 사업 확대(44 → 46개)

자료: 기획재정부 '민간투자사업 기본계획(2009)' 내용 재구성

특히 IMF 경제위기 이후 경기활성화 수단으로서 민간투자사업을 활용하기 하기 위하여 1998년 12월 「사회간접자본시설에 대한 민간투자법」(이하 "민간투자법"이라 한다)으로 전면 개정하여 정부가 민간투자사업의 운영수입을 한시적으로 보장하는 법적 근거(민간투자법 시행령 제37조) 등이 마련되었으나, 이로 인한 정부재정 보조가 확대되는 부작용이 발생하면서 <표 7.2>와 같이 최소운영수입보장제도가 2003년에 축소되었다가 2006년에 민간제안사업이 폐지되는 등 다소간의 정책적 시행착오를 겪기도 하였다.

23) 민자사업제안서 평가업무 등의 전문성·투명성을 높이기 위해 2005년 한국개발연구원(KDI) 부설기관으로 설립(기존 국토연구원 '민간투자지원센터' 폐지). 민간투자지원실(민자제도팀 등 3팀, 32명) 등 3실로 구성(총 76명)

표 7.2 추진 시기별 민간투자사업 현황

기간	제1기(1999. 4.~2003. 4.)	제2기(2003. 5.~2005. 12.)	제3기(2006. 1.~)
주요 사업	인천공항고속도로 등 18개(도로 10, 철도 3, 항만 등 5)	서울~춘천 고속도로 등 17개(도로 8, 철도 3, 항만 등 6)	평택~시흥 고속도로 등 49개 (도로 18, 철도 3, 항만 등 28) ※민간제안사업만 추진
운영 수입 보장	· 보장기간 규정 없음 · 90%(정부고시) · 80%(민간제안)	· 운영개시 후 15년 · 90~70%(정부고시) · 80~60%(민간제안)	· 운영개시 후 10년 · 75~65%(정부고시) · 운영수입보장 폐지 (민간제안)
주요 제도 개선	· 최소운영수입보장금 법적 근거 마련	· 운영수입 하한선(50%) 도입('03. 5.) · 국가교통DB 통합 구축 ('03. 5.) · 적격성 조사 도입('05. 3.) · 임대형민자사업 도입('05.) 및 PIMAC 설치('05.)	· 과다 수요예측 제재 ('08. 1. 건설기술관리법) · 운영수입보장 완전 폐지 ('09. 8.)

출처: 2009년도 기획재정부 「민간투자사업 기본계획」 내용 재구성

7.2.2 민간투자사업 추진현황

(1) 민간투자사업 추진 실적

민간투자사업의 총 사업비 규모는 2009년 6월 말 기준으로 77조 원(집행액 33조 원)에 달하는 등 국가경제에서 차지하는 비중이 매우 높으며, 특히 <그림 7.1>과 같이 수익형(BTO) 민간투자사업[24]의 총 사업비 규모는 2003년 27조 6,000억 원(50건)에서 2009년에는 42조 9,000억 원(84건)으로 지난 6년간 1.6배 빠르게 성장하는 결과를 보이고 있다.

24) 수익형(Build-Transfer-Operation) 민자사업은 사회기반시설을 민간자금으로 건설한 후 소유권을 국가로 이전, 일정기간 관리운영을 하면서 투자비를 회수하는 방식이며, 임대형(Build-Transfer-Lease) 민자사업자는 임대권을 가지고 국가 등에 시설을 장기 임대하여 투자비를 회수하는 방식임

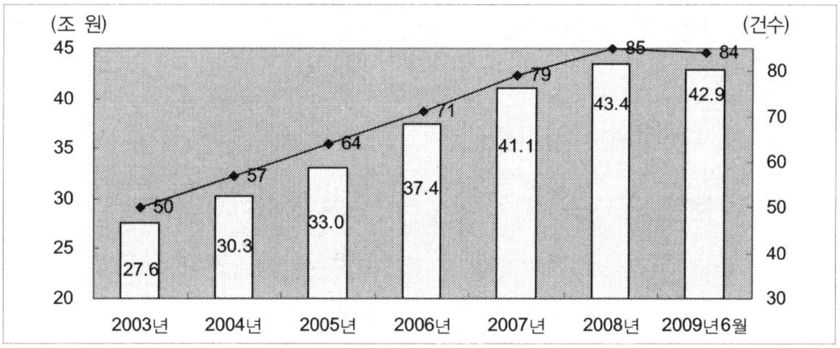

주: 1) 고시연도 기준(총 사업비는 실시협약(고시) 불변가격)
2) 사업이 중단된 하남 · 부산초읍선 경전철 제외

그림 7.1 민간투자사업(BTO) 추진 실적
(출처: 기획재정부 자료(2009. 6. 30.))

더욱이 지난 10년간 민간투자 규모를 가늠할 수 있는 SOC투자비[25] 중 민간투자가 차지하는 비율은 1998년도 3.9%에서 2008년도 18.4%로 4.7배 증가하였다. 또한 사업제안 방식에 따라 주무관청이 민간투자사업을 발굴하여 사업자를 모집하는 정부고시사업과 민간이 스스로 민간투자사업을 발굴하여 주무관청에 사업 선정을 요청하는 민간제안사업으로 구분하는데, 2009년 6월 현재 시설이 완공되어 운영 중인 국가관리[26](BTO)사업만 27건(12.2%)에 이르는 등 국내에서도 민간투자사업이 사회기반시설을 공급하는 주된 방식으로 정착해 가고 있는 것으로 나타났다.

표 7.3 사업제안 방식별 민간투자사업 추진 실적 (단위: 건, 조 원)

구분	합계(금액)	완공	공사 중	공사 준비 중	협상 · 고시 중
정부고시사업	38(20.7)	21(10.6)	17(10.1)	-	-
민간제안사업	46(22.2)	6(1.6)	15(8.1)	12(6.5)	13(6.0)
합계	84(42.9)	27(12.2)	32(18.2)	12(6.5)	13(6.0)

출처: 한국개발연구원 공공투자관리센터 자료

25) 「국가재정운용계획」 '수송 · 교통 및 지역개발' 분야 기준, SOC투자비는 1998년 12조 7,000억 원, 2008년 20조 5,000억 원

26) 민간투자사업심의위원회 심의대상으로 총 사업비 2,000억 원 이상, 국고보조금 300억 원 이상

7.3 런던지하철 민관협력사업 사례연구

7.3.1 런던지하철 민관협력사업 개요

런던지하철은 런던 수도권과 웨섹스, 허트포드셔, 그리고 버킹엄셔 등의 주변 지역에서 운영되고 있는 노선연장 약 400 km의 지하철도망으로, 역사 수는 268개, 탑승객 수는 2007년 기준 10억여 명에 이르고 있다.

표 7.4 런던지하철 노선 현황

노선명	색상	개통연도	총연장 (km)	총연장 (마일)	역 수	연 수송인원 (천 명)
베이컬루 선	갈색	1906	23.2	14.5	25	95,947
센트럴 선	빨강	1900	74	46	49	183,582
서클 선	노랑	1884	22.5	14	27	68,485
디스트릭트 선	초록	1868	64	40	60	172,879
동런던 선	주황	1869	7.4	4.6	8	10,429
해머스미스 · 시티 선	분홍	1863	26.5	16.5	28	45,845
주빌리 선	은색	1879	36.2	22.5	27	127,584
메트로폴리탄 선	자주색	1863	66.7	41.5	34	53,697
노던 선	검정	1890	58	36	50	206,734
피카딜리 선	진파랑	1906	71	44.3	52	176,177
빅토리아 선	연파랑	1968	21	13.25	16	161,319
워털루 · 시티 선	청록색	1898	2.5	1.5	2	9,616

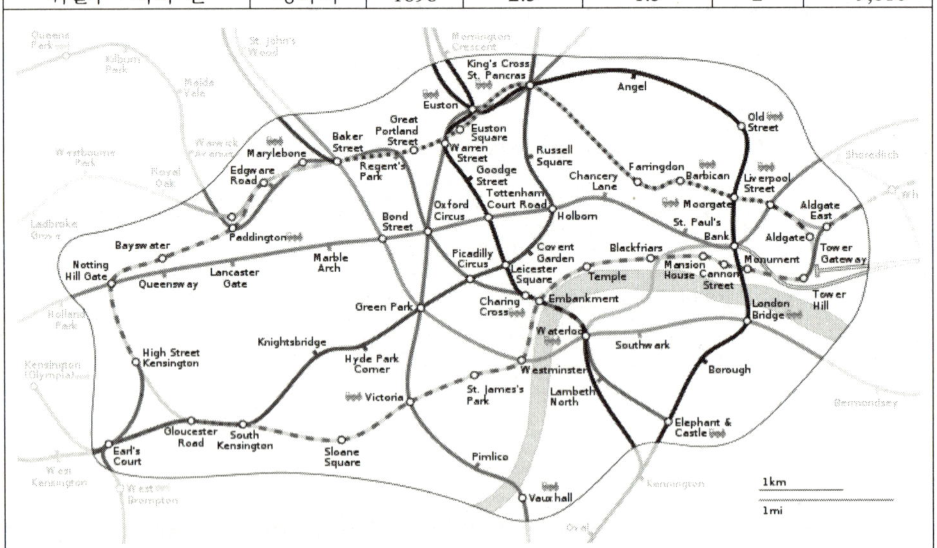

출처: http://ko.wikipedia.org/wiki/런던지하철

런던지하철 운영조직인 런던지하철회사(London Underground Limited, LUL)는 1985년 설립되어 중앙정부의 산하기관으로 있다가 2003년도 런던 수도권에 있는 대중교통망을 책임지는 법인회사인 런던교통공사(Transport for London, TfL)에 귀속되어 운영되고 있다. 이 과정에서 2002년에는 영국 교통부와 런던 시가 런던지하철의 현대화를 위하여 튜브라인(Tube Line)컨소시엄과 민관협력방식(Public Private Partnership, PPP)으로 주빌리 선, 노던 선, 피카딜리 선에 30년간 13억 파운드를 투자하도록 협약을 체결하고, 2003년에는 메트로넷컨소시엄과 같은 방식으로 민간사업자가 나머지 3분의 2 가량의 노선에 30년간 170억 파운드를 투자하도록 협약을 체결하였다.

메트로넷은 Balfour Beatty plc, Bombardier Inc., WS Atkins plc, EDF SA, Thames Water plc사가 컨소시엄으로 참여하여 Metronet BCV와 Metronet SSL의 두 개 회사로 노선을 분할하여 운영하고 있다. 이 중 베이컬루, 센트럴, 빅토리아, 워털루, 시티노선은 Metronet BCV에서, 디스트릭트, 서클, 해머스미스 등의 노선은 Metronet SSL에서 책임지고 있다.

여기서 교통부는 민관협력사업 관련 총괄책임을 지고, 런던지하철공사(London Underground)는 민간사업자와 협상 및 협약을 직접 체결하였다. 또한 교통부는 런던지하철 시설을 현대화하는 데 연간 약 10억 파운드를 보조하는 동시에 런던지하철의 경영 손실에 따른 재정적자를 런던지하철공사를

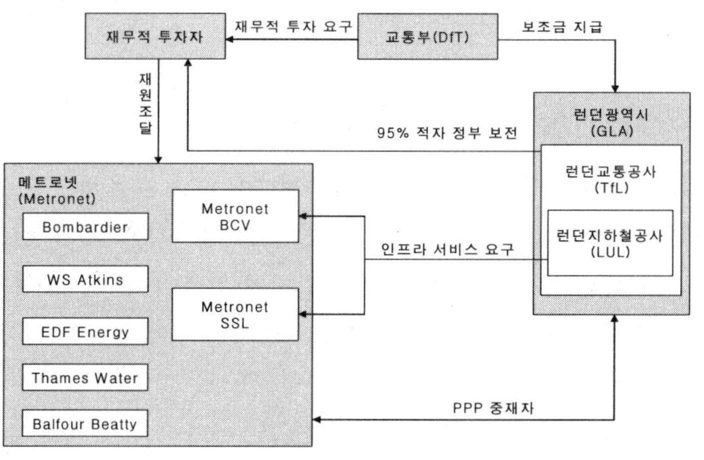

그림 7.2 런던지하철 민간투자협약 개념도

(출처: National Audit Office(영국 감사원))

통해 민간사업자인 메트로넷에게 추가로 보조하도록 <그림 7.2>와 같이 협약을 체결하였다.

그러나 메트로넷컨소시엄의 두 회사는 2007년 7월 재정적자에 따라 재무적 투자자들이 과거 채무를 일시에 상환하는 대신 런던지하철공사가 메트로넷 부채 17억 4,700만 파운드의 95%인 17억 파운드를 갚도록 요구하고 정부가 이를 수용하면서 정부의 관리에 들어가게 되었다.

이후 2008년 5월, Metronet BCV와 SSL의 자산과 부채는 런던교통공사의 산하회사로 이양되었고 2008년 12월 국무총리와 런던 시장은 공동추진위원회(Joint Steering Committee)를 설립하여 해결책 마련을 위한 공동의 의사결정을 마련하기로 하였으며, 이에 따라 위원회는 런던 시장과 국무총리에게 다음과 같은 권고안을 제시하였다.

〈공동추진위원회 권고안〉

① 민간협력방식으로 협약을 체결하기 이전과 같이 런던교통공사에서 지하철 운영, 유지관리, 시설개량에 대한 책임을 직접 관리하도록 해야 한다.
② 런던지하철 유지보수 및 현대화 사업의 최소 50%는 런던교통공사에서, 나머지 50%는 민간투자자가 소유한 각기 다른 회사에서 직접 추진하도록 하는 것이 바람직하다.
③ 런던지하철공사는 민간사업자와 같이 협약에 기반하여 장기간 성과에 따라 VFM(Value For Money)이 확보되는 업무를 수행하는 것이 타당하다.

7.3.2 런던지하철 민간협력사업의 실패원인 분석

민간의 재원을 조달하여 런던지하철을 현대화하고 효율적으로 관리하려던 민관협력사업은 메트로넷이 경영실적 부진으로 파산함에 따라 정부보조금이 추가로 지원되었고, 지하철 현대화 사업의 지연이 불가피하게 되는 결과를 초래하였다. 이와 관련하여 런던지하철 민간협력사업의 실패원인을 살펴보면 다음과 같다.

첫째, 메트로넷의 기업지배구조의 취약성과 리더십의 부재를 들 수 있다. 메트로넷의 의사결정은 지하철 시스템 공급업자인 5대 주주에 의해 만장일치제로 운영되었으나, 잦은 경영진의 교체와 공급업자의 간섭으로 시스템의 공급사슬(Supply Chain)을 효과적으로 관리하기가 어려웠다. 또한 대주주들은 공급사슬로 묶인 공급업자로서 기업의 의사결정권을 가지고 있기 때문에 시스템, 역사, 궤도, 차량 등을 고가에 납품하도록 하는 등의 문제가 발생하였다.

둘째, 정부보조금을 지원하면서도 사업의 위험관리를 위한 정부 차원의 제도적 통제장치가 없었다는 점을 들 수 있다. 1999년 대런던법(Greater London Authority Act) 제정에 따라 런던지하철 관련 정책과 투자가 중앙정부에서 런던교통공사와 런던 시장에게 양도되었다. 따라서 교통부는 철도인프라 현대화 사업 비용에 대한 보조금(Block Grant)을 지급하고 런던지하철의 경영 손실에 따른 재정적자를 런던지하철공사를 통해 추가 보조하도록 하는 협약을 체결하고서도 민간사업자와 협약의 당사자가 아니라는 사유로 직접적인 영향력을 행사할 수 없었다. 그 결과 교통부는 지급된 보조금에 대한 모니터링을 런던시, 런던교통공사와 민간사업자에 의존함으로써 민간사업자의 경영 악화 등으로 인해 직면한 위험에 대해 적합한 위기관리 전략을 직접적으로 적절하게 수행하지 못하였다.

셋째, 민간사업자의 정보 독점과 관리청의 정보 부재를 들 수 있다. 교통부는 메트로넷의 경영 및 재무관리정보를 런던지하철공사와 런던교통공사에 의존하였으나, 협약에 따라 민간사업자의 경영 및 재무관리정보를 경우 중재자에게 공식적으로 요구할 수 있을 뿐 관리청에서 공급업자로부터 직접적인 데이터를 확보할 수 없었다. 그 결과 시스템, 역사, 궤도, 차량 등이 공급업자로부터 고가로 납품되었는데도 경제적이고 효율적인 조달계획 수립을 위한 충분한 정보 획득이 원천적으로 불가능하게 됨으로써 지하철 현대화 사업이 높은 비용구조로 사업비가 책정되는 것을 막지 못하게 되었다.

7.3.3 향후 대책

영국감사원(NAO)이 런던지하철 민간협력사업에 대해 2009년도에 권고한 대책을 살펴보면 다음과 같다.

첫째, 대주주인 공급업자들이 결성한 공급사슬(Supply Chain) 체계를 개선해야 한다. 대주주인 공급업자의 내부계약에 대해 투명하게 공개하도록 하고,

조달계약상의 인센티브와 공급사슬 내의 하청계약(sub-contract)은 공공부문의 이익을 우선하여 조정할 수 있도록 해야 한다.

둘째, 교통부에서 런던지하철 현대화 사업에 정부보조금을 집행하면서 위험관리(risk management)를 위한 별도의 제도적 장치를 마련할 필요가 있다. 예를 들면, 계약, 비용, 재무관리 등에 대한 자료 접근을 가능하도록 하고, 런던시와 런던지하철공사에 위험관리보고서를 정기적으로 제출하도록 하거나 필요시 교통부에서 직접 위험관리 실태조사 및 재무감사를 실시하여 시정조치할 수 있어야 한다.

셋째, 교통부는 재정지출에 대한 위험에 노출되어 있으나 계약주체가 아니고 이를 관리할 직접적인 제도적 장치도 결여되어 있기 때문에 향후 교통부와 런던 시는 공조하여 정부 재정지출에 대한 VFM(Value For Money) 확보 여부를 분석하고 사업추진과정에서 VFM이 훼손되지 않도록 관리해야 한다.

넷째, 비용분석이 우선적으로 필요하므로 현행 법률 내에서 중재자는 런던지하철공사와 공조하여 다른 유사한 민간투자사업자의 실적과 비교분석하는 Top down식 점검을 통해 개별 비용항목에 대해 상세히 분석・관리해야 한다. 이를 통해 메트로넷의 공급사슬로 인한 과다 비용청구 등에 대해 보다 적극적으로 통제해야 한다.

7.4 정책적 시사점과 향후 과제

지금까지 런던지하철 메트로넷의 파산사태에 대한 원인과 대책을 중심으로 사례분석을 실시하였으며, 장래 우리나라 민간투자제도 추진 시 이번 사태가 시사하는 바와 향후 과제를 도출하면 다음과 같다.

첫째, '민간투자제도가 사회간접자본시설투자의 효율성을 증대시킬 수 있는가'하는 본질적인 문제가 재검토되어야 한다. 민간투자제도의 당초 취지는 민간사업자를 사회간접자본투자에 참여시켜 경쟁을 촉진하도록 하여 정부의 재정지출을 줄이면서도 비교적 저렴한 가격으로 고객이 요구하는 다양한 공공서비스를 제공하는 것이다. 그러나 철도산업과 같은 자연독점시장에서는 이러한 경쟁이 본질적으로 촉진되기 어렵다. 최초 민간사업자가 사업계약을 위한 입찰자 간의 짧은 경쟁을 제외하고는 경쟁노선의 승객을 전환시키고자 운영권을 가진 노선에 교통시설을 추가 건설하려 하지 않기 때문에 지속적으로 시설을 확충·개량할 이유가 없으며, 운영기간 중에도 민간사업자가 경쟁해야 할 아무런 제도적 동기도 없는 실정이다.

둘째, '공공기관에서 운영하는 철도서비스가 민간사업자가 운영하는 것보다 미흡하다는 객관적 증거가 있는가'하는 점도 살펴보아야 한다. 싱가포르, 한국 등 세계 도처에는 영국 승객들이 부러워하는 교통서비스를 제공하는 공공기관이 많이 있다. 공공기관은 이윤을 시설 개량 및 서비스 개선에 사용하는 반면에 민간사업자는 이윤을 극대화하기 위해 원가를 줄여서 발생한 이윤을 재무적 투자자들에게 배당금으로 지급하기 때문에 철도서비스 개선에 신규 자금이 유입되지 않아 서비스가 더욱 낙후되면서 승객이 줄어드는 문제를 야기시킬 수 있다. 뿐만 아니라 정부는 승객(수요자)의 요구를 충족시키는 실질적인 투자를 관리, 감독해야 하는데도 민간사업자와의 협약에 담지 않은 공공서비스는 런던지하철 민관협력사업과 같이 정부가 관리하기 어렵기 때문에 국가기간교통시설에 대한 공공성(공공요금, 시스템 통합·연계수송, 서비스 확보 등)이 훼손되는 문제가 발생할 수 있다.

셋째, '민간사업자의 경영실패로 발생한 손실을 납세자의 세금으로 보상하는 것이 타당한가'하는 문제도 검토되어야 한다. 영국에서는 런던지하철의 민간사업자 파산에 따라 보조금을 지급하였을 뿐만 아니라 국철에서도 민간사업자가 수익노선의 운영권과 분리하여 적자노선의 운영을 포기함으로써 정부에 손실을 떠넘기고 민간은 해당 사업손실로 인한 리스크를 회피한 사례가 발생하였다. 즉, 민간사업자는 수익이 날 때에는 계약에 따른 수익을 정부가 회수하는 것에 부정적이면서도 적자가 발생할 때에는 운영권을 포기하는 등 해당 사업에서 손쉽게 철수해 사업에 대한 리스크를 회피해 버린다. 결국 경기순환에 따라 민간사업자의 수익과 적자가 반복되면서 수익은 민간사업자가, 손실은 사회간접자본의 공공성 등을 사유로 납세자의 세금으로 국가가 떠안는 악순환의 고리가 반복될 수 있다는 것이다.

넷째, 민간사업자와 민자투자사업의 협약을 체결할 때 정부협상단이 정부에 불리한 계약을 체결하기 쉽다는 문제도 검토되어야 한다. 영국 런던지하철 민간협력사업의 사례에서도 런던지하철을 현대화하고 유지관리하는 데 수십 억 파운드의 정부 재정지원을 전제로 협약을 체결하면서도 정보의 비대칭 문제로 인해 해당 공무원이 협약의 원가와 컨소시엄의 재무구조를 민간사업자의 정보에 의존하여 협약을 체결하였다는 비판에서 자유롭지 못한 것이 사실이다.

다섯째, 최근 경기침체에 따라 민간사업자와 협약을 체결한 이후에도 민간사업자의 재원조달의 어려움으로 인해 정부의 SOC공급 일정과 달리 사업 추진이 지연될 수 있다는 것이다. 영국의 중앙정부와 지방자치단체도 1992년 이후 도로, 학교, 병원, 환경처리시설 등의 건설을 위해 550억 파운드 이상의 PFI협약을 민간사업자와 체결하였으나, 신용위기로 인한 유동성 문제로 사업의 재원조달이 어려울 뿐만 아니라 은행 부실로 인해 정부의 재원이 장기간 묶여 있거나 경기침체에 따른 기업의 투자 감소로 인해 기존 계약에 대한 이행이 어려워 상당수의 사업 지연을 우려하고 있다. 이러한 경우 정부가 필요한 인프라를 투자우선순위나 공급일정에 따라 합리적으로 도입하지 못하는 결과를 초래할 수도 있다.

여섯째, 정부가 조달해야 할 교통시설 중 재무성이 뛰어난 사업만을 민간투자사업으로 추진하는 것은 공공기관에서 운영하는 교통시설의 추가 적자를 유발시키고 이로 인해 공공기관의 부실을 초래하는 문제가 발생할 수 있다. 민간사업자가 참여하는 민간투자사업의 속성상 재무성이 충분히 확보되는 사업이어야 하나, 이럴 경우 수익이 발생하는 노선은 민간이, 비수익 노선은 공공기관이 운영하게 됨으로써 공공기관의 손실 증가로 이어져 정부 재정지원이 공공기관에 추가로 필요한 문제를 발생시킨다. 즉, 공공기관에서 운영하는 노선은 흑자노선의 수익이 적자노선의 적자를 충당하는 방식으로 교통서비스를 전국에 제공하게 되는 구조이나 민간투자사업자는 흑자노선에 교통인프라 공급만을 유도할 뿐만 아니라 공공기관의 재정손실에 따른 정부 재정지원으로 인해 정부의 재정지출 규모를 줄이는 효과가 미미할 수도 있다는 것이다.

일곱째, 민간투자 대상 사업 선정 및 협상, 정부재원을 지원할 때에는 납세자의 세금에 대한 VFM 확보 여부를 철저히 점검하고 관리하기 위한 제도적 장치가 마련되어 있는지도 검토되어야 한다. 사업 선정 시 적격성 조사의 정부실행대안이 협상과 건설·운영과정에서 변경되어 VFM이 훼손되지 않도록 관리되어야 하고, 이로 인해 VFM이 훼손된 경우 정부가 시정할 수 있는 제도적 장치를 마련하여야 한다. 또한 사업비와 컨소시엄의 재무분석데이터를 민간사업자가 제출한 데이터에 의존하기 때문에 정보의 비대칭 문제로 인해 정부에 불리한 협약이 체결되지 않도록 민간사업과 재정사업에 대한 데이터베이스를 국가가 직접 구축·관리하고 협약에 적극 활용할 필요가 있다.

참고문헌

1. Ken Livingstone(2009), "Privatization has been a train wreck", Guardian 2009년 7월호
2. Owen Bowcoot(2009), "PFI has been a wasteful way to build new hospital", say study, Guardian 2009년 6월호
3. Dan Milmo(2009), "Collapse of tube contractor Metronet could cost taxpayer £410m", Guardian 2009년 6월호
4. National Audit Office(영국 감사원, 2009), The failure of Metronet, 2009년 6월
5. http://ko.wikipedia.org/wiki/런던지하철
6. 감사원(2009), 민간투자사업 추진실태 감사결과 처분요구서
7. 기획재정부(2009), 민간투자사업 기본계획

감사의 글 | 영국과 런던 시 민간투자사업의 자료제공에 적극 협조하여 주신 DfT(Department for Transport)의 Mrs. Charlotte Dixon, Mr. Peter Lee와 TfL(Transport for London)의 Mr. Neil Roth, Mr. Mark O'donovan께 진심으로 감사드립니다.

08

녹색교통인프라 확충에 따른 교통안전분야의 쟁점과 과제

영국 자전거 · 보행자 프로그램의 사례를 중심으로

Issues and challenges of transportation safety area by the expansion of green transportation facilities

"인간은 흔히 눈앞의 먹이에만 정신이 팔려
머리 위에서 매나 독수리가 내리 덮치려 하는 것을 깨닫지 못하는
작은 참새처럼 행동한다."

– 마키아벨리(1469~1527년)의 정략론 중에서

8.1 개요

최근 우리 정부가 세계기후변화에 대비한 저탄소 녹색성장을 국정과제로 선정함에 따라 교통분야에서도 자전거・보행과 같은 친환경적 녹색교통수단에 대한 투자계획이 뒤이어 발표되었다. 녹색교통정책의 주관부서인 국토해양부는 「전국자전거도로구축기본계획」(2010)을 마련하여 2013년까지 전국 국도변에 연장 400 km의 자전거도로를 확충하거나 「국도상 1, 2단계 설치기본계획」(2004, 2006)을 수립하여 2014년까지 538 km, 1,433억 원을 투자하여 국도변 보도환경을 개선하는 등 녹색교통시설의 확충에 노력하고 있다.

국내에서는 대표적인 녹색교통수단인 자전거도로가 1995년 「자전거 이용활성화에 관한 법률」이 제정되고 해당 자치단체별로 「자전거 기본계획」이 수립되면서 본격적으로 도입되어 2007년 기준 현재까지 연장 9,710 km(총 사업비: 1조 2,432억 원)가 확충되었다. 그러나 이러한 자전거도로의 투자에도 불구하고 자전거도로의 88%가 자전거 보행자 겸용도로로 보행 또는 표지판, 신호등 등의 장애물이 존재하고, 자전거도로의 연계성이 낮거나 보관 등을 위한 부대시설이 부족하는 등 자전거 타기가 불편하여 교통수단분담률이 1.2% 수준에서 증가하지 않고 있다. 반면에 자전거 사망사고는 전체 교통사고가 감소하는 추세에서도 2003년 235명 대비 2008년 310명으로 23% 급증하고 있고 2007년 기준으로 자전거 교통사고 치사율이 3.5%로 전체 교통사고 치사율 2.9%에 비해 매우 높은 것으로 나타났다.

이와 같은 문제를 우리나라보다 먼저 경험한 국가가 바로 영국이다. 영국에서는 1976년 대비 2006년 연간 1인당 보행거리가 248마일에서 201마일로, 연간 자전거 통행거리가 51마일에서 31마일로 감소한 반면, 자동차의 연간 통행거리는 3,200마일에서 5,700마일로 지속적으로 증가하여 교통혼잡・환경오염・에너지고갈 문제가 발생하였다. 이에 영국 교통부(Department for Transport, DfT)는 녹색교통수단의 이용을 늘리기 위해 2002년부터 2011년까지 10년간 자전거 및 보행환경 개선에 국고를 지원하는 한편, 2003년 3월 「도로교통안전 10개년 전략」을 발표하고 이 기간 중 보행자・자전거 안전대책을 지속적으로 추진하여 왔다. 그럼에도 영국의 자전거 이용률은 하락한 반면 자전거

교통사고는 증가하는 결과를 초래했다.

이렇게 자전거정책이 실패한 데에는 지역 도시의 특성에 대한 고려 없이 중앙정부가 획일적인 자전거도로 설계기준에 따라 자전거도로를 확충하는 데 정책성과를 맞추어 자전거정책을 추진해 온 것이 주된 원인으로 꼽히고 있다. 특히 자전거의 이용객의 이용특성이나 지역의 요구사항을 고려하고 객관적인 수요예측 없이 무리한 정책목표(1990년말 대비 2012년 자전거 이용률 4배 증가)를 근거로 시설공급 위주의 정책을 추진하였다. 또한 실질적인 사업주체인 지방자치단체 내에 사업부서 간 사업투자우선순위가 달라 자전거도로에 예산 반영이 되지 않거나 전담부서나 담당자가 없어 사업이 정상적으로 추진되지 못하는 문제가 발생하였다(신희철, 2010).

무엇보다도 자전거로 인한 교통사고 증가 문제는 정책추진 여부를 재검토해야는 치명적인 문제로 이와 관련하여 2009년 영국 감사원(National Audit Office, NAO)[27]에서는 교통부의 협조하에 녹색교통 확대에 따른 교통안전실태를 감사(감사명: Improving road safety for pedestrians and cyclists in Great Britain)하고 이에 대한 문제점과 개선방안을 교통부 등 해당 부처에 권고하는 등 문제 해결을 위해 범부처적인 노력을 하고 있다.

따라서 본 장에서는 녹색교통수단의 확대에 따라 교통안전상의 문제를 먼저 경험한 영국의 녹색교통안전체계를 사례조사하여 우리나라 녹색교통수단(자전거)의 교통안전정책에 대한 정책적 시사점 및 향후 과제를 살펴보고자 한다.

8.2 영국의 녹색교통사고 트렌드

8.2.1 도로교통사고 성과지표 변화 추이

영국 교통부는 교통통계보고서(2008)에서 2007년도 기준 도로교통사고로 인한 사상자 수가 247,780명(사망: 2,946명, 중상: 27,774명, 경상: 217,060명)으로 이 중 도로사망자 수는 2007년 2,946명으로 1994~1998년 연평균 3,578명

27) 영국 감사원(National Audit Office)은 1983년 국가감사법에 따라 국회 하원에 설립되어 행정부로부터 독립되어 있고, 회계감사뿐만 아니라 3E(Efficiency, Effectiveness, Economy)에 입각한 성과감사를 실시하고 있다.

에 비해 18% 감소하여 같은 기간 교통량이 16% 증가한 점을 고려하면 상당히 감소한 것으로 평가하고 있다. 또한 <표 8.1>과 같이 100만 여객·km당 사상자 비율이 도로교통수단 중 물리적 보호장비가 거의 없는 오토바이, 보행자, 자전거 순으로 높이 나타나 녹색교통수단인 보행·자전거의 사고위험이 높은 것으로 나타났다. 이 중 보행·자전거 인사사고는 2007년도 기준으로 도로 통행 중 보행자 646명, 자전거이용자 136명이 사망했고, 약 30,000명의 보행자, 약 16,000명의 자전거이용자가 부상을 당했으며, 이 두 그룹의 교통사고로 인한 경제손실이 연간 약 340억 파운드에 달하는 것으로 보고되고 있다.

표 8.1 지난 10년간(1997~2006년) 교통수단별 100만 여객·km당 사고율

항공	해운	버스	철도	밴	승용차	자전거	보행자	오토바이
0.000	0.024	0.029	0.032	0.086	0.269	3.404	4.421	11.144

출처: 영국 교통부 자료

다른 국가들의 교통사고 자료와 비교 분석하면 영국의 도로안전 수준을 쉽게 파악할 수 있다. 영국은 <표 8.2>와 같이 인구 100만 명당 도로사망자 수가 5.39로 24개 OECD국가 중 5위로 비교적 우수한 반면, 어린이 보행사고는 17위에 기록되어 다른 국가들에 비해 보행자 어린이 교통사고가 취약한 분야로 나타났다. 또한 자전거 보급률이 높은 14개 유럽국가 중 인구 100만 명당 자전거사상자 수(사망·중상)가 2.5로 4위를 기록하여 상대적으로 안전한 국가로 분류되고 있다. 참고로 우리나라의 도로안전 수준은 OECD 국가 중 모든 분야에서 하위권에 위치하여 전체 사고 수, 보행, 어린이 등 모든 부문에서 도로교통안전이 상대적으로 열악한 것을 알 수 있다.

표 8.2 영국의 도로사망자 수 비교

국가	100만 명당 사망자 수	100만 명당 보행자사망자 수	100만 명당 어린이사망자 수	100만 명당 어린이보행자사망자 수
영국	5.39 (5위)	1.15 (11위)	1.35 (11위)	0.62 (17위)
한국	13.07 (20위)	5.04 (24위)	3.06 (23위)	2.20 (24위)

주: ( )는 OECD 24개국 중 해당 지표의 순위

8.2.2 녹색교통사고의 주요 특징

도로교통사고는 사고가 자주 발생하는 시기, 장소, 연령별로 사고 발생의 특징이 분명하게 나타난다.

(1) 사고 다발지역

영국의 보행·자전거사고율은 도로 유형, 보행·자전거 이용수준, 차량대수, 지리적 특성 등에 따라 다소 차이가 발생한다. 그러나 영국의 경우, 지역적으로 2가지 큰 특징을 가지고 있다.

첫째, 보행·자전거 사망사고는 40마일/시 이상의 속도제한을 가진 도로, 즉 일반적으로 속도가 높은 도로에서 많이 발생하였다. 이러한 예로 2007년도 보행사상자 수(사망·중상자 수 포함)는 도시부도로가 지방부도로보다 약 5배 많았으나, 사망자 수는 지방부도로가 도시부도로보다 약 3배 가량 높은 것으로 보고되고 있다.

둘째, 낙후지역의 경우 비낙후지역에 비해 보행자 인사사고가 뚜렷하게 높게 나타난다. <표 8.3>과 같이 2007년도 기준으로 낙후지역에 거주하는 주민의 보행사상자 수가 비낙후지역 주민의 보행사상자 수에 비해 약 3배 정도 높고, 어린이(0~16세) 보행자의 경우 비낙후지역에 비해 사상자 수(사망·중상자 수 포함)가 4배 가량 많은 것으로 나타나고 있다.

표 8.3 인구 10만 명당 보행자사상자 수(2007년)

보행자 연령	낙후지역	비낙후지역	전체 평균
0~16세	121	32	65
17~19세	101	40	68
20~25세	74	29	51
26~59세	47	13	26
60세 이상	39	19	27
합 계	70	21	39

주: 인구 3만 명 이상의 지역에 대해 소득, 고용 등을 고려하여 낙후도를 순위화하고 낙후지역으로 낙후도 순위 하위 10%, 상위 10% 지역의 평균값

또한, 자전거사상자 수는 도시부의 경우 낙후도에 관계없이 광범위하게 분포되어 있는 반면, 지방부의 경우 낙후지역이 비낙후지역에 비해 사상자 수가

약 4.5배 많았으며, 낙후지역 간에서는 도시부보다 지방부가 약 4배 이상 사상자 수가 많은 것으로 나타났다.

이렇게 낙후지역에 도로사상자가 많이 발생하는 요인은 첫째, 인접한 주택가 지역, 어린이 놀이터 부족으로 도로변에 직접 노출된 지역이나, 노외주차장이 미비하여 승용차 주차와 보행, 자전거 이용이 혼재되어 있는 등 거주지 주변 환경요인을 들 수 있다. 둘째, 부모의 교육수준이 낮고 어린이 탁아시설이 부족하거나 승용차보유율이 낮은 등 사회·경제적 요인도 영향을 미치는 것으로 판단된다.

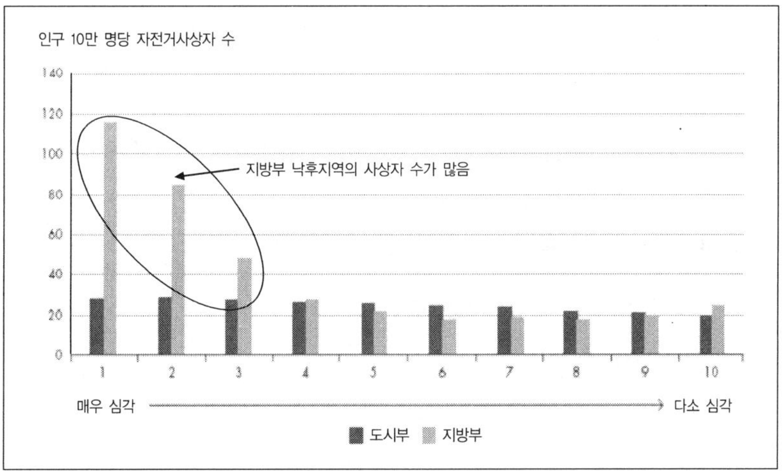

그림 8.1 낙후도에 따른 도시부, 지방부 인구 10만 명당 자전거사상자 수 비교

(2) 사고 발생 시간분포

사고 발생의 시간분포는 보행·자전거이용자가 도로 상에 점유하고 있는 시간과 연계되어 있기 때문에 월별, 일별로 분명한 패턴을 가지고 있다. 먼저 보행자 인사사고(사망·중상자 수)는 계절성을 가지고 있는데 주로 10월, 11월에 가장 많이 발생한다. 이는 영국의 서머타임제도가 주 원인으로 보인다. 영국의 서머타임제도는 3월 마지막 주 일요일 밤 12시를 새벽 1시로 앞당겼다가 10월 마지막 주 일요일 기준으로 밤 12시에서 11시로 시간을 되돌리면서 야간 시간대 활동이 증가하기 때문으로, 2000~2007년 10월 시간이 변하기 전 4주보다 변한 후 4주간의 보행자 사망사상사고가 <그림 8.2>와 같이 급증하고 있다.

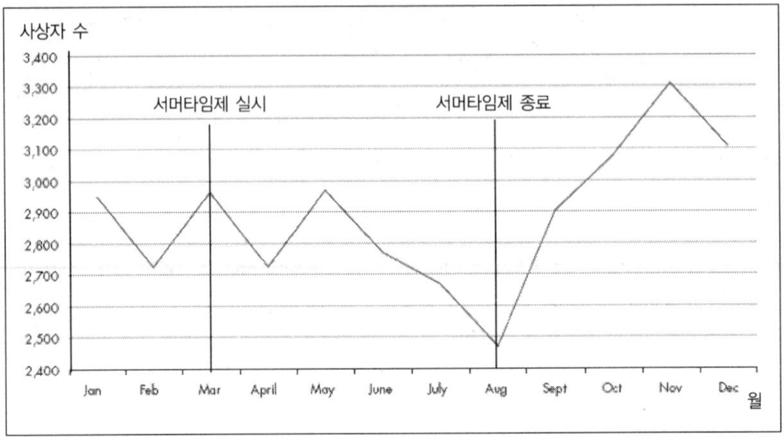

그림 8.2 월별 보행자사상자 수(2000~2007년 평균값) 변화 추이
(출처: 영국 교통부 자료)

또한 자전거사상자 수는 일주일 중 월~목요일 오전, 오후 첨두시간대에서 약 2/3가 집중적으로 발생하고, 어린이보행자 사고건수는 하루 중 오후 3시~7시에 54%가 집중되는 특징을 나타내는데, 이는 통근·통학, 방과 후 활동 증가에 따른 것으로 보인다.

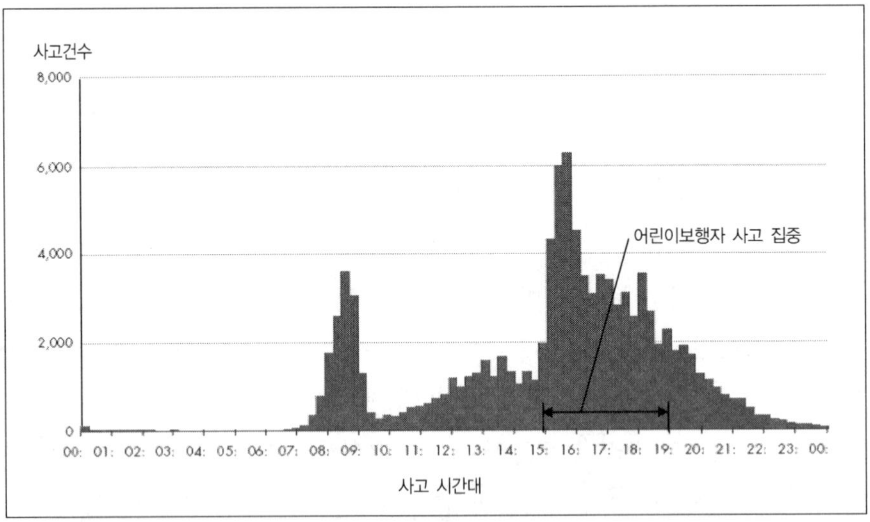

그림 8.3 시간대별 어린이보행 사고건수(2000~2007년 평균값) 변화 추이
(출처: 영국 교통부 자료)

(3) 사망자 연령별 분포

보행자사망자 수는 2007년도 642명이었으며, 이 중 0~15세가 57명(9%), 16~69세가 362명(56%), 70세 이상이 223명(35%)으로 나타났다. 70세 이상 보행자는 인구의 12%를 차지하는 반면 사망자의 35%를 차지하고 있고, 15세 이하 어린이는 인구의 19%를 차지하고 보행통행이 잦은 그룹인데도 9%의 사망사고를 내고 있는 것으로 나타났다. 또한 자전거사망자 수는 2007년도에 136명이었으며, 이 중 0~15세가 13명(10%), 16~59세 98명(72%), 60세 이상이 24명(18%), 1명은 미상으로 나타났다. 자전거사망자 수는 매년 다소 변동이 되고 있으나 주 활동인구인 16~59세에서 주로 발생하는 특성을 보이고 있다.

8.2.3 사고의 주요 발생요인

사고는 인간 행태, 차량, 도로환경요인 등 많은 요인의 복합적인 상호작용을 통해 발생하는 결과물로, 보행 · 자전거사상자 발생요인을 명확히 구분하기 어렵지만 영국 교통부에서 사고자료를 분석한 결과, 보행 · 자전거사고에는 발생요인 간에 다음과 같은 명확한 상관관계가 있다고 보고하고 있다.

〈 보행 · 자전거사고 발생요인 〉

- ▶ 승용차 속도는 보행 · 자전거사고의 심각도를 결정한다. 교통사고 시 보행 · 자전거이용자의 생존기회는 20마일/시 이상의 속도에서 급격히 감소한다.
- ▶ 자전거 사망사고는 화물차의 충돌로 인한 원인이 가장 높다. 2007년도에는 자전거 사망사고의 23%를 차지하고 있다.
- ▶ 음주운전으로 인한 보행, 자전거사고는 다른 도로이용자 사고에 비해 적은 편이다. 보행, 자전거 사망 · 중상 사고요인 중 음주운전으로 인한 원인은 7.5% 수준이다.

사고 발생요인 분석은 교통안전전략 수립 시 특정 그룹이나 요인에 맞는 정책수단을 도입함으로써 사업효과를 극대화할 수 있기 때문에 정책도입 시 필수적으로 검토해야 한다. 예를 들어 2007년도 자전거 사망사고는 화물차와의 충돌사고가 가장 많은데, 이는 화물차의 운전석이 낮아 운전석 좌측에 사각지대가 자주 발생하기 때문으로 두 수단 간 교통사고의 위험을 인식하도록 화물차 운전자와 관련 기관에 홍보하거나 화물차량 좌측에 광학렌즈(Fresnel lense)를 배포하는 등 사고 원인을 해소하는 정책이나 기법을 집중 도입함으로써 사업효과를 극대화할 수 있다.

8.3 영국의 녹색교통안전 추진체계 실태 분석

8.3.1 조직체계

(1) 교통부 내 관련 부서의 역할과 기능

도로교통안전의 주무부서인 교통부에서는 도로안전과, 교통관리과, 교통기술기준과, 자전거・지속가능교통과에서 보행・자전거 안전 관련 업무를 담당하고 있다. 또한 부처 내 업무관계는 <그림 8.4>와 같이 구성되어 있으나 필요에 따라 합동TF팀을 구성하기도 한다.

교통부서 내 주요과의 업무를 살펴보면, 먼저 ① 도로안전과는 도로교통안전정책을 총괄하는 주관과로, 보행・자전거 안전에 영향을 미치는 정책 및 지침을 마련하거나, 연구개발 사업관리, 시범사업・협력사업에 대한 국고지원계획을 수립하고 집행하는 한편, 운전기준청, 면허관리청 등 산하기관의 안전업무에 대해서도 공식적으로 연계 조정・관리하고 있다. 이 외에도 도로안전과 주관으로 중앙부처, 산하기관, 경찰 등을 포함하여 도로교통안전 관련 기관 대표로 구성된 도로안전전달위원회(RSDB)[28]를 신설하여 도로교통안전전략을 수립하고 안전정책의 협의 및 의견을 수렴하는 기능을 수행하고 있다. 또한 ② 교통기술기준과는 도로안전의 차량 공학적 기준을 개선하고 보급하는 업무를 담당하고, ③ 교통관리과는 지방자치단체 등 도로관리청에서 필요한 도로안전기법 및 자전거도로 구축지침 등 도로공학적 기준이나 지침을 개발하여 보급하고 있다. 이 외에도 ④ 자전거・지속가능교통과는 자전거 등 녹색교통 이용 증가를 위한 정책을 추진하고 있으며, 자전거사고 증가에 따라 도로교통안전과와 공조하여 자전거도로 안전대책을 마련하고 있다.

---

28) 도로안전전달위원회(Road Safety Delivery Board)는 교통안전의 정책적 목표 달성을 위한 문제와 장애요인을 해결하고 기관 간 협조체계를 강화하기 위해 2008년 3월 교통부, 내무부 등 중앙부처 산하기관, 경찰, 협회 등의 대표로 구성・운영 중에 있다.

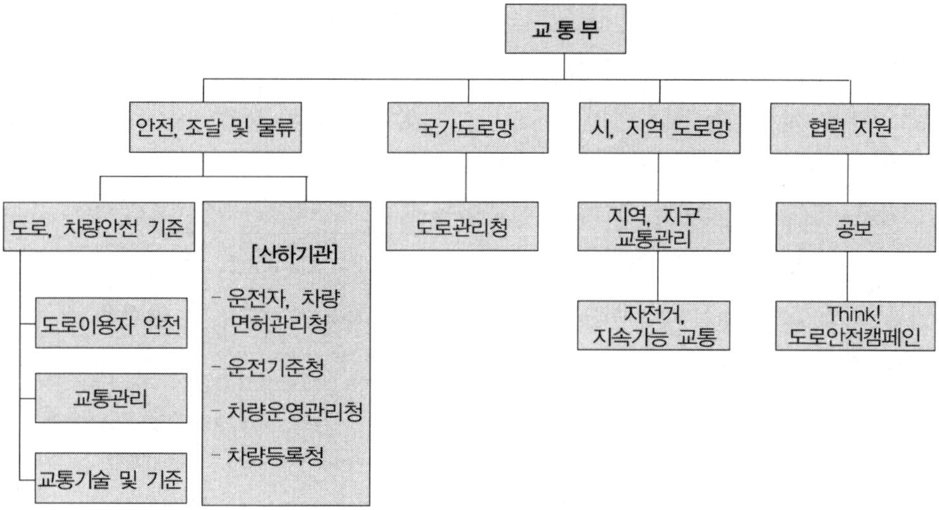

그림 8.4 교통부 내 교통안전 관련 부서의 기능과 역할
(출처: 영국 감사원(NAO))

(2) 타 기관과의 협조체계

교통부는 보행 · 자전거 안전과 관련하여 내무부, 지역자치부 등 타 중앙부처, 지방자치단체 및 도로관리청, 이익단체 등과 직접적 또는 간접적으로 관계를 가지고 있다. 타 중앙부처의 주요 업무와 협조체계를 살펴보면, ① 내무부(Home Office)에서는 지방자치단체의 도로교통안전전략과 경찰의 교통안전 업무의 성과를 관리하고 있어 교통부와 매우 밀접한 관계를 가지고 있다. 또한 ② 경찰청은 교통법규에 따라 치안 및 교통단속업무를 담당하고 있으며, 도로교통사고 통계를 관리하고 이를 교통부에 제공하고 있다. 한편 ③ 지역자치부(Department of Communities and Local Government)에서는 지역기반보조금(Area Based Grant)을 통해 교통부가 발의한 도로안전제도나 사업에 대해 지방자치단체가 사업의 투자우선순위에 따라 도로안전사업을 추진할 수 있도록 지원하고 있다.

다음으로 ④ 지방자치단체와 국도관리청 등 도로관리청에서는 관할 도로에 대한 교통안전사업을 추진하고 있다. 특히 도로관리청은 교통부에서 수립한 교통안전전략과 사업을 집행하기 때문에 사업일정이나 재원배분을 위한 의견교환 등 직접적인 업무관계를 가지고 있는데도 비주기적이고 비공식적으로 협조가 이루어지는 한계가 있었다. 또한 교통부에서는 교통안전사업에 대한 지침이나 가이드라인을 마련하여 도로관리청에 배포하고 있으나 연구보고서의 형태로 작성되어 실용적이지 못하고, 현장의 정보가 반영되지 않아 정보교류의 효과나 활용도가 낮은 실정이다.

마지막으로 ⑤ 도로안전 및 보행 · 자전거 관련 이익단체는 차량속도 감속구간의 확대, 특정 사고유형 및 그룹별 교통안전제도 도입 등 도로안전정책 또는 기법 도입이나 사업추진 시, 해당 이익단체나 지역주민의 의견을 적극적으로 밝히고 있다.

(3) 기관 간 협조체계 개선

영국의 보행 · 자전거 안전 관련 기관 간 협조는 교통부 내, 부서 간, 중앙부처 간, 지방자치단체 등과 비공식적이거나 임시적인 형태로 이루어지고 있어, 기관별 정책목적, 목표가 상충하거나 사업예산 확보를 위해 불필요한 경쟁을 유발하게 되었다. 이에 따라 국무조정실에서는 교통부 성과평가보고서(2007)에서 교통안전정책의 수립 및 전달체계가 효율적이지 못하므로 교통부 내에 고위 공무원을 회계관리자(Account Manager)로 배정하고, 주요 관련 기관과 대상 사업 등을 선별하여 집중관리하는 중점관리제도(Focal Point Initiative)를 마련하고 관련 기관과의 협조관계를 더욱 체계화하도록 하였다.

또한 도로안전의 주관부처인 교통부에서도 도로안전정책 목적의 달성을 위해 각 단체와의 협조관계의 중요성에 따라 우선순위를 두어 사업을 수립하여 예산을 배정 · 지원하거나 조정하지 못하였다. 이에 대해 영국 감사원(NAO)에서는 관련 기관과 담당자 간의 협의 부족, 기관 간 협조관계에 대한 우선순위 부족으로 도로교통안전분야의 정책집행이 효율적이지 못하거나 업무의 사각지대가 발생할 수 있기 때문에 관련 기관 간 협조체계를 개선하도록 하고, 이를 위해 교통부의 도로안전 관련 부서 내에도 부서별로 서로 다른 우선순위 관계를 구축하고, 부서 간 역할과 기능을 명확히 할 뿐만 아니라 도로안전정책에 큰 영향을 미치는 타 부처나 관련 기관에 대해서도 그 역할과 기능, 재원배분, 협조에 따른 강점과 약점을 분석하여 타 조직과의 관계의 우선순위, 강도 · 질적 수준을 정기적으로 검토 · 조정하도록 하였다.

8.3.2 추진전략

(1) 도로교통안전10개년전략

교통부는 2000년 3월 도로안전 관련 기관에 분명한 정책목표를 제공하기 위해서 '도로교통안전10개년전략'(2000~2010년)을 발표하여 도로교통안전정책의 성과목표치를 제시하였다. 이 전략은 보행 · 자전거를 포함한 도로이용자의 그룹별 사상자 감소에 대한 성과목표치를 다음과 같이 제시하고 있다.

〈 도로교통안전10개년전략 목표 〉

- ▶ 도로교통 사망 · 중상자 40% 감소
- ▶ 어린이 도로교통 사망 · 중상자 50% 감소
- ▶ 도로교통 경상자 수 10% 감소

주: 1994~1998년도 평균값 대비 2010년도 성과목표치

위 전략은 <표 8.4>와 같이 지난 10년간 영국의 도로교통안전분야의 정책적 성과목표치를 달성하기 위한 10개 전략을 정립하고 이에 따른 175개 정책수단을 규정하고 있다. 10개 전략의 내용은 운전자 행태, 도로환경, 차량요인을 포괄적으로 다루고 있기 때문에 단기간에 쉽게 목표를 달성하기 어렵지만 관련 기관에 명확한 정책 방향을 제시하여 기관 간 정책목적의 상충을 해소하는 데 기여하고 있다.

또한 유관기관에서 이 전략에 따라 추진하는 175개 정책수단 중 43개는 보행 · 자전거 안전에 직접적인 영향을 주는 수단이며, 나머지 132개는 음주운전자를 줄임으로써 보행 · 자전거사고의 리스크를 간접적으로 줄일 수 있도록 음주운전단속을 강화하는 등 간접적인 영향을 주는 정책수단으로 구분된다.

(2) 전략적 접근방식의 한계

스웨덴, 노르웨이, 네덜란드, 호주 등 많은 선진국가에서는 도로교통안전전략을 추진하면서 사고 예방, 사고 발생 시 신속한 현장대처로 사고피해 최소화, 사고 발생으로 인한 사상자의 신속한 치료가 가능하도록 전체적인 교통안전시스템을 효과적으로 관리하는 '전체시스템접근방식(Whole System Approach)'

표 8.4 도로교통안전10개년전략 주요 내용

전략	내용	자전거 · 보행안전 정책수단
전략1: 어린이 안전	보행 · 자전거 이용이 많은 어린이 통학 등 활동에 초점	• 어린이 보행훈련 • 학교 내 도로안전교육 • 통학안전계획, 교통안전 클럽활동
전략2: 운전자 안전 (교육, 검사)	운전자에게 다른 도로이용자에 대한 안전의식을 고양하여 보행 · 자전거사고 리스크를 감소시킴	
전략3: 운전자 안전 (음주, 졸음)		
전략4: 안전한 인프라	모든 도로이용자의 도로안전 개선을 위한 도로환경 정비	• 보행환경 개선 등 인프라 개선사업 • 자전거 시범사업
전략5: 안전속도	보행 · 자전거 통행에 적합한 도시부 속도제한 설정 · 단속	• 20 mph 존, 30 mph 존 확대 • 단속카메라 확대 • 속도제한 공익광고
전략6: 차량안전	차량 내 탑승객을 목표로 하지만 자전거 안전에도 간접적 효과 있음	• 광학렌즈 부착 확대
전략7: 오토바이 안전	오토바이 안전 개선은 보행 · 자전거사상자에 간접적 영향이 있음 ※ 2007년도 오토바이 대 보행자 충돌사고로 25명 사망	
전략8: 보행 · 자전거 안전	보행 · 자전거이용자 안전프로그램 개발 · 집행	• 보행 · 자전거 충돌 시 충격을 최소화하는 차량 표준 제정 • 인근 지구 도로안전제도 • 시범사업 및 협력보조금사업 지원 • 지속가능한 교통도시사업 등
전략9: 단속 강화	모든 도로이용자 대상 법령 위반 단속 및 안전 계도	• 운전부주의 등 불법운전 단속 • 안전의식 조사
전략10: 도로이용자 안전 증진	모든 도로이용자 대상 안전 홍보	• 보행 · 자전거이용자 안전 공익광고 • THINK! 도로안전 국가홍보캠페인

을 채택하고 있다. 특히 호주의 도로안전전략은 사고 심각도에 중요한 영향을 미치는 초기 응급구조, 견인조치, 사고치료 등 사후 사고처리 단계를 포함하고 있다. 반면, 영국 교통부는 교통사고의 국지적 문제해결 및 지방자치단체의 도로교통안전 개선사업과 공학적 기법에 대한 모범사례(Best Practice)를 지원하고 전국적으로 전파하는 데 중점을 두고 있다.

이에 대해 NAO에서는 도로교통안전전략에 대한 성과평가를 위해 8가지 초점을 두어 국가 간 비교하여 점검한 바 있는데, 영국의 도로교통안전전략은 초점 1, 2, 5, 7에서 이 선진국가들에 비해 상대적으로 부족한 것으로 나타났다.

〈도로교통안전전략 성과평가를 위한 초점〉

▶ 초점 1: 보행 · 자전거를 포함한 도로교통사고 감소를 위한 국가적 장기 전략이 있는가?

▶ 초점 2: 도로교통안전전략이 전체 시스템 접근방식을 기반으로 하고 있는가?

▶ 초점 3: 도로교통안전전략이 보행자, 자전거사고 감소를 위한 구체적인 사업을 담고 있는가?

▶ 초점 4: 국가나 지자체는 성과측정이 가능한 계량화된 목표를 가지고 있는가?

▶ 초점 5: 자전거 · 보행에 대한 분리된 별도의 목표를 가지고 있는가?

▶ 초점 6: 목표는 최종 산출물(Outcome)에 기반하여 수립되었는가?

▶ 초점 7: 최종 산출물 달성을 측정하기 위한 중간적 지표를 채택하고 있는가?

▶ 초점 8: 다른 조직과의 네트워크 전달을 위한 공식적인 체계를 가지고 있는가?

(3) 전략의 성과목표치 집합화 문제

위 전략에서 제시한 성과목표치에 대한 실적자료를 살펴보면 <표 8.5>와 같이 1994~1998년 5년간 평균값과 비교해서 2010년도까지 사망 · 중상자의 40%, 어린이 중상 · 사망사고 50%, 100만 여객 · km당 경상사고율을 10% 감축하는 것으로 2007년까지 각각 36%, 55%, 32% 감소하였다. 특히 보행의 사망 · 중상자는 41%, 자전거의 사망 · 중상자는 31%까지 감소하여 교통부에서는 성과목표치를 달성한 것으로 자체 평가하고 있다.

표 8.5 도로안전정책 목표값 변동 추이 (단위: %)

구 분		2010년도 당시 목표값	2007년도 기준
사망 · 중상자 수 감소비율	사망	-	18
	중상	-	37
	소계	40	36
어린이 사망 · 중상자 수 감소비율	사망	-	53
	중상	-	55
	소계	50	55
100만 여객 · km당 경상자 수 감소비율		10	32

주: 1994~1998년 평균값 기준으로 해당 연도의 감소율을 산정

그러나 위와 같은 10년간의 장기간 성과목표치를 도로이용자 그룹별, 사고

유형별로 집합화하여 사용하면 취약한 사고유형에 대한 특징을 구체적으로 설명하기 어렵고, 전략기간 내 변화를 정확하게 구분할 수 없기 때문에 중간적 성과목표치를 도입하는 것도 바람직하다. 이와 관련하여 NAO(2009)에서는 전략의 성과목표치가 사망자와 중상자를 하나의 지표로 집합화하여 사용하면서 중상자 수가 사망자 수의 10배가 넘기 때문에 사망자 수의 교통사고 추이가 반영되지 못하는 한계가 있다고 지적하였다.

사망 · 중상자 수의 변화율

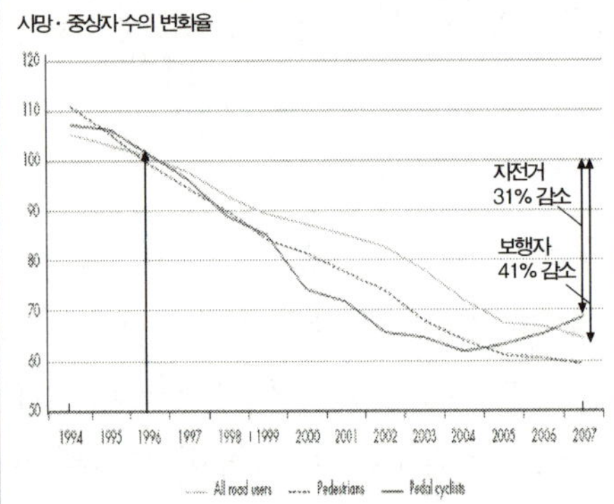

주: 1994 ~ 1998년 평균값을 100으로 산정

그림 8.5 도로교통사고의 사망 · 중상자 수 변화 추이(출처: 영국 교통부)

100만 여객 · km 사고율의 변화율

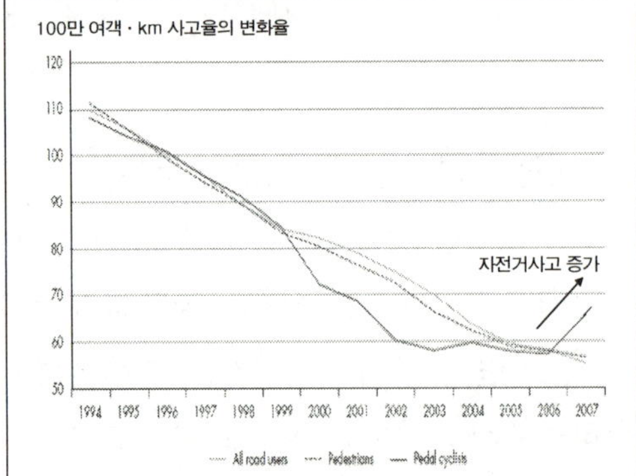

주: 1994 ~ 1998년 평균값을 100으로 산정

그림 8.6 도로교통사고의 100만 여객 · km 사고율 변화 추이(출처: 영국 교통부)

또한 <그림 8.5>, <그림 8.6>과 같이 자전거의 사망 · 중상자 수는 1994 ~ 1998년 5년간 평균값을 100으로 했을 때, 2000 ~ 2004년까지는 감소하다가 2004 ~ 2007년까지 11%, 또는 100만 여객 · km 기준으로 15%까지 다시 상승하고 있는 추세이다. 지난 10년간 자전거 이용을 확대시키기 위해 자전거도로를 확충하였는데도 자전거 통행속도는 43마일에서 39마일로 감소한 반면, 자전거사고는 2003년 이후 꾸준히 증가하고 있으나 이와 같은 집합화된 성과목표치에서는 이러한 변화를 확인할 수 없었다.

8.3.3 주요 추진사업 및 프로그램

(1) 도로교통안전 관련 사업 선정

교통부는 지방자치단체 등 도로관리청이 해당 지역의 여건에 적합한 정책

수단을 도입하고 도입과정에서의 장애요인을 제거하고자 정책적 지원을 하고 있다. 대표적인 교통부의 도로교통안전사업은 시범사업과 협력사업이 있으며, 사업추진 시 정책수단으로 3E[29](Engineering, Education, Enforcement)를 적극 활용하고 있다.

또한 교통부는 도로안전을 위한 혁신적인 기법을 도입하기 위해 선정된 시범사업에 대해 국비를 지원한다. 2001년 12월부터 2009년 3월까지 30개 지방자치단체에 2,800만 파운드를 재정지원하여 4개 시범사업을 추진하고 있다. 이 시범사업은 보행·자전거 안전뿐만 아니라 일반적인 도로안전에 관련된 사업으로 혼잡가로개선사업, 인근 지역 도로안전개선사업, 도시 내 도로안전개선사업, 지방도 도로안전개선사업이 이에 해당하며 사업 내용은 다음과 같다.

- ▶ 혼잡가로개선사업(Mixed Priority Route): 교통량이 많고 보행, 자전거, 버스, 통학 어린이 등 도로이용자가 많은 도로의 교통안전개선을 위한 사업(10개 지자체 시행)
- ▶ 인근 지역 도로안전개선사업(Neighbourhood Road Safety Initiative): 어린이 보행사고가 많고 낙후된 지역을 대상으로 하는 교통안전개선사업(15개 지자체 시행)
- ▶ 도시 내 도로안전개선사업(Inner City Road Safety): 인근 지역 도로안전개선사업과 유사하지만 도시부 중 버밍엄 시내 낙후지역에 초점을 두고 시행한 대규모 교통안전사업(1개 지자체 시행)
- ▶ 지방도 도로안전개선사업(Rural Road safety): 지방자치단체에서 지방부도로의 사상자를 줄이기 위한 모범사례를 제시하기 위해 시범적으로 추진한 사업(4개 지자체 시행)

교통부는 지방자치단체의 도로안전사업을 독려하기 위해 지자체가 직접 도로안전사업을 추진하도록 56개 협력사업(Partnership Grant Project)을 지정하고 이에 대해 1,100만 파운드를 재정지원하고 있으며, 이 중 보행·자전거 안전개선에 직접적인 영향을 주는 사업은 18개 사업, 약 400만 파운드 이상이 사용되었다. 협력사업은 2년간 계속사업으로 운영되는데, 2006년 10월 지방자치단체로부터 신청을 받아 2007년부터 2년간 계속사업으로 추진되어 3번째 라운드를 운영 중에 있다. 첫 번째 라운드는 2007∼2009년도 27개 사업 530만

29) 여기서 3E는 교통안전의 정책수단으로 공학(Engineering), 교육(Education), 단속(Enforcement)을 의미하는데, 공학적 기법은 도로 또는 차량안전을 개선하는 물리적 수단을 의미하고, 교육은 도로이용자의 행태, 태도, 지식에 영향을 미치는 교육, 훈련, 홍보를 의미하는 것이며, 단속은 도로교통법을 위반한 개인에 대해 단속하는 정책수단을 의미한다.

표 8.6 교통부의 도로안전시범사업과 협력보조사업 재정지원 규모 (단위: 천 파운드)

구 분		08년 3월까지	FY 08-09년	FY 09-10년	합계
시범사업	혼잡가로개선사업	10,000	–	–	10,000
	인근 지역 도로안전개선사업	15,396	–	–	15,396
	도시 내 도로안전개선사업	2,527	3,473	–	6,000
	지방도 도로안전개선사업	–	2,644	3,353	5,997
	소계	27,923	6,117	3,353	37,393

구 분		FY 07-08년	FY 08-09년	FY 09-10년	FY 10-11년	합계
협력사업	1라운드(07~09년)	3,022	2,323	–	–	5,345
	2라운드(08~10년)	–	1,407	750	–	2,157
	3라운드(09~11년)	–	–	2,342	1,216	3,558
	소계	3,022	3,730	3,092	1,216	11,060

파운드, 두 번째 라운드는 2008~2010년도 19개 사업 220만 파운드, 세 번째 라운드는 2009~2011년도 10개 사업 350만 파운드로 합계(56개 사업) 1,100만 파운드를 시행 중에 있다.

(2) 개별 사업의 평가 및 효과 검증

교통부는 이 사업에 참여한 도로관리청으로 하여금 해당 사업의 사업평가를 시행하도록 하고 있으며 이를 위해 평가방법론에 대한 가이드라인을 제공하고 있다. 따라서 사업평가 시 사고건수의 변화를 모니터링하는 것을 기본으로 지방자치단체별로 도로이용자의 행태변화를 위한 설문조사, 교통안전프로그램 훈련자 수 등 다양한 평가척도나 분석방법을 사용하기도 한다. 그러나 사업평가는 기본적으로 사고 감소 등의 교통사고 이력자료의 수집에 많은 시간이 소요되어 단기간에 사업효과를 측정하기 어렵고, 교육·훈련을 포함한 도로안전 정책수단의 효과성을 정량적으로 계량화하기가 쉽지 않다.

먼저, 교통부가 국고지원하는 시범사업과 협력사업은 보행·자전거사고를 줄이기 위해 도로의 설계변수를 조정하는 공학적 기법을 많이 활용하고 있다. 예를 들어 20 mph 존 내에 험프 설치 등 공학적 기법을 적용하여 속도를 제한하는 경우, 존 내의 사고건수나 치명도를 감소시킨다는 연구결과가 많이 보고 되고 있다(영국 교통연구소, 1996 등). 이러한 공학적 기법에 대해 교통사고의 감소효과를 검증할 가장 객관적인 방법은 해당 지점에서 정책수단 도입 이후 도입 이전에 비해 교통사고의 이력자료가 얼마나 변화되었는지를 비교하는 것이다.

NAO에서는 2009년 도로관리청이 공학적 기법을 적용할 때 직면한 문제를 확인하기 위해 버밍엄[30]과 브링턴 사업[31]의 사례를 분석하였는데, 이 사업은 사업추진 시 이해관계자들에게 동의를 구하고 민원을 협의하는 데 시간이 많이 소요되어 교통부에서 국고지원하면서 제시한 공사일정을 맞추지 못하고 있었다. 이에 교통부는 공기를 준수하는 경우 인센티브를 주는 방향으로 유도하고 있으나, 이보다 사업의 완성도를 높이고 교통사고 이력자료를 수집하여 사업의 성과를 검증하는 데 사업기간의 유연성이 확보될 필요가 있다고 건의하고 있다.

또한 지방자치단체에서는 이 사업의 효과를 검증하기 위해 사상자 수, 차량 교통량, 보행자 교통량과 보행자 행태변화 모니터링 등을 포함한 상세한 평가 계획을 수립하였다. 특히 버밍엄 시에서는 교통부의 평가자문과 외부 컨설턴트를 통해 다음과 같은 항목을 중심으로 사업을 평가하였는데 국내 유사 사업의 평가기준으로 참고할 만하다.

〈 버밍엄 시 도로안전시범사업의 성과평가 기준 〉

▶ 공학적 기법이 도로안전에 어떠한 영향을 미쳤는지?
▶ 도로안전정책과 도시재생 등 다른 아젠다와 잘 통합되는지?
▶ 다양한 지역사회 내 구성원의 참여가 이루어지는지?
▶ 도로안전에 대한 지역사회의 의견이 잘 반영되었는지?
▶ 레저 기회가 확대되고 직장까지 접근성이 개선되어 삶의 질이 개선되었는지?

---

30) 버밍엄 시내 도로안전시범사업은 도시 내 도로안전시범사업의 일환으로 교통부로부터 국고보조 600만 파운드를 지원받아 2004년부터 2010년까지 추진된 사업이다. 또한 낙후도가 높은 지역 내 소수민족의 거주지를 주 대상으로 모든 도로이용자의 도로환경 개선을 위해 보행과 자전거 통행 개선을 위한 교통정온화, 교차로 재설계(Junction redesign), 일방통행제와 같은 공학적 기법을 도입하였다.

31) 브링턴과 후버가로 개선사업은 협력사업으로 교통부로부터 77만 파운드를 보조받아 2007년부터 2009년까지 추진한 사업으로, 주로 보행자와 버스승객을 위해 주요 가로축을 따라 승용차 속도를 감소시키고 보행동선에 맞도록 횡단보도의 위치를 조정, 신설하거나 장애물을 없애는 등 보행환경을 개선하는 한편, 자전거 · 보행안전에 대한 교육, 홍보 및 훈련을 지원하는 사업이다.

다음으로 영국의 대표적인 도로교통안전 교육·훈련·홍보기법인 'The THINK!' 캠페인은 회계연도 2007~2008년 기준으로 연간 도로안전예산의 50%인 1,760만 파운드가 소요되는 비중이 매우 높은 사업이다. 'The THINK!' 캠페인은 2008년도 기준으로 12개 홍보캠페인을 하나의 브랜드로 종합적으로 운영하고 있으며 이 중 2개 캠페인은 보행·자전거 안전과 직접적인 관련이 있고, 다른 10개 캠페인은 다른 도로이용자의 행태변화에 따라 보행자·자전거이용자에게 간접적인 편익을 가져다 준다.

또한 영국의 도로안전교육·훈련 중 특징적인 것은 교통안전에 취약한 대상 그룹에 초점을 맞추어 교육을 집중함으로써 사업의 효과를 높이는 것이다. 예를 들어 영국의 대표적인 어린이 보행안전 교육제도인 Kerbcraft는 어린이 그룹(5~7세)을 대상으로 실제 도로변에서 안전실습을 실시하는 것으로, 보행이 안전한 노선 및 장소, 교차로, 주차된 차량 주변 보행요령을 훈련받은 지원자와 어린이 3명이 그룹을 지어 학교 주변의 도로환경에서 함께 이동하면서 안전교육을 실시하는 것이다.

이러한 교육·훈련·홍보수단은 도로이용자의 행태변화를 목적으로 하기 때문에 공학적 기법과 달리 특정 현장에서 단기간에 해당 그룹의 교통사고 감소 실적만으로 사업효과를 확인하기는 어렵다. 따라서 교통부에서는 'The THINK!' 캠페인에 대한 사업효과를 검증하기 위해 도로안전브랜드에 대한 인지도, 다른 사회적 이슈에 비한 도로안전의 중요도에 대한 인지도 변화를 매 5년마다 설문조사하여 교통안전캠페인의 효과를 측정하고 있다. 가장 최근에 조사한 결과(2006)에서는 5명 중 4명이 'The THINK!' 로고를 인지하고, 5명 중 1명이 과거 5년 전보다 도로가 안전해졌다고 응답했으며, 5명 중 1명은 도로안전이 가장 중요한 사회적 이슈 3개에 속한다고 응답했다.

8.3.4 사고 조사 및 통계 관리

(1) 교통사고데이터베이스 체계

영국에서는 경찰이 사고현장에서 경찰청의 교통사고조사양식(Road Accident Report)에 따라 조사결과를 기록하고 교통부가 제정한 공통 양식인 STATS19을 이용하여 교통사고자료를 재정리한 후 지방정부 도로관리청 또는 교통부로 자료를 제공하고 있다. 또한 사망사고에 대해서는 별도의 사망사고조사양식을 활용하여 관리하고 있다. 영국 교통부는 각 경찰청 및 지방자치단체로부터 STATS19사고자료를 수집하며, 이때 자료가 논리적으로 맞지 않으면 자료제공자에게 문제점에 대한 설명과 함께 다시 자료를 제출하도록 요구하고 있다. 영국 정부는 사망사고에 대해서는 별도의 데이터베이스를 구축하고 있으며 사망사고데이터베이스는 STATS19데이터베이스보다 상세한 정보(차량 종류, 보호장구 착용 상태, 충돌 당시 속도, 사고원인 등)를 관리하고 있다.

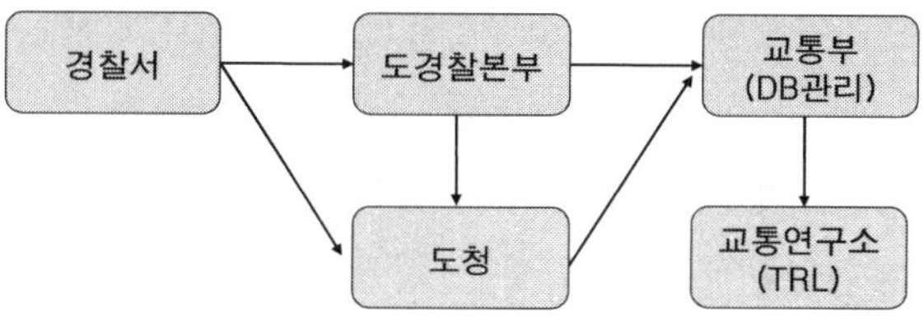

그림 8.7 영국 교통사고데이터의 수집 및 관리체계
(출처: 삼성안전문화연구소)

(2) 교통사고 통계의 신뢰성 문제

교통부는 경찰청에서 수집된 사고통계를 사용하는데, 모든 교통사고데이터가 경찰청에 접수·기록되지 않기 때문에 교통사고가 과소보고되는 문제(Under-reporting Problem)가 지적되어 왔다. 이러한 과소보고문제의 원인은 첫째, 인사사고는 사상자의 부상이 심할수록 경찰에 보고될 확률이 높은데, 여기서 심각한 사상자의 정의가 애매하고 광범위해서 주로 병원에 입원하는 골절 치료 등은 포함되지만, 멍, 타박상 등과 같이 입원이 필요치 않은 치료는 교통사고통계에서 누락되는 경우가 많다. 둘째, 경찰관이 사고를 기록할 때 중상에 해당하는 심각한 인사사고를 경상사고로 임의로 판단하여 간략히 처리함으로써 중상사고가 과소보고되는 것으로 나타났다. 뿐만 아니라 사고 직후 사고요인에 대한 기록도 경찰관의 주관적 시각에서 기록하여 사고요인에 대한 객관적인 요인을 파악하기 어렵고, 복합적인 사고요인이 있는 경우 사고요인 간 우선순위(Ranking)가 없는 문제가 있다. 예를 들어, 2007년도 교통부의 사고조사보고서에서는 보행자사고의 56%, 16세 이하 어린이사고의 70%,

자전거사고의 48%가 운전자 부주의로 단순 분류되어 모든 도로이용자 카테고리에서 도로사고의 주 요인이 운전자 부주의로 표기됨으로써 데이터베이스의 신뢰성이 낮다는 문제가 제기되었다.

이에 따라 교통부에서는 1970년대부터 과소보고문제를 개선하기 위해서 연구개발사업을 통해 정확한 사고통계를 확보하려 노력하고 있으나 현재까지 연구기관의 연구결과마다 사고통계값에 대해 상당한 차이를 보이고 있는 것으로 파악되었다. 이와 관련하여 NAO에서는 2006년 3월부터 2007년 3월까지 1년간 병원의 입원데이터베이스와 경찰청의 사고데이터베이스를 비교한 결과, 보행・중상자 수가 병원에서는 7,688명인 반면 경찰청에서는 5,452명으로 파악하고 있어 29%가 누락되고 있었으며, 자전거중상자의 경우 병원에서 파악된 수는 6,956명인 반면 경찰청에서는 2,119명으로 70%가 누락된 것으로 나타났다. 또한 노동연금부에서 관리하는 자동차보험데이터베이스는 같은 기간 도로교통분야의 사상자 수(사망・중상・경상 포함)는 504,000명으로 경찰청에서 보고한 247,780명의 두 배에 달하는 것으로 나타났다. 이 외에도 교통부에서는 2007년도 국가교통조사 시 실시한 설문조사에서 16세 이상 응답자를 대상으로 지난 12개월 동안 도로 상에서 인사사고를 당한 적에 있느냐는 질문에 1.8%가 '있다'고 응답하였는데, 이를 2007년도 영국 인구(약 4,800만 명)에 곱하여 도로교통사상자 수를 재추정하면 약 865,000명으로 경찰청 교통사고통계의 3배에 달하는 것으로 추정된다. 따라서 NAO에서는 교통부에 경찰청의 사고데이터뿐만 아니라 보건부의 병원입원데이터, 재난응급구조데이터와 노동연금부의 보험연금지급데이터, 보험협회의 보험지급데이터베이스, 국가교통조사 등 가용한 데이터베이스를 연계하여 검증자료로 적극 활용함으로써 도로교통사고데이터의 신뢰성을 높이도록 권고하였다.

8.4 정책적 시사점과 향후 과제

지금까지 영국의 녹색교통 활성화 정책이 도로교통안전에 미친 영향과 함께 영국의 녹색교통 안전관리체계의 문제점과 정책적 쟁점사항을 중심으로 살펴보았다. 우리나라에서도 녹색교통을 확충하기 위한 정책을 추진하면서 자전거도로를 확충함에도 불구하고 자전거 이용은 늘어나지 않은 반면 치명도가 높은 인사사고는 증가하는 영국의 사례에 대한 면밀한 검토가 필요하다고 판단되며, 이러한 측면에서 이 영국 사례가 주는 정책적 시사점과 향후 과제에 대해서 소개하고자 한다.

첫째, 자전거도로의 확충에도 이용이 늘지 않고 사고만 증가하는 원인을 이해하고 우리나라 자전거도로 확충사업 추진 시 이에 대한 대책을 반영할 필요가 있다. 이를 위해 무엇보다도 자전거도로에 대한 시민들의 정책적 수용도를 생각할 필요가 있다. 먼저 수요가 적을 것으로 예상되는 지방부의 자전거에 대한 수요가 구체적으로 얼마인지도 모르는 상황에서 자전거도로에 대한 공급만을 늘리는 것은 투자재원의 효율적 이용이라는 측면에서 재검토되어야 한다.

더욱이 도시부도로는 첨두시 도로용량에 근접하게 운영되고 있어 혼잡통행료 등 수요절감대책이 필요하나, 선출직 지방자치단체의 장이 시민에 경제적 부담을 주는 요금정책을 당장 선택하기는 어려운 실정이다. 이러한 도로교통 조건에서 도시부도로의 차로를 줄여서 도로다이어트를 실시하고 자전거도로를 확충한 후에도 자전거 이용에 대한 국민의식이 획기적으로 전환되지 않아 현재처럼 자전거에 대한 수요(수단분담률)가 낮다면, 꽉 막힌 출근길 도로 옆으로 텅빈 자전거도로가 방치되는 도로 현장이 나타날 수도 있다.

둘째, 승용차의 속도는 보행·자전거사고의 심각도와 밀접한 관계를 가지고 있어 속도제한이나 험프 설치 등을 통해 승용차 속도를 낮추는 방안에 대한 검토가 필요하다. 즉 현재 추진되는 자전거도로는 도시 내 기존 도로 상에 자전거도로가 보도 또는 차도를 공유하는 방식으로 추진되면서 보행자와 차량의 상충이 자주 발생하게 된다. 결국 상충으로 인한 교통사고의 리스크를 줄이기 위해서는 기존 도로의 승용차 운행속도를 낮추어야 하는데 이에 대해 운전자가 용인할 준비가 있는지에 대해서도 검토가 필요하다. 또한 이러한 감속운행은 경제운전에 비해 잦은 가·감속으로 인해 또 다른 비경제적, 비환경적인 요인을 유발할 수도 있어 설치지점 및 방법 등 설치기준에 대한 면밀한 검토가 함께 필요하다.

셋째, 녹색교통과 관련하여 활동하는 기관 내 또는 기관 간에 조직적인 협조체계를 강화하는 방안을 마련할 필요가 있다. 국내에서도 그동안 행정안전부, 국토해양부 간에 각각 수립한 자전거도로 계획이나 설치기준이 통합적으로 정립되지 못했고, 운영을 담당하는 경찰청에서는 차량에 비해 녹색교통(보행, 자전거)에 대한 참여나 관심이 상대적으로 부족한 실정이다. 또한 자전거 이용의 확대나 안전한 이용은 운전자 행태와 관련이 있기 때문에 공공기관이나 시민단체와의 협조도 매우 중요하다. 따라서 공공기관에서는 유관기관이나 단체의 중요도에 따라 협조 대상자의 우선순위를 정하고 이에 따라 사업계획과 사업예산을 배정하는 등 협조체계를 마련하는 것이 필요하다.

넷째, 녹색교통수단의 도입에 따라 이에 대한 교통안전전략이나 사업계획이 성과목표치와 연계되어 합리적으로 수립되어야만 효율적인 사업추진이나 재원의 배분이 가능하다. 특히 사업투자에 따른 효과를 사업기간 내에 합리적으로 모니터링할 수 있도록 성과목표치를 과도하게 집합화하지 않도록 하고, 장기 전략의 경우 기간 내 주요 시기나 사업에 대한 점검이 가능한 중간적 지표를 도입하는 것도 필요하다. 또한 교통안전전략 수립 시에는 영국과 같이 국지적인 교통안전에 대한 문제를 해결하기 보다는 노르웨이, 스웨덴 등 교통안전 선진국과 같이 사고발생단계부터 후송 및 치료단계까지 종합적인 접근방법(전체 시스템 접근방식)에 대해서 검토할 필요가 있다. 또한 영국의 사례와 같이, 신규 사업을 발굴할 때에는 교통수단이나 연령 등 특정 이용자 그룹별로 교통사고 트렌드를 반영하여 취약한 그룹에 대해 집중적으로 관리하는 것이 사업효과가 우수한 것으로 판단된다. 우리나라의 경우에도 자전거 교통사고가 꾸준히 증가하면서 자전거 · 자동차 혼용도로의 도로폭이 6 m 미만인 지방자치단체가 관리하는 도로 상에서 6월과 10월 사이, 16시~20시 야간시간대에, 65세 이상 노인비율의 사고가 많이 발생하는 특징을 가지므로 이에 대해 3E(Engineering, Education, Enforcement)의 정책수단을 이용하여 집중 관리할 필요가 있다.

다섯째, 도로교통안전전략에 부합하는 녹색교통 관련 교통안전사업을 추진할 때에는 영국의 시범사업이나 협력사업 형태로 사업을 적극 발굴하여 국고지원을 통해 보급할 필요가 있다. 이때에는 지방자치단체에서 해당 지역의 특성에 맞는 정책수단을 발굴하여 사업의 투자우선순위에 따라 도입하도록 하고 사업성과에 대한 평가를 실시해 사업의 효과를 검증하는 등 체계적 사업관리체계가 필요하겠다. 또한 부처 간, 부처 내 부서 간 사업이 중복되거나 사업기간이나 일정이 비효율적으로 추진되어 예산이 낭비되지 않도록 지역별로 묶어 패키지화하여 사업을 추진하거나 적어도 도로관리청에서 집행단계에 사업설계 및 시공일정을 조정하고 관리하는 합리적인 사업관리가 이루어져야 하겠다.

여섯째, 중앙부처와 도로관리청에서 도로교통안전전략을 수립하고 적정한 정책수단을 선택하기 위해서는 정확한 도로교통사고의 데이터베이스를 구축하고 이를 분석·관리하는 체계가 정비되어야 한다. 영국뿐만 아니라 대다수 국가에서도 교통사고통계가 과소보고되어 사고요인에 대한 정확한 파악이 어려운 문제를 안고 있다. 우리나라에서도 도로교통사고 통계가 병원, 보험, 경찰, 운송사 등 기관별로 산발적으로 관리되고 있는데, 영국 사례와 같이 교통사고데이터베이스를 상호비교 검증하여 통합 관리함으로써 교통사고데이터의 누락을 방지하고자 하는 노력이 절실히 필요하겠다.

참고문헌

1. 감사원(2009), 도로교통안전실태감사 보고서
2. 도로교통안전공단(2010), 자전거 교통안전을 위한 공청회 자료집
3. 국토연구원(2010), 도로정책Brief 제28호
4. 신희철(2010), 영국 자전거정책의 잃어버린 10년과 그 시사점, 월간교통 통권 제145호
5. NAO(2009), Improving road safety for pedestrians and cyclists in Great Britain
6. DfT(2008), Transport Statistics Bulletin: Road Casualities Main Results 2007

09

도시교통정책의 정책 방향과 혁신과제

싱가포르 육상교통정책의 사례를 중심으로

Innovation and challenges in urban transport policy and adminstration

"나는 오늘날 싱가포르가 있기까지 험난한 역정을 국민들이 반드시 알아야 한다고 생각해 왔다. 무엇보다도 정직하고 유능한 정부, 공공질서와 안보가 보장되는 사회, 사회적·경제적 발전 등이 저절로 생겨난 것이 아님을 국민이 기억해 주기를 바랄 뿐이다."

– 싱가포르 전 총리 리콴유(리콴유 자서전 중에서)

9.1 개요

말레이반도 끝자락에 위치한 서울특별시 크기의 작은 나라지만 연평균 7~8%대의 고도성장을 지속하면서 국가경쟁력 순위 1~2위를 줄곧 고수하는 강한 나라, 이 나라가 바로 싱가포르이다. 국토면적이 700 km^2로 매우 작고, 천연자원과 자본이 부족한 싱가포르는 국가적 생존전략으로 지정학적 장점을 이용하여 개방적인 자유시장체제를 도입하고 자본과 기술을 보유한 다국적 기업을 유치하는 방식을 채택하여 자국의 경제를 지속적으로 성장시켜 왔다[32]. 싱가포르는 '아테네 이후 가장 놀라운 도시국가'라는 찬사에 걸맞게 다국적 기업의 투자를 활성화하기 위해 외국인이 방문했을 때 살고 싶은 느낌이 들도록 세계 최고(World Best) 수준의 도시 인프라를 구축하고자 노력해 왔다. 특히 교통시스템 도입에 있어서는 섬나라라는 토지공급의 한계를 극복하기 위해 효과적인 교통망을 구축하는 동시에 적극적인 교통수요 관리와 대중교통 활성화를 양대 축(Two-Tiered)으로 하는 교통정책을 추진하여 혁신적인 도시교통시스템을 구축하고 있는 교통행정의 모범국가로 자리 잡고 있다.

우리나라 역시 싱가포르와 유사한 제약조건(좁은 국토, 부족한 자원 · 자본)을 극복하고, 산업화 · 정보화를 통해 빠른 경제성장을 이룩하였으나, 이를 지탱하는 우리의 도시교통인프라는 인구의 과도한 수도권 집중, 교통인프라가 뒷받침되지 않은 침상도시의 난립 · 난개발로 인해 고질적인 교통체증을 경험하면서, 도시 생활에 있어 삶의 질뿐만 아니라 국가경쟁력을 떨어뜨리는 문제점을 안고 있다. 이로 인해 사회 각계에서는 더 늦기 전에 도시교통시스템의 혁신적 변화가 필요하다는 진단을 내리고 있다.

따라서 본 장에서는 그동안 국제회의와 현지 출장을 통해 취득한 싱가포르의 혁신적인 모범사례(Best Practice)를 소개하고, 21세기 세계화 · 개방화 시대에 국제경쟁력을 갖춘 도시교통인프라를 구축하기 위해 싱가포르의 경험으로부터 우리나라 도시가 배워야 할 도시교통정책의 교훈을 살펴보고자 한다.

32) 싱가포르의 제조업 생산에서 외국기업이 차지하는 비중은 전체 제조업 생산의 약 4분의 3에 달하며, 전자, 생명의료산업 등 고부가가치 첨단산업일수록 외국인의 투자 비중이 더욱 높다.

9.2 싱가포르의 일반 · 교통 현황

싱가포르의 주요 사회경제지표는 <표 9.1>에서 보는 바와 같다. 싱가포르는 2004년 말 기준으로 국토면적 700 km²에 348만 명의 인구가 거주하고 있으며(2008년 기준 384만 명), 차량등록대수는 73만 대(2008년 89만 대)로 과거 10년 동안 19%가 증가한 것으로 나타났다. 싱가포르의 교통수요는 2004년 기준 1일 986만 통행이며, 현재 교통인프라는 전체 국토면적의 약 12% 이상을 차지하고 있다. 섬나라라는 토지공급상의 제약으로 인해 토지이용 및 육상교통계획을 통합하여 효율적인 통합교통망을 구축하는 동시에 통행 수요를

표 9.1 싱가포르 일반 사회경제지표

구 분	1994년	2004년	증감률
총인구(천 명)	3,421	4,240	▲ 24%
싱가포르 거주자(천 명)	2,961	3,487	▲ 18%
노동인구(천 명)	1,702	2,183	▲ 28%
외국인방문객 수(천 명/년)	6,899	8,328	▲ 21%
국토면적(km^2)	647	699	▲ 8%
1인당 GDP(S$)	31,525	42,581	▲ 35%

출처: LTA(2005), SINGAPORE LAND TRANSPORT STATISTICS IN BRIEF

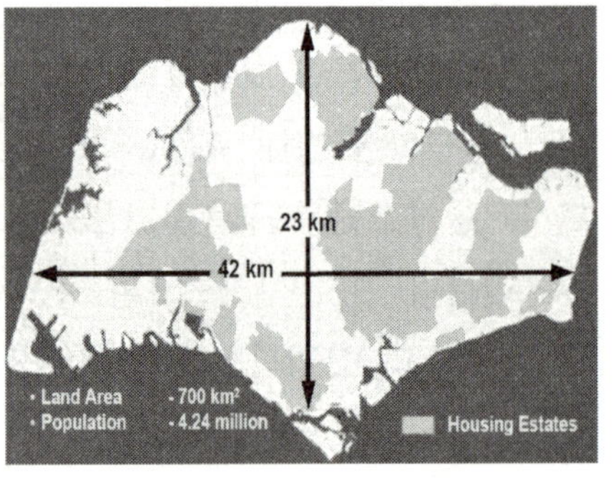

그림 9.1 싱가포르 지도

표 9.2 자동차등록대수 변화 추이

구 분	1994년	2004년	증감률
자동차등록대수	611,611	727,395	▲ 19%
승용차	295,525	389,282	▲ 32%
기타 차량	30,372	30,188	▲ 1%
택 시	14,750	20,407	▲ 38%
버 스	10,198	13,173	▲ 29%
화물차량	134,610	137,316	▲ 2%
오토바이	126,156	137,029	▲ 9%

표 9.3 통행량 및 수단분담률 변화 추이

구 분	통행량(단위: 100만 통행/일)			수단분담률		
	1997년	2004년	증감률	1997년	2004년	증감률
MRT	0.92	1.27	38%	12%	15%	3%
버스	2.91	2.65	−9%	39%	32%	−7%
택시	0.93	0.87	−6%	12%	11%	−2%
승용차	2.52	3.11	23%	34%	38%	4%
오토바이	0.22	0.33	50%	3%	4%	1%
총계	7.5	8.23	10%	100%	100%	−

근본적으로 관리하고 이를 대중교통으로 유도하고자 노력하고 있다. 이러한 노력으로 인해 도로이용 시 도시고속도로는 평균 63 km/h, CBD지역의 도로도 평균 25 km/h 이상의 운행속도를 유지할 수 있을 정도로 도시교통혼잡 관리가 뛰어나다.

9.3 싱가포르의 도시교통조직 및 정책 방향

9.3.1 도시교통조직 통합운영

(1) 대중교통위원회

싱가포르의 대중교통위원회(PTC)는 1987년 10월 대중교통위원회에 관한 법률 제정에 따라 버스서비스와 대중교통요금을 규제하기 위해 설립된 독립기구로, 15인의 산 · 학 · 관 · 연의 전문가와 시민단체 및 운송노동조합의 대표자들로 구성되며, 주요 대중교통정책 방향과 대중교통서비스에 대한 규제사항을 협의 · 의결한다. 또한 필요한 경우 위원장의 권한으로 대중교통의 핵심사항에 대한 조사 · 심의를 위해 소위원회를 구성, 운영할 수 있다. 대중교통위원회의 주요 기능은 버스서비스 표준규격 설정, 버스 · MRT · 철도요금 규제, 버스 인 · 면허 관리 등이고, 이를 통해 종합적이고 통합된 대중교통서비스망을 구축하고 적정 요금수준을 유지하며, 버스서비스의 질적 향상을 도모하고 있다.

(2) 육상교통청

싱가포르의 육상교통청(Land Transport Authority, LTA)은 육상교통망을 통합 연계하고 지속가능한 교통시스템을 구축하는 등 육상교통정책의 효율성 증진을 위해, 부처 내에 흩어져 있던 육상교통정책 업무(차량 관리, 대중교통 운영관리, 도로교통, ITS 등)를 통합·조정하여 1995년 9월 교통부의 내부 기구로 설립·운영되고 있다. 보다 자세한 내용은 LTA의 홈페이지(http://www.lta.gov.sg/)에 도시교통정책 및 통계자료가 수록되어 있으니 참고하기 바란다.

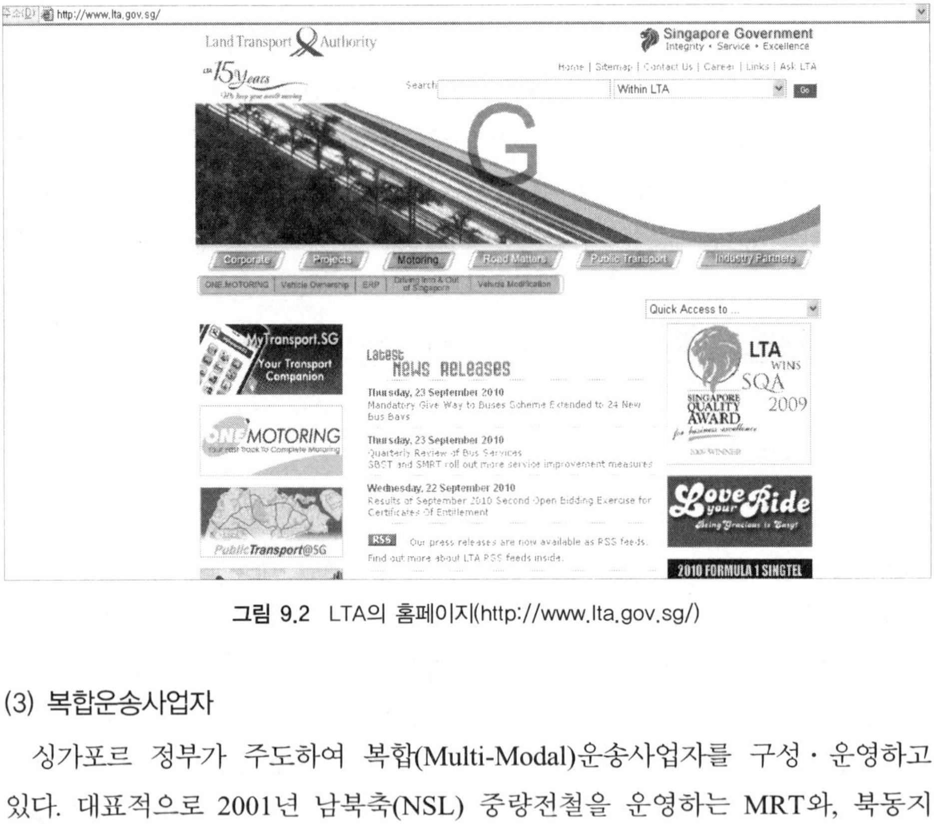

그림 9.2 LTA의 홈페이지(http://www.lta.gov.sg/)

(3) 복합운송사업자

싱가포르 정부가 주도하여 복합(Multi-Modal)운송사업자를 구성·운영하고 있다. 대표적으로 2001년 남북축(NSL) 중량전철을 운영하는 MRT와, 북동지역의 버스를 운영하는 TIBS를 합병하여 SMRT라는 복합운송사업자를 구성하였다. 또한 대중교통시스템을 복합운송체계로 운용하고자 북동축(NEL), 동서축(EWL), 순환축(CCL) 중량전철노선과 경량전철 및 남북·남서지역의 버스노선을 SBS Transit에 운영하도록 하고 있다. 이들 두 개의 복합운송업체는 요금 규제로 인해 대중교통요금을 마음대로 조정할 수 없으므로 가격이 아닌 서비스 경쟁을 통하여 더 많은 대중교통이용자를 유인하기 위해 노력하고 있다. 또한 복합운송업체 간의 서비스를 통합하기 위해 Transit link라는 통합기구를 신설·운영함으로써 통합요금체계 및 통합교통정보 제공 등의 통합대중교통서비스를 제공하고 있다.

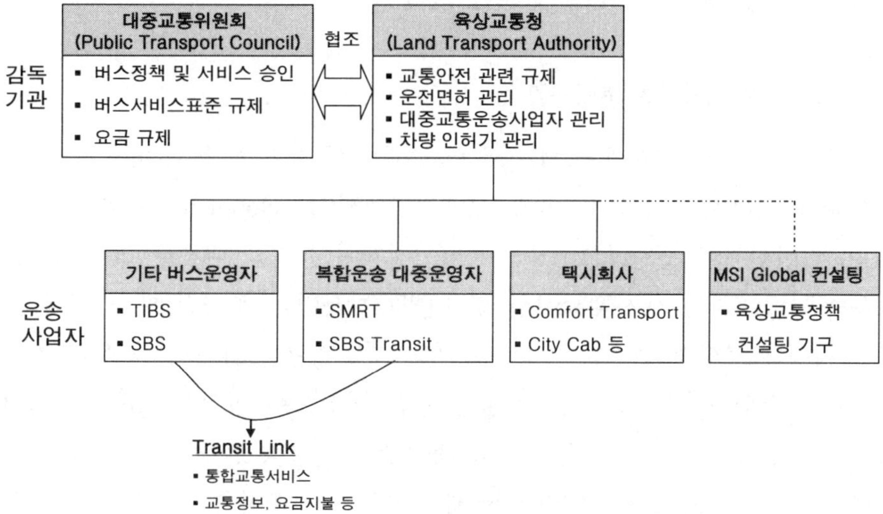

그림 9.3 육상교통행정기구 조직 구성도

9.3.2 육상교통정책 운영 방향

싱가포르는 1970년대 종합교통계획이 수립된 이후, 교통혼잡 완화를 위한 종합적이고 체계적인 육상교통망을 구축하기 위해 수차례의 개정을 거쳐 육상교통시스템의 비전과 이에 대한 구체적인 시행계획을 제시하고 있다. 특히 1996년 육상교통청이 설립되면서 마련된 육상교통정책백서에는 싱가포르의 교통정책 방향과 시행계획이 잘 나타나 있다. 이에 따르면 싱가포르의 교통정책은 크게 ① 토지이용계획과 교통계획의 통합운용(Transport Planning and Land Use Integration) ② 도로망 확충 및 교통인프라 개선(Maximize Road Network Capacity) ③ 교통관리에 신기술을 적극 도입·운용(Harnessing the latest Technology in Network and Traffic Management) ④ 차량보유(Vehicle Ownership)와 사용(Usage)·관리(Manage Demand) ⑤ 대중교통 활성화(Improve

Public Transport)로 수립 · 운용되고 있다.

따라서 본 장에서는 위에서 언급한 종합교통계획과 육상교통정책백서를 기반으로 하여 싱가포르의 육상교통정책과 복합운송 대중교통시스템 구축 · 운영실태에 대한 모범사례를 소개하고자 한다.

9.4 육상교통 시행계획 및 추진실적

9.4.1 토지 및 교통계획 통합운영

싱가포르는 도시기본계획(Master Plan)과 교통계획을 통합(Integrated) · 연계(Seamless)하여 추진하기 위해 개발지침계획(Development Guideline Plan, DGP)을 마련하여 운영하고 있다. 개발지침계획의 주요 내용은 첫째, 일정 교통수요를 유발하는 도시계획시설 및 택지개발사업을 추진할 때는 이에 부합하는 적정 도로망과 대중교통시스템(경량전철, 중량철도) 도입을 우선 검토하여 교통시스템의 서비스 수준을 일정 수준 이상으로 향상시키도록 규정하고 있다. 둘째, 상업지역 또는 주거지역 내에 빌딩이나 공공주택 건설 시 대중교통시스템을 중심으로 개발함으로써 대중교통의 접근성을 높이도록 유도하고 있다. 셋째, 버스정류장과 철도역사까지 보행로(Walkways)를 설계하고, 날씨와

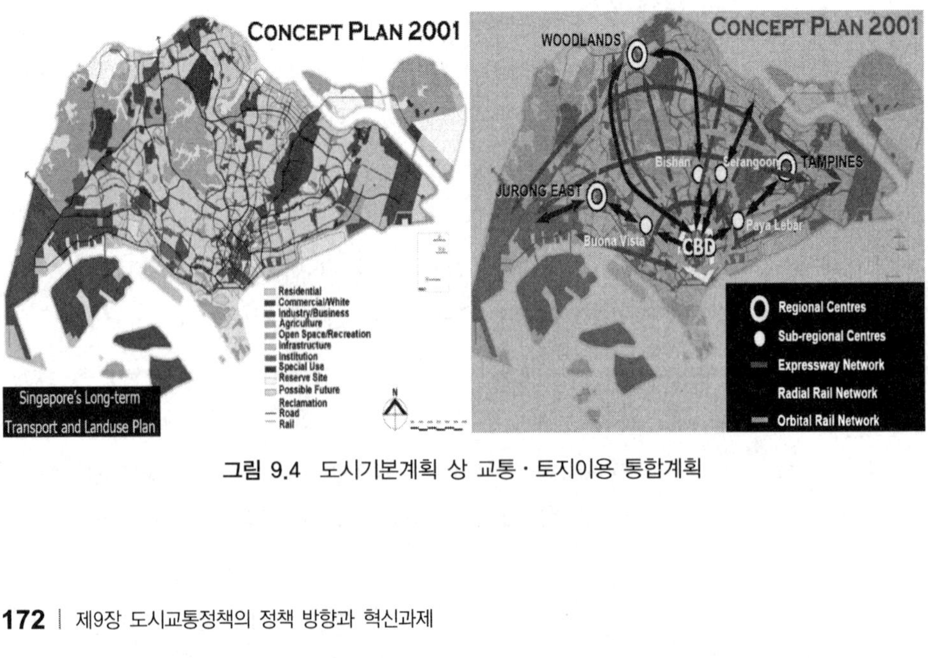

그림 9.4 도시기본계획 상 교통 · 토지이용 통합계획

날씨와 상관없이 정류장이나 철도역사로 이동할 수 있도록 덮개를 설치토록 하는 등 교통시스템의 서비스 향상에 필요한 구체적인 시행방안을 제시하고 있다.

9.4.2 도로망 확충과 교통인프라 개선

싱가포르의 도로망은 <표 9.4>와 같이 2004년 기준으로 도로연장이 총 3,188 km이며 이는 지난 1994년 대비 총 8% 증가한 것이다. 이 중 고속도로망은 싱가포르의 기간도로망으로 Pan Island Expressway(PIE), Queensway to Ayer Rajah Expressway(AYE), Bukit Timah Expressway(BKE) 등 8개 노선, 총연장 150 km가 건설 · 운영되고 있다.

표 9.4 싱가포르의 도로인프라 현황

구 분		1994년	2004년	증가율
도로연장(km)		2,943	3,188	▲ 8%
	고속도로	128	150	▲ 17%
	간선도로	565	579	▲ 2%
	집산도로	315	426	▲ 35%
	국지도로	1,935	2,033	▲ 5%
도로차로연장(차로-km)		7,772	8,355	▲ 8%
	고속도로	838	963	▲ 15%
	간선도로	2,768	2,834	▲ 2%
	집산도로	1,108	1,280	▲ 16%
	국지도로	3,058	3,278	▲ 7%
도로시설(개)		–	–	–
	입체교차로	79	103	▲ 30%
	교량	180	207	▲ 15%
	터널 및 지하도로	10	23	▲ 130%
	보행자 육교시설	399	567	▲ 42%

싱가포르와 같이 경제적으로 급성장한 국가는 교통량의 급격한 증가로 인해 지속적인 도로망 공급이 필요하지만(현재 싱가포르의 도로면적은 전체 국토면적의 15% 이상임) 섬나라라는 지리적 여건상 토지공급이 제한되어 있기 때문에 도로망을 효율적으로 구축하는 데 더욱 신경을 쓰고 있다. 따라서 효

율적인 도로망 확충을 위해서는 신규 도로 건설 시 교통망 차원에서 기존 및 신규 지역 간 연계성을 향상시키도록 해야 한다. 이러한 측면을 고려하여 건설된 대표적인 도로로 2006년 개통된 칼랑 · 파야 · 레바 고속도로(Kallang/Paya/Lebar Expressway, KPE)를 들 수 있다.

이 도로의 주요 특징을 설명하면 첫째, 싱가포르 북동지역의 교통혼잡을 완화하기 위해 여러 기존 고속도로(TPE, ECP, PIE노선 등)와 교차 연계되어 지 · 정체를 분산할 수 있도록 계획되었으며, 또한 기존 간선도로와의 교차로는 인터체인지로 연결하고, 신규 도로 건설에 따른 수요증가로 인해 발생한 지 · 정체 해소를 위해 기존 간선도로를 넓히는 등 단일도로 건설이 아닌 도로망 차원의 정비도 동시에 이루어졌다. 둘째, 고속도로와 중량철도가 교차하는 인터체인지에서는 중량철도 터널과 도로시설의 공동 활용이 가능하도록 하기 위해 복합시설(Multi-tiered)로 제공되었다. 셋째, 도로공급 시 토지공급의 한계를 극복하기 위한 방안으로 12 km의 총연장 중 9 km를 지하도로로 건설하고 도로상부에는 녹지나 공원을 확충하도록 하였다.

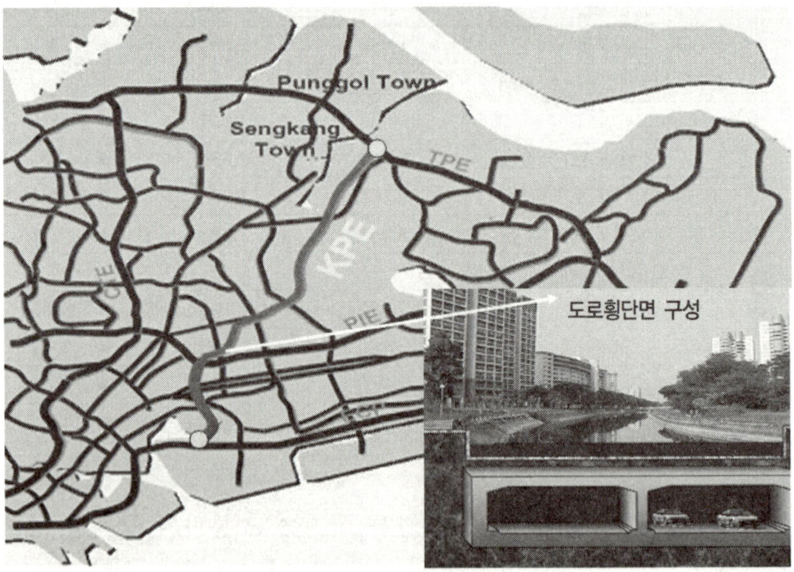

그림 9.5 KPE 고속도로 노선도

9.4.3 교통관리에 신기술 적극 도입

싱가포르는 지능형교통체계(ITS) 도입을 통해 첨단정보통신기술을 교통관리에 활용하고 있다. 여기에서는 현재 적극적으로 추진되고 있는 첨단정보통신기술 중 첨단교통정보시스템(ATIS), 첨단교통관리시스템(ATMS), 첨단대중교통시스템(APTS) 관련 프로젝트를 소개하기로 한다. 먼저 첨단정보시스템(ATIS)을 살펴보면, GPS(Global Positioning System)를 탑재한 택시를 프로브차량(Probe Vehicle)으로 사용하여 통행시간 정보를 수집하는 TafficScan과, 고속도로 교통상황을 모니터링하는 CCTV 카메라를 사용하는 EMAS(Expressway Monitoring & Advisory System)로부터 정보를 실시간으로 수집하고 있다. 또한 교통정보포털사이트(Traffic Smart)를 구축하여 매 5분마다 주기적으로 정보를 갱신하며 도로전광판과 웹사이트에 24/7(24시간 1주일 내내)방식으로 실시간 교통정보서비스를 제공하고 있다.

그림 9.6 첨단교통정보시스템 운영 사진

첨단교통관리시스템(ATMS)은 두 가지 시스템이 운영되고 있는데, 첫째는 1998년 도입된 GLIDE시스템(Green LInk DEtermining System)으로 노면에 설치된 루프검지기를 통해 수집된 교통량을 집계하여 간선도로의 지체를 최소화하고 교차로 간 신호연동이 극대화되도록 하는 신호체계이며 현재 1,600개 교차로에 설치 · 운영되고 있다(2004년 기준). 아울러 보행자와 승용차 운전자의 불필요한 대기시간을 줄이기 위해 버튼식 보행신호기를 운영하고 있다. 둘째는 EMAS시스템(Expressway Monitoring & Advisory System)으로, 고속도로의 유고상황을 모니터링하기 위해 주요 간선도로 및 교차로, 인터체인지에 J-Eyes(Junction Eyes)라는 CCTV를 설치하여 24시간 실시간으로 교통상황정보를 수집하고 있다. 또한 유고상황에 신속한 대응을 위하여 유관기관과 합동으로 유고관리시스템을 운영하고 있다.

그림 9.7 GRIDE시스템 작동 교차로 운영 사진

첨단대중교통시스템(APTS)으로는 대중교통의 요금징수를 자동화·통합화하기 위해 2003년 12월 도입된 전자요금통합시스템(Electronic Fare Integration System, EFIS)을 들 수 있다. 이 시스템은 승객이 버스, 지하철 승하차 시 비접촉식 스마트카드(EZ-link카드)를 사용하여 요금을 정산하도록 하였다. 승객이 승차 시 통행요금을 총액으로 우선 지불(Full Charging)한 후, 하차 시 EZ-link카드에서 차액을 차감(Refund)하는 방식으로 정산된다. 이 시스템의 장점은 대중교통 운영자의 요금징수를 투명하게 하고 사용자의 이용편리를 증진시킨다는 점이다. 또한 운영 측면에서 버스승객의 승하차 시 요금 지불 및 잔돈 교환 등으로 인한 승하차 시간을 줄여 정류장에서의 손실시간을 줄이고, 이때 수집한 이용승객 정보는 대중교통계획에 유용한 정보를 제공하게 된다.

9.4.4 교통수요 관리

국토면적이 좁아 교통시설 공급에 한계가 있는 싱가포르는 교통공급정책과 동시에 교통수요관리제도를 적극 도입하고 있다. 교통수요관리제도는 차량보유통제방식인 VQS(Vehicle Quota System), COE(Certificate Of Entitlement)와 차량사용통제방식인 혼잡통행료(Congestion Pricing)가 사용되고 있다.

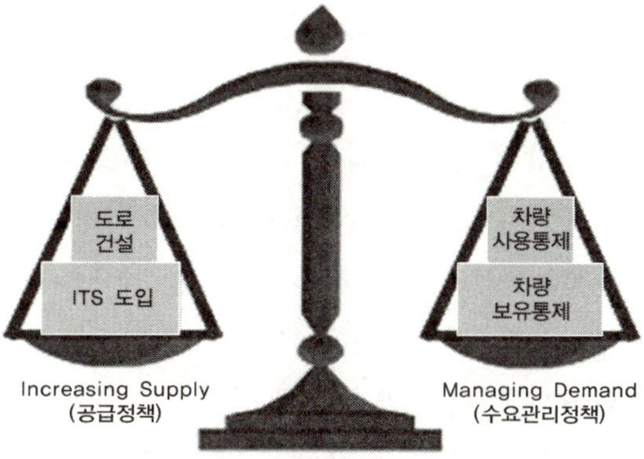

그림 9.8 교통수요관리제도 도입의 기본개념도

(출처: LTA(2005) 내부자료)

(1) VQS(Vehicle Quota System)와 COE(Certificate Of Entitlement)

차량총량제(VQS)는 차량등록대수를 총량적으로 관리하는 기법으로 1990년 5월 도입되었다. 정책목적은 차량구매자(Car Buyer)에게 차량가격에 상응하는 등록증(Certificate Of Entitlement, COE)을 발급하면서 추가비용을 지불하게 함으로써 차량보유를 억제시키는 데 있다. 이를 위해 정부는 매년 차량 감소와 도로용량 증가를 감안하여 차량관리규모를 결정하고 있는데, 통상 차량관리 규모는 그 해 해제되는 차량등록수와 연 3% 수준의 추가 증가분으로 결정하고 있다. 차량구매자는 매달 입찰을 통해서 적정가격을 제시하고 등록증을 구매한다. 차량구매자는 해당 순위 내에 있는 모든 입찰가격의 평균가격으로 선정된 총량관리세(Quota Premium)를 동일하게 지불하고 있으며 일반적으로 30,000~60,000싱가포르달러(차량구입가격에 포함)에 달한다. 이때 발급받은 등록증은 등록일로부터 10년 동안 유효하다. 또한 2002년 4월부터 전자입찰제가 도입되어 입찰자가 온라인을 통해 입찰가와 입찰상황을 볼 수 있도록 하여 투명하고 편리한 입찰제도 운영이 가능해졌다.

(2) 혼잡통행료(Congestion Pricing) 징수

혼잡통행료는 첨두시 중심업무지역(CBD) 내 승용차수요를 억제하고 대중교통으로의 수단 전환 또는 비첨두시로 출발시간을 변경시키기 위해서, 원인자부담원칙에 따라 혼잡유발에 대한 통행료를 추가로 부과함으로써 운전자에게 패널티(Penalty)를 제공하는 요금제도이다.

싱가포르는 1975년부터 중심업무지역(CBD)에 도심통행제한구역을 지정하고 이곳에 진입하는 차량에 도심진입부과금(Area Licensing Scheme, ALS)을 징수하는 혼잡통행료제도를 도입하고 있다. 따라서 차량이 도심지역에 진입하기 위해서는 은행과 전용판매소에서 하루 또는 한 달 단위의 진입허가증을 구입하여 차량 앞에 부착해야 한다. 이에 대한 감독은 경찰이 담당하고 있으며 위반 시 벌금을 부과하도록 하고 있다. 이로 인해 1975년 ALS 도입 전과 비교할 때 도심진입 총 차량대수가 평균 44% 감소하는 효과를 거두었다.

그러나 이러한 혼잡통행료 징수는 요금징수로 인한 혼잡 등 운전자의 불편으로 인한 민원이 끊임없이 제기되어, 1998년부터 징수방식을 수동에서 자동

표 9.5 승용차에 대한 ERP요금 예시(2000년 4월 3일부터 유효) (단위: 싱가포르달러)

<table>
<tr><th>시간대(월요일 ~ 금요일)</th><th>지역1(ECP)</th><th>지역2(CTE)</th><th>지역3(PIE)</th><th colspan="2">기타 제한구역</th></tr>
<tr><td>07:30 ~ 08:00</td><td>0.50</td><td>1.00</td><td>1.00</td><td>0.50</td><td>1.00 Nicoll Highway</td></tr>
<tr><td>08:00 ~ 08:30</td><td>1.00</td><td>2.50</td><td>1.50</td><td>2.00</td><td>2.50 Nicoll Highway</td></tr>
<tr><td>08:30 ~ 09:00</td><td>2.00</td><td>2.50</td><td>1.00</td><td colspan="2">2.50</td></tr>
<tr><td>09:00 ~ 09:30</td><td>0.50</td><td>0.50</td><td>0.50</td><td colspan="2">2.00</td></tr>
<tr><td>09:30 ~ 13:00</td><td>–</td><td>–</td><td>–</td><td colspan="2">1.00</td></tr>
<tr><td>13:00 ~ 17:30</td><td>–</td><td>–</td><td>–</td><td colspan="2">1.00</td></tr>
<tr><td>17:30 ~ 18:00</td><td>–</td><td>–</td><td>–</td><td colspan="2">1.50</td></tr>
<tr><td>18:00 ~ 18:30</td><td>–</td><td>–</td><td>–</td><td colspan="2">2.00</td></tr>
<tr><td>18:30 ~ 19:00</td><td>–</td><td>–</td><td>–</td><td colspan="2">1.00</td></tr>
</table>

으로 전환한 ERP(Electric Road Pricing)시스템[33)]이 도입되었다. 이 시스템은 차량에 캐시카드(CASHCARD)를 장착한 차내탑재장치(OBU)를 설치하고 도심입구에 있는 갠트리(Gantries)를 지날 때 자동으로 요금(승용차의 경우 첨두시 도심진입료는 0.5~2.5싱가포르달러, 표 9.5 참조)이 징수되는 방식으로, 중심업무지역을 대상으로 오전 7시 30분부터 오후 7시(또는 9시 30분)까지 징수하고 있으며 위반 시 벌금은 70싱가포르달러(약 61,000원)가 부과되고 있다. 이로 인해 도심의 교통흐름이 원활해짐과 동시에 대중교통 이용이 증가하는 효과를 거두었다.

9.4.5 대중교통시스템 활성화 방안

(1) 대중교통시스템 운영 현황

싱가포르의 대중교통시스템은 중량철도, 경량철도, 버스 및 택시로 구성되어 있으며, 중량철도는 중·장거리 통행을 담당하고, 버스·경량철도가 주거지를 연계하는 단거리 통행을 담당하도록 수단별로 역할분담을 하고 있다. 싱가포르의 총 통행량은 2004년 기준으로 1일 830만 통행이 발생하는데, 이 중 58%가 대중교통을 이용하고 있으며 장기적으로 복합대중교통망과 서비스 확대를 통해 75%까지 수단분담률을 상승시킬 계획이다.

① 철도시스템 운영 현황

육상교통청(LTA)의 철도기본계획에는 중량철도가 주요 간선서비스를 담당하도록 하고, 경량철도와 버스가 지선서비스를 담당하도록 하는 등 교통수단별로 역할분담을 하고 있으며, 도로시스템(버스, 택시)은 이를 보완하는 대체수단으로 명시하고 있다. 대중교통시스템을 추진하는 대전제는 초기 인프라건설과 설비구축은 정부가 담당하고 운영·관리는 운영회사가 담당하는 것으로 하며, 이에 따라 현재 2개의 복합운송 대중교통운송회사(SBS Transit, SMRT)가 경쟁체제를 유지하면서 대중교통서비스를 제공하고 있다.

---

33) 혼잡통행료는 시설가격(Facility Price)방식, 지역망가격(Regional Network Price)방식, 코든가격(Cordon Price)방식으로 구분되는데, 싱가포르의 ERP시스템은 코든가격방식으로 차량이 첨두시 또는 지정된 시간 내 중심업무지역 또는 기타 제한구역에 진입 시 혼잡통행료를 징수하는 방식이다.

그림 9.9 중량철도 전동차 및 역사의 내부 전경

표 9.6 싱가포르 도시철도 및 경전철 운행 현황

노선명	연장(km)	정거장	개통연도	시스템	운전
North South Line(NSL)	44	27	1987년	중량전철	유인운전
East West Line(EWL)	45.4	27	〃	〃	〃
North East Line(NEL)	20	17	2003년	〃	무인운전
Circle Line	33	29	2007년	〃	〃
Bukit-Panjang Line	7.8	13	1999년	경전철	〃
Sengkang Line	10.7	14	2002년	〃	〃
Punggol Line	10.3	15	2005년	〃	〃
Sentosa Line	8.5	11	〃	〃	〃

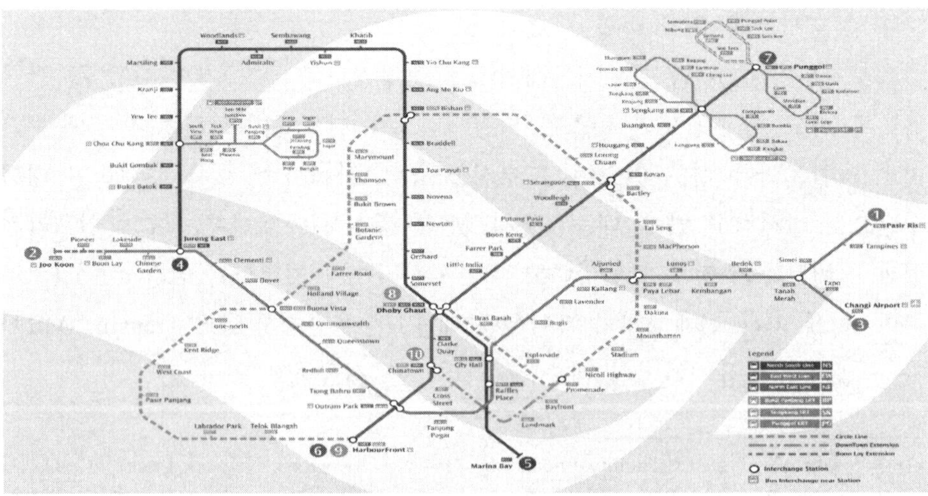

그림 9.10 싱가포르 철도 노선도

(출처: www.lta.gov.sg/projects/images/system-map.gif)

먼저 중량철도는 싱가포르 육상교통체계의 기간망(Backbone)으로 3개 주요 간선 축인 동서선, 북동선, 남북선으로 구분할 수 있으며, 노선연장은 111 km(지하구간: 39 km, 지상구간: 72 km), 역사는 65개(지하역사: 31개, 지상역사: 33개, 고가역사: 1개)가 운영되고 있다. 중심업무지역으로부터 섬 주위를 순환하는 노선이 2011년까지 100 km(총연장: 211 km)가 추가로 확대될 예정이다.

다음으로 경량철도는 중량철도를 보완하여 철도망의 접근성을 확대시키기 위한 지선서비스로, 4개 노선(Bukit-Panjang선, Sengkang선, Punggol선, Sentosa선), 노선연장 37.4 km에 53개 역사가 건설되었으며 무인운전시스템을 이용하여 매 3분 운행간격(Headway)으로 운영하고 있다. 특히 신도시지역(Bukit Panjang, Sengkang, Punggol)은 경량전철을 기반으로 한 대중교통 중심의 도시개발(Transit-Oriented Development) 사례로 손꼽히고 있다.

② 버스서비스 운영 현황

싱가포르의 버스서비스는 복합운송 기반의 대중교통망을 구축하기 위해 급행 간선서비스인 철도서비스가 없는 곳에 대중교통서비스를 제공하고 있다. 이러한 버스운영자로는 SBS Transit과 2001년 SMRT로 합병된 TIBS(Trans Island Bus Services)가 있다. 2004년 기준 영업연장 3,579 km, 282개의 간·지선노선에 3,800대의 버스를 운행하고 있다. 1일 평균승객 270만 명을 수송하고 있으며, 버스 수송분담률은 32%, 버스승객의 75%가 SBS Transit의 서비스를 이용하고 있다. 버스운영은 수익이 발생하는 간선노선의 수입을 수익이 없는 지선노선에 보조하는 방식인 교차보조금 제도를 통해 운영하고 있다. 아울러, 싱가포르 정부는 버스우대정책의 일환으로 버스에 대해 도로세, 혼잡통행료를 면제하고 버스전용차로(HOV)와 버스우선신호(Bus Signal Priority, BSP)를 도입하고 있다.

③ 택시서비스 운영 현황

싱가포르에서 택시는 대중적인 개인교통수단(para-transit)으로 대중교통수단과 승용차의 서비스 간극을 채워주는 역할을 하고 있다. 현재 2만 대의 택시가 등록되어 1일 87만 통행이 발생하고 있으며, 택시의 수송분담률은 약

11%에 달하고 있다. 택시는 Comfort Transportation, City Cab, TIBS, Yellow Top 등 4개사가 운영하고 있다. 운영 중인 모든 택시에는 차량의 위치를 추적하여 모니터링하는 GPS기반의 정보수집기기뿐 아니라, 정보를 가공하여 운전자에게 제공하는 내비게이션 장비(Navigation System)와 자동배차시스템(Automated Dispatching System)이 장착되어 있다.

(2) 복합운송 대중교통시스템의 특징

① PSO(Public Service Obligation) 준수를 강조하는 서비스 및 요금 규제

싱가포르의 대중교통위원회(PTC)는 대중교통시스템의 서비스와 요금에 대한 두 가지 규제를 통해 운송사업자의 PSO 의무를 준수하도록 유도하고 있다. 이들 중 우선 서비스 규제에 대해 살펴보면, 운송사업자는 서비스의 시·공간적 범위 및 운행시각표 등 서비스에 대한 규제 내용을 담고 있는 버스서비스 규격 및 표준(Basic Bus Service Specification and Standards, 2B3S)을 충족해야만 하며, 이에 대한 준수 여부를 점검하기 위해 <표 9.7>과 같은 감사성과지표를 가지고 정기적인 '대중교통운영 성과감사'를 수행하고 있다. 최근 감사에서 버스의 95%가 2B3S를 준수하고 있는 것으로 나타났다.

다음은 대중교통요금 규제로, 대중교통요금은 물가상승률과 서비스 개선을 위한 비용을 반영하여 일정 한도 내에서 최소한으로 인상하도록 규제하고 있다. 이때 '요금상승률 = 물가상승률(Consumer Price Index, CPI) + x' 공식을

표 9.7 버스서비스 규격 및 표준 준수 여부 평가를 위한 성과지표

평가지표	내 역
접근성	• 400 m 간격 내에 버스정류장이 존재 • 인구 3,000~3,500명당 간선서비스 투입 • 환승 보행거리는 150 m 이내
노선길이	• 노선길이 60 km의 노선 5% 이상
차간 간격	• 오전 첨두시, 차간 간격 10분 내 간선서비스가 70% 이상
운행시격	• 계획 운행시격보다 5분 이하로 운행되는 서비스가 80% 이상
최대승차인원	• 간선서비스 용량의 80% 이하로 운행 • 지선서비스 용량의 90% 이하로 운행

사용하는데, 여기서 x는 일정비율(%)로, 2001~2005년 동안 1.5% 이내로 조정하도록 규제하고 있다. 2004년 대중교통요금은 <표 9.8>에서 보는 바와 같다. 싱가포르인의 월 출·퇴근 교통요금은 취업인구 평균 월소득(3,605싱가포르달러 기준)의 2% (68.8싱가포르달러 기준) 정도로, 일반시민이 대중교통을 충분히 이용할 수 있도록 규제하고 있다.

표 9.8 대중교통요금 산정표 (단위: 싱가포르달러)

서비스 유형	EZ Link 요금	
	최대	평균
간선버스	1.28(1.53)	0.98(1.23)
지선버스	0.58(0.63)	0.58(0.63)
MRT	1.69	1.34
LRT	0.84	0.74

② 복합운송 대중교통시스템의 통합적 운용

싱가포르의 대중교통시스템은 개별 교통수단별로 계획·운영하지 않고 수단과 시설의 통합과 연계를 통해 복합운송에 기반한 대중교통서비스를 구현하는 특징이 있다. 따라서 본 장에서는 이러한 통합운영의 특징을 3가지 측면에서 살펴보았다.

첫째, 물리적 통합으로 역사개발 시 복합운송 대중교통역사와 주변 시설을 연계하여 통행목적을 유도할 수 있는 통합교통시설(Transport Integrated Property)로 건설하고, 대중교통 환승시설(역사, 정류장)을 교통수단 간 연계되도록 건설하고 있다. 환승시설까지 완벽한 보행로를 건설하고 날씨에 상관없이 이용할 수 있도록 덮개를 설치(Shielded Access)하여 보행자들이 편리하게 대중교통수단에 접근하도록 하고 있다. 일례로 <그림 9.12>와 같은 Woodland 인터체인지는 MRT, 버스, 승용차, 택시 사이에서 환승이 가능하도록 3층으로 설계되어 운영되고 있다.

둘째, 대중교통요금 통합으로, 1986년 이후 Transit link의 마그네틱 교통카드가 철도와 버스서비스의 주요 요금지불수단으로 사용되었으나 2002년에는 비접촉식 스마트카드인 EZ-link를 도입하여 복합수단(Multi-modal) 간 대중

그림 9.11 EZ-link 카드와 내부회로
(출처: http://en.wikipedia.org/wiki/EZ-Link)

교통서비스 이용이 가능하도록 하였다. 따라서 중량철도, 경량철도, 버스 등 여러 가지 수단을 이용할 경우 환승할인이 가능해졌다. 이때 통행자는 통행 시 요금을 지불하고, 하차 시 할인받은 요금을 환급받는 형태로 교통카드를 이용할 수 있다.

셋째, 복합대중교통망 통합운영으로, 대중교통망 통합은 1980년대 후반 중량철도가 도입되면서 버스와 중량철도서비스가 중복되자 중량철도와 버스를 지 · 간선체계로 통합운영하도록 하였다. 2000년 이후에는 철도와 버스운송사업자를 통합하여 복합운송 대중교통운송사업자를 구성하였다. 2001년부터는 철도운송사업자(SMRT)와 버스운송사업자(TIBS)를 합병하여 대중교통서비스를 통합하였으며, 이로 인해 2003년부터 SBS Transit이 중량철도 남동선, 북동선과 버스서비스를 통합운영 중에 있다.

9.5 정책적 시사점

이상에서 살펴본 바와 같이 싱가포르는 국토면적이 작은 도시국가의 한계를 매우 혁신적인 접근방법을 통해 육상교통정책과 복합운송 대중교통시스템의 또 다른 모범사례(Best Practice)로 만들어 냈다.

따라서 이를 바탕으로 국내 대중교통정책 수립 시 고려해야 할 정책적 시사점을 살펴보면 다음과 같다.

먼저 도시교통정책 수립 시 고려할 사항으로는 첫째, 토지이용과 교통계획을 통합 운용하기 위해 개발계획지침을 수립하고, 선 계획 후 건설 원칙에 따라 계획초기부터 교통시스템의 서비스 수준을 철저히 관리하도록 한다. 둘째, 토지공급의 한계를 극복하는 방안으로 도로망 공급 시 도로연계성을 향상시킬 수 있도록 효율적인 도로 건설 및 운용전략이 필요하다. 셋째, 교통운영·관리분야에 ITS를 적극 활용하도록 한다. 넷째, 교통공급정책과 차량소유(VQS) 및 사용(혼잡통행료)을 억제하는 수요관리정책을 통해 잠재수요를 효과적으로 관리하도록 한다. 다섯째, 복합운송 대중교통시스템을 구축하여 출발지부터 목적지까지 다양한 대중교통을 편리하게 활용할 수 있는 시스템을 도입하도록 한다.

다음은 복합운송 대중교통시스템 도입 시 고려할 사항으로 첫째, 대중교통위원회와 같은 혁신적인 의사결정기구를 설립하고, 개별 운송업자를 복합운송

그림 9.12 복합환승센터 운영사례

(출처: LTA(2005) 내부자료)

사업자로 통합운영토록 하여 복합운송 대중교통서비스를 체계적으로 관리한다. 둘째, 복합운송 대중교통역사와 주변 시설을 통합한 통합교통시설(Transport-Integrated Property)이나 복합환승시설(역사, 정류장)을 구축하여 교통수단 간 통합운용이 가능하도록 한다. 셋째, 요금 규제를 통해 PSO 의무를 준수하는 동시에 EZ-link 교통카드를 이용한 복합운송수단 간 통합요금제도를 도입, 운영하도록 하여 대중교통서비스의 공공성과 편리성을 증진토록 한다. 넷째, 중량철도와 경량철도・버스를 지・간선체계로 통합운영하여 복합운송 대중교통망을 구축, 운영한다.

과거 자원도 없고 자원공급선도 끊긴 채, 민족주의로 무장한 동남아 신생국들 틈에서 살아남기 위해 노력하던 작은 나라를 불과 40년 만에 월드뱅크가 인정한 선진국, 강한 싱가포르로 변화시킨 것은 지금까지 소개한 바와 같이 바로 공공부문이 주도하는 끊임없는 변화와 혁신의 성과라 할 수 있겠다. 따라서 우리나라도 싱가포르의 과거와 미래를 타산지석으로 삼아, 도시교통시스템뿐만 아니라 국내의 교통행정 일선에서 이러한 변화와 혁신 마인드가 적극적으로 도입되기를 기대해 본다.

참고문헌

1. LTA(2005), SINGAPORE LAND TRANSPORT STATISTICS IN BRIEF
2. LTA(2005), Keeping Singapore on the Move
3. Chiew Chun Guan(2005), Land Transport Planning in Singapore, LTA 내부자료
4. Soi Hoi Lam, Trinh Dihn Toan(2006), Land transport policy and public transport, Transport(2006) 33, pp. 171～181
5. 이용택(2005), 싱가포르 육상교통정책의 변화와 혁신, 대한토목학회지 2006년 10월호 제 54권 제10호 통권 318호[34)]

감사의 글 | 싱가포르와 관련한 도시교통정책 및 대중교통시스템 자료 제공에 적극 협조하여 주신 싱가포르 육상교통청(LTA)의 관계공무원 Mr. Chiew Chun Guan과 Ms. Alison Tam께 진심으로 감사드립니다.

34) 본 장은 이용택(2006)의 원고를 수정・보완하여 작성한 것임

10

서울특별시 대중교통체계 개편의 성과와 과제

Lesson learned from public transport reorganization in Seoul metropolitan area

"서울특별시 교통체계 개편을 처음엔 반대 안 한 사람이 없었어요.
업계는 물론이고 공무원, 정치인, 노동자들까지 모두 부정적이었어요.
그런데 개편 후 100일이 지나자 90% 이상이 찬성한다는 자체조사가 나왔습니다.
교통체계는 그것을 바꿀 때 정착단계가 매우 중요하다는 것을 다시 한번 깨달았습니다."

– 음성직(전 서울시 교통정책보좌관)

10.1 개요

서울특별시는 2004년 7월 1일 대중교통(버스, 지하철) 이용자를 늘리고 승용차량을 줄여 서울특별시의 교통혼잡 문제를 근본적으로 개선하기 위해 버스교통체계를 대폭적으로 혁신하는 사업을 추진하였다. 1990년대 이후 서울특별시는 시민의 소득수준이 점차 향상되면서 승용차의 보유가 늘어나고 차량의 이용횟수가 크게 증가한 데 비해, 버스와 같은 대중교통 이용수요는 상대적으로 감소하는 추세를 보여 왔다. 또한 양질의 교통서비스와 도시환경의 질적 향상에 대한 시민들의 행정수요가 증폭되었는데도, 대표적인 대중교통수단인 버스교통체계는 시민의식의 변화와 요구를 충분히 파악하여 대응하지 못하고 과거의 교통정책 및 행정 관행을 그대로 답습하고 있었다.

무엇보다도 버스회사가 민간에서 운영되기 때문에 승객(시민)의 수송이라는 공공성 제공보다 이윤 추구의 수익성 확보를 위해 경영되는 측면이 강했다. 따라서 버스운행 시 운전자의 승객에 대한 공공재 성격의 공공서비스가 저하되면서 버스승객이 감소하고, 이로 인해 요금 수입이 줄어든 버스회사는 경영악화로 인해 적자가 커지면서 일부 회사는 도산하거나 합병되었다.

결국 버스가 갖는 공공성으로 인해 서울특별시에서 버스회사의 적자에 대한 보조금을 지급하면서 재정지원이 점차 증가하게 되었다. 이와 같이 만성적, 구조적인 문제가 발생하는 버스산업의 악순환 구조를 개선하기 위해서 서울특별시 버스교통체계의 근본적인 혁신이 필요한 실정이었다.

이러한 취지에서 서울특별시에서는 <그림 10.1>과 같이 버스노선체계, 운영체계, 요금체제, 중앙버스전용차로제, 교통카드시스템, 대중교통환승센터 등의 대중교통체계 개편을 위한 세부적인 사업들을 계획하여 2007년 7월 1일 서울시민들에게 개편된 서비스를 제공하게 되었다. 대중교통체계를 혁신하고자 하는 서울특별시의 이와 같은 사업은 개통 초기 교통카드시스템이 오작동하고, 중앙버스차로를 이용하는 간선, 광역버스가 열차와 같이 늘어서 정시에 도착하지 않는가 하면, 갑작스런 버스노선 변경에 따른 시민들의 혼란이 발생하는 등 상당 기간의 시행착오를 경험하면서 정착되어 가기 시작하였다.

따라서 본 장에서는 앞으로 다른 광역자치단체에서 추진하는 대중교통체계 개편사업의 표준모델이 될 서울특별시 대중교통체계 개편의 6가지 주요 사업인 버스노선체계, 운영체계, 요금체제, 중앙버스전용차로제, 교통카드시스템, 대중교통환승센터의 사업 성과와 향후 과제에 대해 구체적으로 살펴보고자 한다.

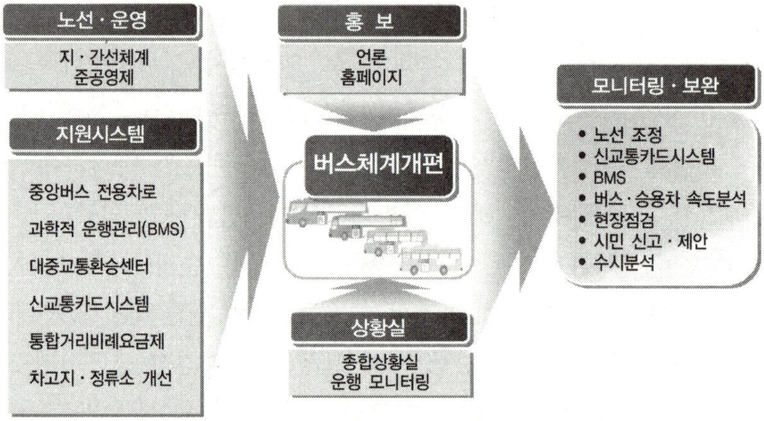

그림 10.1 서울특별시 대중교통체계 개편 개념도

10.2 서울특별시 대중교통체계 개편사례 분석

10.2.1 버스노선체계 개편사업

(1) 개편 방향 및 사업 내용

버스노선체계 개편은 이용자인 시민, 운영자인 버스운송업체, 관리자인 서울시 당국의 입장에서 각각의 정책 및 영업목표를 달성하도록 추진되었다. ① 이용자 측면에서는 버스서비스의 신속성과 정시성을 확보할 뿐 아니라 버스의 이용기회를 확대하여 교통서비스의 형평성 및 접근성이 확보되도록 하였다. ② 운영자 측면에서는 버스운송사업의 경영환경을 개선하고 궁극적으로 버스 운행의 효율성을 향상시키는 것이다. ③ 관리자 측면에서는 안정적인 버스서비스를 시민들에게 제공하고 버스교통을 통해 대중교통을 활성화시키는 데 목적이 있다 하겠다.

표 10.1 버스노선체계 개편 목적

이해관계자	개편 목적
① 이용자(시민 측면)	• 신속성과 정시성 확보 및 과밀 노선의 차내 혼잡도 완화 • 접근성 및 버스 이용기회 확대를 통한 형평성 확보 • 서비스 개선을 통한 편의성 증대
② 운영자(업체 측면)	• 경영 개선 도모 • 버스 운행의 신속성 확보 • 버스 운행효율 향상
③ 관리자(사회적 측면)	• 안정적 서비스 제공 • 버스교통 활성화 • Intermodal 교통체계 구축 • 환경개선 및 에너지소비 감소

또한, 버스노선체계 개편은 이들 정책목표를 구현하기 위해 다음과 같은 6가지 측면을 고려하여 추진되었다.

첫째, 버스의 기능별 위계를 대중교통서비스의 범위와 이용자의 다양한 요구에 따라 간선·지선기능으로 이원화하도록 버스노선체계를 재정립하였다. 서울특별시내 주요 거점 및 지역 간 이동성의 향상을 위해 승객의 통행시간을 최소화하도록 주요 거점지역을 연결하는 간선버스를 투입하고, 지선버스는 단거리 노선으로 지역 내 접근을 위해 보조간선도로 위주로 운행하거나 굴곡경로도 가능하도록 하였다. 이를 위해 버스의 운행권역별 유형을 광역간선노선, 일반간선노선, 일반지선노선, 순환지선노선 등 4가지로 세분하였다.

- ▶ **광역간선노선**: 시 외곽의 주요 지점과 서울시내 도심·부도심 간 수요를 처리하는 기능
- ▶ **일반간선노선**: 서울시내의 지역 간 수요를 처리하는 기능
- ▶ **일반지선노선**: 지역 내 통행수요 처리 및 지역 간 통행수요 보조를 위해 간선버스와 지하철을 연계하는 기능
- ▶ **순환지선노선**: 상업·업무시설이 밀집된 지역으로의 접근 편의를 도모하고 지역내부 수요를 처리하는 기능

둘째, 철도와 같은 수준으로 버스의 통행속도와 정시성을 향상시킴으로써 시민들이 버스의 도착시간에 대해 예측이 가능하도록 하였다. 이를 위해 중앙버스전용차로제를 확대 실시하고 차로에 대용량의 굴절버스(articulated bus)를 도입하여 버스의 용량과 정시성을 향상시켰다.

셋째, 버스운행의 효율성을 제고시킬 수 있도록 과다·중복노선을 통합·조정하여 업체 간 과당경쟁을 해소함으로써 버스회사의 경영환경도 개선되도록 하였다. 이를 위해 그림 10.2와 같이 교통카드(T-Money)와 BMS(Bus Management System)자료를 근거로 이용객, 수입금, 정시성, 노선중복도를 종합적으로 고려하여 버스서비스에 대한 종합지표를 산정하고 이 지표가 일정 수준 이하로 불량한 경우, 기존 노선을 통합·조정하거나 노선을 신설하는 버스노선 개편절차를 반복적으로 수행하게 된다.

그림 10.2 버스노선 개편절차 및 업무흐름도

넷째, 서울시민이 버스서비스의 지역이나 장소에 구애받지 않고 버스서비스에 접근할 수 있도록 서비스 범위를 물리적으로 확대하였다.

다섯째, 지하철노선에 버금가는 핵심 간선·지선노선망을 구축함으로써 버스노선의 인식성을 높이도록 하였다. 특히 버스노선체계를 버스의 유형별로 구분하여 주요 기점, 경유지, 종점이 유추 가능하도록 버스의 색상 및 번호체계로 노선을 개편함으로써 새로운 노선체계의 인지성을 향상시키고 번호체계를 기존과 차별화하도록 하였다.

(2) 사업성과와 향후 과제

버스노선체계 개편사업의 사업성과로는 첫째, 버스서비스 지역의 물리적 확대를 들 수 있다. 사업시행 전의 버스 운행대수는 8,146대, 노선 수 368개였으나 사업시행 후 8,306대, 노선 수 462개로 버스 운행대수와 노선 수가 모두 증가하였다. 또한 총 노선연장의 경우 2003년 12월 14,973 km였으나 2004년 12월 15,493 km로 개편 이후 증가한 것으로 나타났다. 아울러 버스서비스 제공면적도 버스정류장 수 기준으로 2004년 5,175개에서 2005년 5,818개로 개편 이후 증가한 것으로 나타나 버스서비스가 양적으로 늘어난 것으로 판단된다.

둘째, 버스 배차간격에 대한 시민들의 민원이 감소하고 <그림 10.3>, <그림 10.4>와 같이 식 (10.1)에 따른 배차간격 분산계수로 측정한 정시성에 있어서도 개편 이후 계수가 감소하고 있어 버스운행의 정시성이 점차 향상되고 있는 것으로 나타남에 따라 버스서비스가 질적으로도 향상된 것으로 판단된다. 여기서 배차간격 분산계수는 실제 배차간격 평균에 대한 배차간격 표준편차의 비율로 식 (10.1)과 같이 나타낼 수 있으며 0의 값에 가까울수록 정시성이 향상되는 것으로 해석할 수 있다.

$$\text{배차간격 분산계수} = \frac{\text{배차간격 표준편차}}{\text{배차간격 평균}} \tag{10.1}$$

여기서, $\text{실제 배차간격} = \frac{1}{(m-1)\times n} \times \sum_{i=1}^{m-1}\sum_{j=1}^{n} T_i S_j$

m = 운영버스 차량대수, n=정류장 수

$T_i S_j$ = j번째 정류장에서 i번째 차량과 $i+1$번째 차량 간 차두간격

$$\text{배차간격 표준편차} = \sqrt{\frac{\sum_{i=1}^{m-1}\sum_{j=1}^{n}(T_i S_j - \text{실제 배차간격 평균})}{(m-1)\times n}}$$

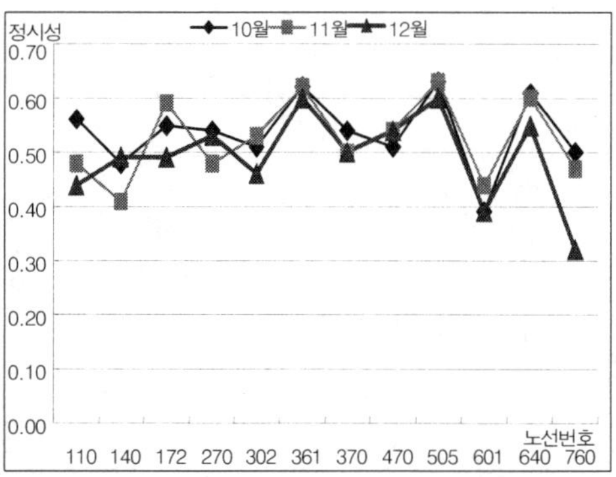

그림 10.3 노선별 월평균 오전 배차간격 분산계수

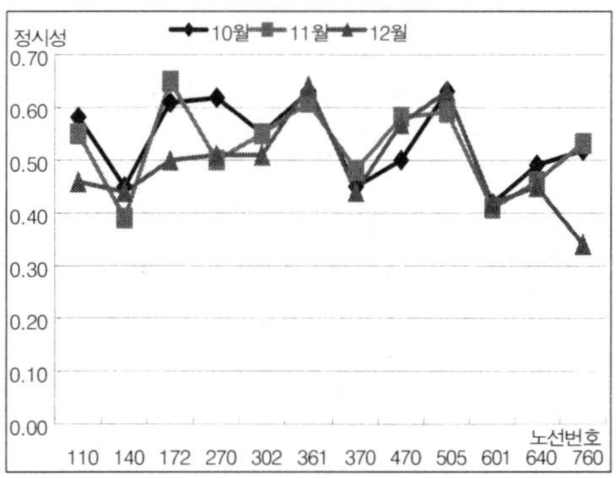

그림 10.4 오후 배차간격 분산계수

(출처: 서울시 버스체계 개편에 따른 버스운행실태 및 서비스 수준 모니터링(서울시정개발연구원, 2005))

반면, 버스노선체계 개편 이후 버스노선이 빈번하게 통합·조정되어 시민들이 단기간에 해당 노선에 적응하기 어려운 문제점도 지적되었다. 예를 들어 2004년 7~12월에는 노선변경 45건, 통합·폐선이 11건이었으며, 2005년 4~6월에는 노선변경 36건, 노선단축 19건, 통합·폐선이 20건으로 개편 후 승객들의 버스 이용패턴이 변화하면서 버스노선이 추가적으로 통합·조정되는 결과를 초래하게 되었다.

표 10.2 버스의 노선조정 현황

<table>
<tr><th colspan="2" rowspan="2">구 분</th><th colspan="2">2004. 7.</th><th colspan="2">2004. 7.~12.</th><th colspan="2">2005. 4.~6.</th></tr>
<tr><th>노선</th><th>차량</th><th>노선</th><th>차량</th><th>노선</th><th>차량</th></tr>
<tr><td rowspan="5">노선현황</td><td>간선</td><td>90</td><td>2,983</td><td>96</td><td>2,997</td><td>97</td><td>3,050</td></tr>
<tr><td>지선</td><td>328</td><td>4,566</td><td>318</td><td>4,554</td><td>309</td><td>4,525</td></tr>
<tr><td>광역</td><td>39</td><td>723</td><td>38</td><td>722</td><td>37</td><td>700</td></tr>
<tr><td>도심순환</td><td>5</td><td>34</td><td>5</td><td>34</td><td>5</td><td>32</td></tr>
<tr><td>계</td><td>462</td><td>8,306</td><td>457</td><td>8,307</td><td>448</td><td>8,307</td></tr>
<tr><td rowspan="6">노선조정</td><td>변경</td><td colspan="2">–</td><td colspan="2">45</td><td colspan="2">36</td></tr>
<tr><td>연장</td><td colspan="2">–</td><td colspan="2">22</td><td colspan="2">8</td></tr>
<tr><td>신설, 분리</td><td colspan="2">–</td><td colspan="2">14</td><td colspan="2">4</td></tr>
<tr><td>단축</td><td colspan="2">–</td><td colspan="2">4</td><td colspan="2">19</td></tr>
<tr><td>통합, 폐선</td><td colspan="2">–</td><td colspan="2">11</td><td colspan="2">20</td></tr>
<tr><td>계(건)</td><td colspan="2">–</td><td colspan="2">96</td><td colspan="2">87</td></tr>
</table>

또한 버스노선의 공공성보다 수익성을 감안하여 노선을 개편하는 경우 운송서비스의 사각지대가 발생할 수 있기 때문에 이용자의 불편을 최소화하기 위해서 노선조정은 대체노선, 대체교통수단이 있는 경우에 한해 시행하며, 출퇴근 시 과밀노선은 차량 추가 투입, 구간노선 운행 등을 통해 시간대별, 지역별로 특별한 관리가 필요하다. 이러한 노선관리는 교통카드자료나 운송이력자료를 관리하여 버스 이용수요의 변화를 지속적으로 모니터링하면서 환류과정을 통해 보완하는 노력이 무엇보다 중요하다.

10.2.2 요금체계 개편

(1) 개편 방향 및 사업 내용

요금체계 개편은 ① 이용자의 형평성 측면에서 다양한 수요계층의 수단선택의 폭을 확대해 줄 수 있으면서도 이용자들의 특성에 따라 요금을 차등화시켜서 형평성 문제를 극복하도록 추진하였다. 예를 들어 지하철의 경우 일정구간 동안 이동거리와 상관없이 동일한 요금을 부과하는 구간요금제로 설정된 구역 내에서는 단거리 통행자가 장거리 통행자보다 더 많은 요금을 지불하거나 시계 유·출입 시에도 이와 같은 불합리한 운임이 적용되는 문제점이 해소되도록 하였다. 이를 위해 기본구간을 설정하고 일정거리 경과 시마다 추가요금을 지불하는 거리비례제를 원칙적으로 도입하게 되었다.

② 대중교통의 재정 및 경영관리 측면에서 서울시 대중교통은 평균운임이 승객 1인당 수송원가에 미치지 못하여 대중교통서비스의 질이 저하되고 이는 다시 승객 감소로 이어지는 악순환을 거듭하고 있었다. 그러나 버스운송회사의 만성적인 적자로 인한 원가보상 차원에서의 요금 인상을 유도하기보다는 새로운 버스서비스를 제공하기 위한 효율적인 요금체계를 도입함으로써 운영자의 수입 측면에서도 최대한 현실성을 반영하도록 하였다. 이러한 합리적인 요금정책을 통해 버스운송회사의 수입을 증대시키는 한편, 새로운 교통카드시스템을 도입하여 운수회사와 운전자의 도덕적 해이로 인한 운송수입금의 누수를 막고 요금징수비용을 최소화하도록 하였다.

③ 요금정책에 대한 시민들의 정책 수용도를 높이기 위해 통행자의 특성에 맞는 시장의 분할을 통해 다양한 요금할인혜택을 제공하도록 하였다. 예를 들어, 시간대별 차등요금제, 정기권이나 통합요금권[35] 등 여러 가지 할인제도를 적극적으로 검토하여 대중교통이용자들의 요금부담을 경감하도록 하는 한편, 수단 간 환승 시 가중되는 이용자의 부담을 줄이기 위해 버스-지하철 간, 버스-버스 간의 환승 시에도 할인을 적용하는 통합거리비례제를 채택하였다.

개편된 대중교통요금체계는 크게 수단별 요금체계와 환승요금체계로 구분할 수 있다. ① 버스 단독통행일 경우에는 균일요금제로 하며 간선버스, 지선

35) 버스와 지하철을 자유롭게 이용할 수 있는 통합권을 뜻함

버스, 순환버스(마을버스), 광역버스로 유형을 구분하여 적용하고, 시 경계 외까지 운행하는 지·간선버스의 경우 기존의 추가요금제를 폐지하여 기본요금만 부과하는 균일요금제로 일원화하였다. ② 지하철 단독통행의 경우에는 서울시내 구간 구역제를 폐지하고, 서울·수도권 전체 지역에 거리비례제를 도입하여 요금체계를 일원화하였으며, 지하철요금은 기본거리 12 km 이내 900원으로 하며, 12~41 km 범위는 매 6 km마다 100원씩 추가하고, 42 km 초과는 매 12 km마다 100원씩 추가요금을 징수하도록 하였다.

③ 환승통행의 경우에는 기본거리 10 km 이내에서는 기본요금으로 무료로 환승하고, 이후 매 5 km마다 100원의 추가요금을 지불하도록 하는 통합거리비례제를 도입하였다. 적용 대상도 수도권 내에서 지하철·국철이나 광역버스, 간선버스, 지선버스, 순환버스, 마을버스를 갈아탈 때에 모두 가능하도록 하였다. 또한 교통카드 이용 시 학생에게 할인이 되도록 하되, 청소년의 경우 전 교통수단을 20% 할인하고, 초등생은 50%(단, 광역버스는 30%) 할인하도록 하였다.

(2) 사업성과와 향후 과제

버스요금체계 개편은 통합거리비례제를 도입하여 대중교통수단 간 환승에 따른 이용자의 요금부담을 줄이고, 표준원가개념에 의거하여 적정 요금수준을 책정함으로써 대중교통 운영기관의 경영합리화를 유도하는 효과를 거두었다.

특히 요금체계개편 이후 대중교통의 환승률은 2004년 12월 기준 22.5%로 전년동기 15.8% 대비 6.7% 포인트 증가하였고, 지하철은 15.1%로 전년동기 11.0% 대비 4.1% 포인트, 버스는 27.7%로 전년동기 19.6% 대비 8.1% 포인트 증가하는 것으로 대중교통수단 간 통합적 이용이라는 긍정적 효과를 달성하였다.

그러나 버스이용자의 평균 요금부담액은 2003년 9월 대비 2004년 9월 기준으로 8.2% 감소(599원 → 550원)한 반면 지하철의 경우에는 18.0%(600원 → 779원) 증가한 것으로 나타났다. 이는 그간 지하철요금이 운송원가를 반영하지 못했던 것으로 지하철이용객의 부담액이 요금체계 개편과 함께 증가하는 결과로 나타났다.

또한 개편 당시 광역권 대중교통요금체계가 시·도 간에 통합적으로 운용되지 않아 경기도민이 서울시 인가버스를 이용하는 경우나 반대로 서울시민이 경기도 인가버스를 이용하는 경우 환승할인제를 적용받지 못하였다. 또한 광역자치단체 내의 여러 대중교통 운영기관에서 대중교통을 운영하기 위해서는 통합거리비례제로 인해 정산에 대한 이견이 발생하여 운영기관 간 분쟁이 발생할 우려가 있으므로 운임정산의 원칙과 알고리즘을 추가로 개발할 필요가 있다.

10.2.3 버스운영체제(준공영제) 개편

(1) 개편 방향 및 사업 내용

버스운영체계의 개편 방향은 첫째, 버스노선이 버스운송회사의 기득권으로 인해 수익노선 위주로 편성, 운영되는 등 공공성이 크게 훼손됨에 따라 노선운영에 공공성을 강화하는 대신 정부의 재정을 지원하여 수요변화에 따라 유연하게 버스노선을 조정하고 비수익노선에 대해 안정적인 서비스를 제공할 수 있도록 버스노선에 대한 공적 개념을 정착시키도록 하여 버스서비스의 공공성을 향상시키는 것이다. 둘째, 이해당사자인 버스운송회사의 노사 및 전문가 등이 참여하는 버스협의체를 구성하여 노선개편, 운송수입금 공동관리, 버스운행 모니터링 및 평가체제 등 버스운영체계를 장기간 협의하여 최적안을 마련하도록 하였다.

서울특별시에서는 이를 실행하기 위해서 ① 자율조정제도와 ② 노선입찰제도를 도입하였다.

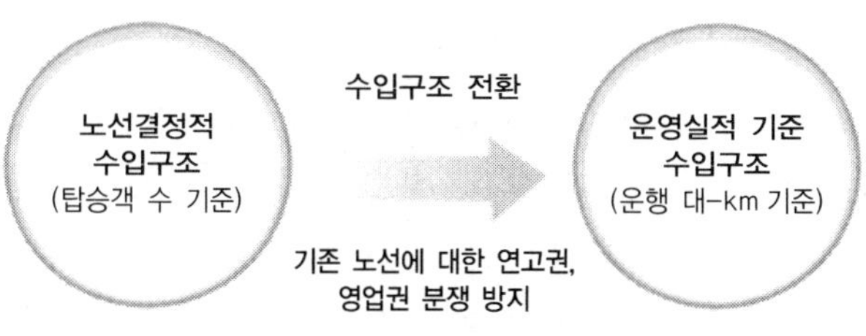

그림 10.5 자율조정제 개념도

먼저 ① 자율조정제도는 버스운송회사 등 이해당사자로 구성된 버스협의체에서 업체의 차고지를 중심으로 자율적으로 노선, 운행대수, 배차간격 등 운영안을 마련하고, 공공성이 훼손되지 않도록 서울특별시가 이를 조정하는 방식이다.

또한 이때 발생한 운송수입금은 수입금 공동관리기구를 구성하여 공동으로 관리한 후 공동관리협약과 정해진 표준원가, 업체별 운영실적에 따라 재배분하도록 하였다. 수입금 배분 시 부족분은 시에서 재정지원을 함으로써 버스회사에 안정적인 수입을 보장하도록 하였다.

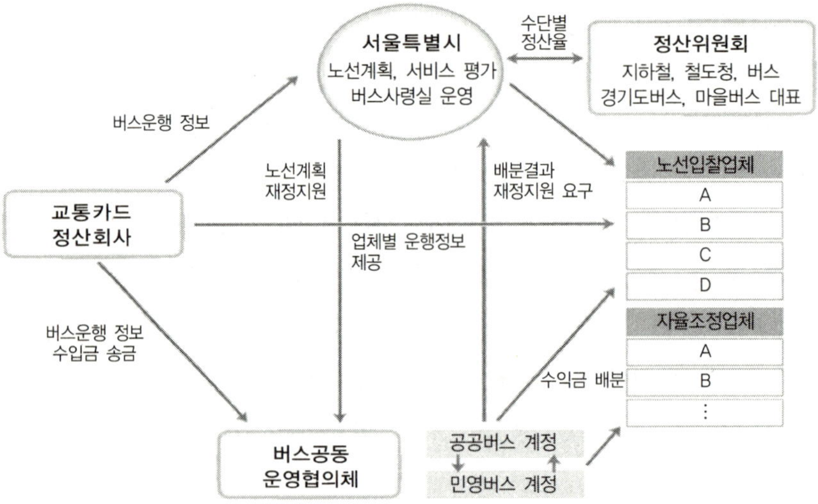

그림 10.6 운송수입금 공동관리 개념도

그러나 운송실적이나 수익금을 누락하는 등 버스운송회사의 도덕적 해이를 방지하기 위하여 버스운행을 철저히 모니터링하고 평가하는 관리체제를 도입하였다. 이를 위해 BMS(Bus Management System)를 도입하여 운행실적 평가를 전산화하고 버스사령실에서 모든 버스의 운행을 모니터링하여 운행실적 및 서비스품질 평가를 실시하였으며, 이에 따라 버스운송회사별로 보조금을 차등 지원함으로써 서비스 경쟁체제를 구축하도록 하였다.

다음으로 ② 노선입찰제는 기존 버스운송회사가 컨소시엄을 구성하고 주요 간선버스노선을 대상으로 굴절버스, 저상버스 등 고급버스를 투입하여 버스서비스를 제공하도록 경쟁시키기 위해 공개경쟁입찰을 붙이도록 하였다. 입찰에 참가한 컨소시엄 중 버스운영의 총비용, 경영 · 관리 · 재정능력, 서비스의 개선계획, 근로자의 복지향상 방안 등을 종합적으로 평가하여 적격업체를 선정하였다. 최종 낙찰자로 선정된 업체는 서울특별시와 운행계약에 따라 입찰받은 노선에서 버스서비스를 제공한다. 또한 서울특별시에서는 교통카드회사와 기능적 연계를 통해 버스수입금을 관리하고 수익을 창출하지 못한 업체에 대해서는 시에서 보조금을 지급하도록 하였다.

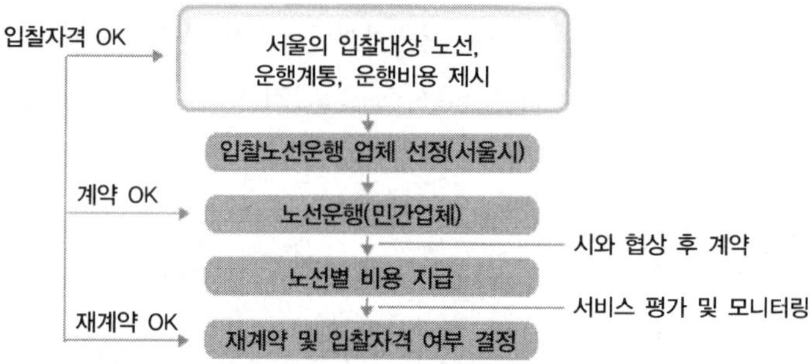

그림 10.7 노선입찰제 개념도

(2) 사업성과와 향후 과제

버스운영체제 개편을 통한 버스서비스에 대한 전반적인 시민의 만족도는 설문조사 결과 27.7%의 응답자가 만족한다고 응답하였으며, 48.8%가 보통이라고 답한 반면 불만족이라고 응답한 경우는 14.5%에 그친 것으로 나타나 과거보다 향상된 것으로 나타났다. 그러나 준공영제에 따른 버스업체의 인건비 등의 비용 상승 등으로 인해 버스운송회사의 생산성이 민간업체에서 운영할 때보다 낮아질 수 있다는 문제점도 나타났다. 또한 준공영제 실시로 인해 서울특별시의 버스운송회사에 대한 보조금 지급이 증가하고 있으므로, 버스회사의 도덕적 해이로 인한 비용 인상, 부정확한 정산에 대한 관리감독이 개편 전보다 강화되어야 하겠다. 또한 준공영제는 운전자의 인건비 상승 압박 등을 서울특별시에서 직접 부담하게 되는 구조적인 한계도 있어 정부의 개입으로 인한 '정부의 실패'가 발생하지 않도록 버스관리기구의 신설 및 민영화 방안 등도 향후 검토되어야 할 중요한 과제이다.

10.2.4 스마트카드시스템(T-Money)

(1) 개편 방향 및 사업 내용

스마트카드시스템은 통합거리비례요금제를 운영하는 물리적 기반을 조성하고 차량의 최적 배차관리와 운송수입금 관리의 투명성을 높이기 위해 도입되었다.

서울특별시에서 도입한 스마트카드는 교통요금 지불 외에도 물품구매 등 다기능 서비스 제공이 가능하도록 하였다. 특히 스마트카드의 사용실적데이터는 교통공학적 측면에서 매우 다양한 활용가치를 가지고 있다.

이러한 실적데이터를 이용하는 경우 첫째, 노선별, 시간대별 승객분포를 분석하여 효율적인 버스배차계획(Scheduling)을 작성하고 버스 소요대수 및 최적 배차간격 등을 산정함으로써 최적 운행노선을 계획할 수 있다. 둘째, 버스 승객의 분포를 노선별, 시간대별로 분석하여 운전자의 인원수, 적정 근무시간을 산정함으로써 승무원 배정(Crew Assignment)에 활용할 수 있다. 셋째, 교통망(Trip-chain) 분석을 통한 버스노선의 혼잡관리모형을 개발·활용할 수도 있다. 넷째, 객관적 데이터로 민원에 대응할 수 있도록 하고, 실시간으로 다양한 대 시민 교통정보제공이 가능한 장점이 있다.

(2) 사업성과 및 향후 과제

스마트카드시스템의 도입으로 운송수입의 정확한 집계 및 누수관리 등 운송수입금 관리의 투명성이 높아지고 버스 관리의 효율성이 향상되는 성과를 거둘 수 있었다. 반면 스마트카드 도입 초기에는 시험운영 부족 등으로 인해 카드단말기의 오작동이 발생하여 시민들의 민원을 야기하기도 하였다. 그러나 오작동에 대한 민원은 2004년 7월 약 35,000건에 달하였으나 개편 이후 2005년 10월에는 2,400건으로 감소하는 등 안정화되어 가고 있다.

10.2.5 대중교통환승센터

(1) 개편 방향 및 사업 내용

대중교통환승센터는 지하철, 버스, 택시, 승용차 등 다양한 교통수단 간 환승이 발생하는 교통의 주요 결절점에서 편리한 환승이 가능하도록 하는 지원시설로 서울특별시에서는 도심, 부도심, 시계 권역별 환승네트워크를 <그림 10.8>과 같이 구성하였다. 또한 대중교통환승센터의 기능별로 <표 10.3>과 같이 환승에 필요한 환승시설들을 구분하여 설치하였다.

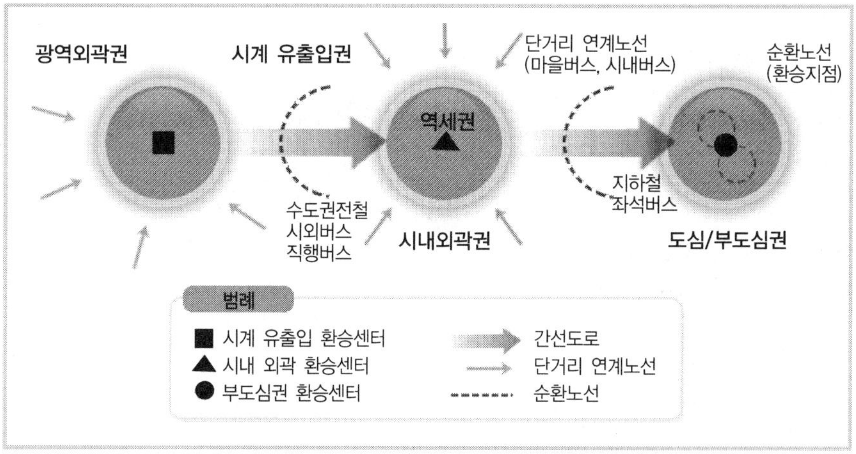

그림 10.8 대중교통환승센터 개념도

표 10.3 환승체계의 기능 및 시설 개선 내용

환승체계	기 능	환승시설 내용
시계 유출입 환승지점(TC1)	• 교외 승용차 통행자들을 대중교통수단으로 전환 유도	• 대규모 승용차 주차장 • 장거리 간선/시외버스 연계정류소
도심 외곽 환승지점(TC2)	• 부도심 진입 승용차의 대중교통 환승 • 시외 완행/직행버스 회차 • 용이한 지하철 연계망 제공	• 환승주차장 • 간/지선버스 연계정류소 • 지하철-버스 간 환승편의시설 • 시외버스 회차 동선 개선 • 시외버스터미널 운영 개선
도심 환승지점 (TC0)	• 대중교통노선의 집결지 (통행종결) • 장거리 통행과 시내교통수단 간의 환승 • 광역버스, 간선버스 회차	• 대규모 버스베이 (광역, 간선버스) • 교통광장 (다양한 교통수단 연계 및 도심공원 제공)

이에 따라 서울특별시의 대중교통환승센터 구축의 추진 방향은 주요 간선 축별 지하철－버스가 연계된 교통의 주요 결절점에 설치하여 대중교통의

환승거리가 최대한 근접하도록 대중교통이용자의 편의를 증진시켰다. 서울특별시 대중교통환승센터의 사업 대상 지역은 <표 10.4>와 같이 도심 3개소, 부도심 8개소, 시계 7개소, 시계 외곽 4개소로 22개소이고, 뉴타운, 중앙버스 전용차로, BRT, 민자사업 등 유관사업과 연계하여 추진되도록 하였다.

표 10.4 환승센터의 사업 대상 지역

대상 지역	세부지역
도심(3개소)	서울역(기준공), 동대문운동장(기준공), 세종문화회관
부도심(8개소)	청량리, 여의도, 당산역, 잠실역, 구로디지털단지역, 고속터미널, 신도림, 사당
시계(7개소)	도봉산, 구파발, 양재, 고덕, 수색, 천왕, 복정역(기준공)
시계 외곽(4개소)	관문사거리, 교문사거리, 시흥사거리, 석수IC

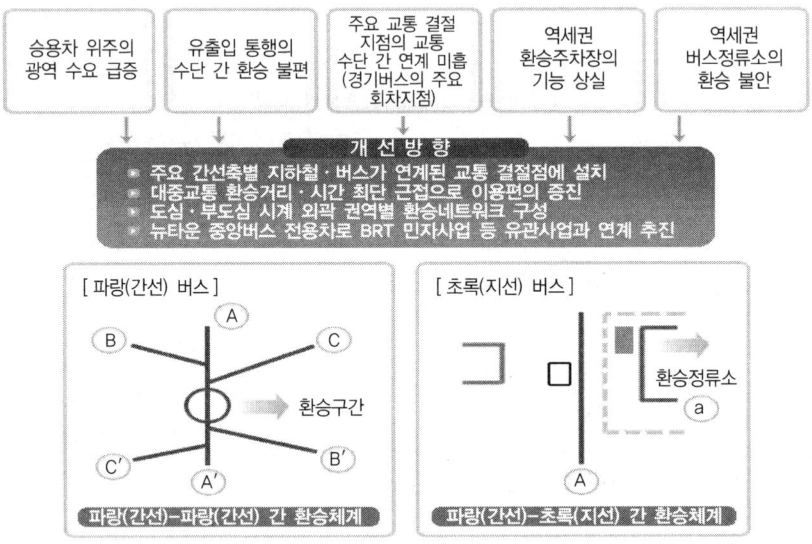

그림 10.9 대중교통환승센터 추진 방향

(2) 사업성과 및 향후 과제

대중교통환승센터 건설사업의 성과는 첫째, 간선과 지선의 원활한 환승을 통해 대중교통 이용이 활성화되었으며, 대중교통이용자가 증가하면서 버스산업의 경영수지를 개선할 수 있게 되었다. 둘째, 시내로 유입되는 차량의 감소를 통해 대중교통수단 사이의 신속하고 편리한 환승이 가능해졌다. 셋째, 환승동선의 최적화로 환승시간이 단축되고 교통수단별 동선이 확보되어 교통수단 간 이동류의 상충이 감소되었다. 넷째, 환승주차장 및 버스정류소의 개선으로 본래의 환승기능이 회복되고 역세권, 특히 버스정류소의 환승이 더욱 편리해지게 되었다.

반면, 감사원 감사결과(2007)와 같이 대중교통환승센터는 장애인 등 교통약자의 접근이 아직까지 불편한 단점이 있으며, 정확한 환승수요의 통계자료와 이에 대한 타당성 분석이 미흡한 채 건설되었을 뿐만 아니라 환승센터 건설 이후 버스노선이 배정되지 않거나 시계 외에서 진입하는 버스노선이 인접 지방자치단체(경기도, 인천광역시)와의 노선협의가 이루어지지 않아 환승센터가 당초 계획대로 활용되지 못하는 문제가 발생하였다.

10.2.6 중앙버스전용차로

(1) 개편 내용

기존의 버스정류소는 보도에 각종 노변부속 시설물과 섞여 있어 식별이 곤란하고, 대기승객과 보행자, 자전거와 동선의 마찰로 인해 사고위험에 크게 노출되어 있었고, 버스의 끼어들기와 이중 정차로 승하차승객의 정류소 이용이 불편한 문제점이 있었다. 따라서 버스승객만을 위한 대기공간을 버스정류소에 별도로 제공하고 버스와 일반 차량을 분리함으로써 버스의 빠른 운행이 가능하도록 하기 위해 중앙버스전용차로가 도입되었다.

이러한 취지에서 서울특별시에서는 2004년 7월 개편 당시 천호～하정(7.6 km), 도봉～미아(15.8 km, 의정부시계～종로 4가), 수색～성산(6.8 km, 고양시계～봉원고가), 강남대로(5.9 km, 염곡교차로～신사역), 삼일로(1.1 km) 등 5개 중앙버스전용차로 노선 총 36.1 km를 구축하여 운영하였다. 이후 2005년에는 천호～하정로, 동작～신반포로 등 6개 노선, 92.4 km 구간을 추가로 확대 설치하였다.

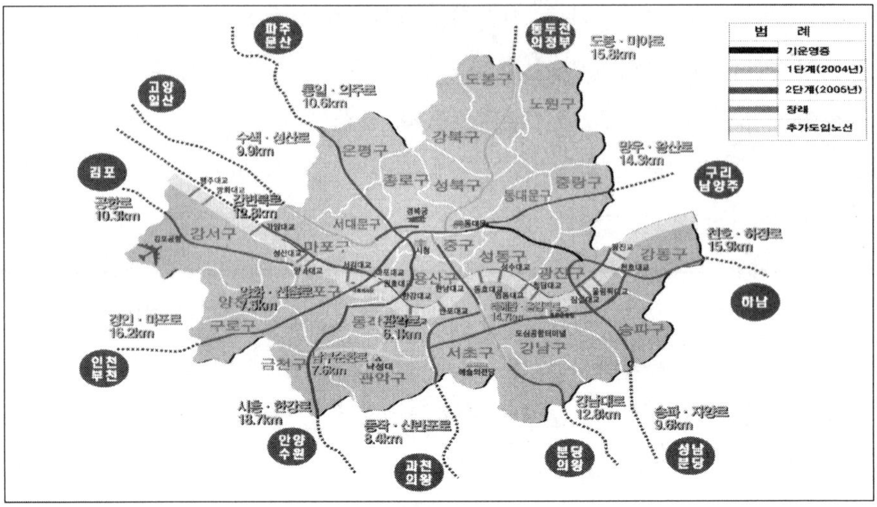

그림 10.10 중앙버스전용차로 현황 및 설치계획

(2) 사업성과 및 향후 과제

도봉미아로의 경우, 시행 전인 2004년 6월 11.0 km/h에서 시행 후인 2004년 12월 22.0 km/h로 버스운행속도가 시행 전 대비 11.0% 상승하는 등 신설된 중앙버스전용차로의 운행속도가 상당히 개선된 것으로 나타났다. 그러나 승용차의 경우에는 전 구간에서 출근 시 통행시간이 증가하는 등 기존 승용차가 이용가능한 차로의 감소로 인해 속도가 다소 감소하는 것으로 나타났다. 즉 버스속도의 향상으로 인해 버스운행의 정시성이 향상된 반면 승용차의 서비스 수준(LOS)이 떨어짐으로써 상당수의 승용차이용자들이 대중교통으로 전환되어 <표 10.7>과 같이 버스이용자 수가 상당히 증가한 것으로 나타났다.

표 10.5 버스이용자 수의 변화

구 분	개편 전(천 명/월)	개편 후(천 명/월)					증감 (11월 대비)
	2004. 6.	2004. 7.	2004. 8.	2004. 9.	2004. 10.	2004. 11.	
망우로 (13개 노선)	5,635	5,854	5,809	6,015	6,116	6,262	▲627 (11.1%)
경인로 (3개 노선)	1,717	1,770	1,746	1,816	1,820	1,868	▲151 (8.8%)

그러나 중앙버스전용차로 도입에 따른 교통사고의 증가는 사회적 문제점으로 지적되었는데 교통사고건수는 개편 전에 비해 개편 후 평균 4% 증가하였으며, 특히 사망자 수는 버스중앙차로제 시행 전에 비해 80% 이상 큰 폭으로 증가하였다. 중앙버스전용차로제 시행에 따른 교통사고의 증가를 막기 위해서는 직·좌충돌을 막기 위해 버스전용차로 정지선을 후방으로 이동시키고 버스정류장 구간의 속도를 제한하는 한편, 중앙 보행섬 및 인도측에 방호울타리를 설치하는 등 안전시설물 설치방안이 추가적으로 보완되어야 할 것이다.

표 10.6 버스중앙차로제 시행에 따른 사고발생건수

전용도로	시행일	시행 전/후(1년)				대비(%)			
		발생	사망	부상	대물	발생	사망	부상	대물
삼일로	2004.5.1.	44/25	0/1	48/25	12/14	-19(43.2)	1(100)	-23(47.9)	2(16.7)
도봉·미아로	2004.7.1.	512/518	11/11	805/849	227/266	6(1.2)	0(0.0)	44 (5.5)	39(17.2)
창경궁·하정로	2004.7.1.	104/125	0/3	69/81	51/59	21(20.2)	3(300)	12(17.4)	8(15.7)
강남대로	2004.7.1.	240/220	2/4	292/295	122/127	-20(8.3)	2(100)	3(1.0)	5(4.1)
수색·성산로	2004.7.1.	169/223	2/8	252/306	87/122	54(31.9)	6(300)	54(21.4)	35(40.2)
계		1,069/1,111	15/27	1,466/1,556	499/588	42(4)	12(80)	90 (6.1)	89(18)

또한, 중앙버스전용차로의 운영효율을 높이기 위해서는 현재와 같은 승용차 중심이 아닌 버스를 우선 처리할 수 있는 관제시스템도 필요하다. 이와 같은 버스우선신호(Bus Priority Signal)는 교차로 신호현시를 일시적으로 제어하여 버스, 노면전차(Tram) 등 대중교통에 통행우선권을 부여하는 신호체계로 국외에서 널리 활용되고 있다. 따라서 버스전용차로의 확대에 따라 도로기하구조, 교통량, 교통운영조건 등을 종합적으로 고려하여 승용차의 지체에 큰 영향을 주지 않으면서도 버스의 정시성을 향상시키기 위해 버스우선신호시스템을 개발하여 적시적소에 적용해 나가는 것이 필요하다.

한편 중앙버스전용차로의 성공적인 정착을 위해서는 중앙버스전용차로를 미시행한 구간에 대한 승용차의 수요관리정책을 병행하여 실시하고 좌회전 규제나 버스노선의 조정을 통해 버스전용차로의 용량을 충분히 확보하는 것이 필요할 것으로 판단된다. 아울러 감사원 감사결과(2007)와 같이 국토해양

부, 서울특별시, 경기도, 인천시가 추진하는 광역BRT사업과 지방자치단체에서 추진하는 버스전용차로를 연계하여 광역권역 내 대중교통망의 연계성을 높이는 방안도 보완이 필요하다.

10.3 정책적 시사점

지금까지 서울특별시 대중교통체계 개편사업의 내용을 살펴보고, 6가지 주요 사업의 성과와 향후 과제를 검토하였다. 이 6가지 개편사업의 성과와 향후 과제를 다시 한번 정리하면 첫째, 노선체계 개편으로 버스서비스의 물리적 범위를 확대하고 정시성을 개선하였다. 그러나 일부 지역의 경우 수익성 위주로 버스노선이 개편되어 서비스의 사각지역이 발생하거나 노선감축, 폐선 등 노선조정 빈도가 잦아 오히려 시민의 불편이 야기되는 문제점이 드러났다. 이러한 문제점을 해결하기 위해 시민들의 요구를 반영한 임시 맞춤형 노선을 신설하여 대비하고 노선조정은 대체노선이나 대중교통수단이 있는 경우에 한하는 등 주민들의 의견수렴을 통해 노선조정에 대한 합리적 원칙과 시행절차를 정립하는 노력이 필요하겠다.

둘째, 요금체계 개편으로 운송원가보상 측면에서 버스와 지하철이용자 간 형평성 문제가 개선되었다. 그러나 수도권 내 요금체계의 통합을 위한 노력이 부진하였으며 무엇보다도 요금제도의 간단성, 명료성, 대체성, 예측가능성이 부족한 문제점이 나타났다. 또한 복잡한 요금체계로 인해 요금조정 시 그 조정범위를 합리적으로 설정하는 데 곤란을 겪었으며, 교통카드시스템의 기계적 오류에 대비하기 위한 시험운영기간이 부족하여 개편 이후 단기간에 많은 민원이 야기되었다. 따라서 향후 요금조정 또는 인상 시에 대비해 기본요금과 거리비례요금제도에 대한 조정기준을 명확하게 개발하고 교통카드시스템에 대한 정기검사를 의무화하는 등의 제도보완 및 관리체계 개선방안을 마련하도록 하여야 한다.

셋째, 대중교통 환승할인제도의 도입으로 인해 대중교통이용자들의 평균 요금부담수준이 감소하였다. 그러나 환승센터의 환승수요에 대한 검증과 타당성 분석이 미흡하였으며 이로 인해 실수요 부족으로 환승센터 건설 이후에도 운영실적이 저조하거나 시계 외 환승센터의 경우, 인접 지방자치단체와의 노선 협의가 부족하여 환승시설이 유휴화되는 문제가 발생하였다. 또한 간선・지선 버스의 환승장소를 구분하기 어렵고 환승거리가 길어 장애인이나 노약자의 이용이 불편한 문제점이 드러났다. 따라서 향후 환승센터의 입지 선정 시 환승수요에 대한 과학적인 분석을 통해 적정 위치와 사업규모를 재검토하고 장애인이나 노약자에 대한 시설도 함께 고려할 필요가 있겠다.

넷째, 준공영제 실시로 인해 버스노선의 공공성이 강화되었으며 운전자의 임금수준이 개선되어 버스서비스의 질이 전반적으로 개선되었다. 반면 인건비의 증가로 버스산업의 생산성이 하락하였으며 버스운송회사의 도덕적 해이나 경영효율성이 향후 악화될 우려가 있는 것으로 보인다. 이와 같은 문제점을 해결하기 위하여 인건비 상승이 운송서비스 개선과 연계되도록 하거나 운송서비스의 질을 임금인상률에 반영하도록 운송비용 정산지침을 개정하는 등 경영실적에 따라 보조금을 차등적으로 지급함으로써 업체 간 서비스 경쟁체계를 유도해 나가야 한다. 또한 현재의 운영체계는 운전사의 임금인상 등 비용인상을 서울특별시에서 직접 결정하고 이에 미달하면 적자를 보전함으로써 시 재정을 압박하는 구조적인 한계를 가지고 있으므로 준공영제를 지속할 것인지 아니면 체제개편이 안정된 이후 별도의 버스관리기구를 만들어 민영화할 것인지에 대해서도 추가적인 검토가 필요하다.

다섯째, 중앙버스전용차로제의 시행으로 버스의 속도 개선 및 정시성의 향상이 이루어졌다. 그러나 중앙버스전용차로 구간에서 승용차의 속도 저하로 교통혼잡이 가중되었고, 중앙버스전용차로 구간에서 개편 전보다 교통사고가 증가하는 등의 또 다른 문제점이 발생하였다. 따라서 향후 중앙버스전용차로 주변 도로에 대한 TMS(Traffic Management System)사업을 통해 물리적으로 승용차의 유입을 방지하고 보다 적극적인 교통수요관리(Traffic Demand Management)를 통해 승용차수요를 억제하도록 보완해 나가야 할 것이다. 또한 중앙버스전용차로 구간 내 정류장의 구간속도를 제한하고 안전시설을 보강하여 설치하거나 운전자교육의 강화를 통해 교통사고를 줄이는 방안도 보다 적극적으로 보완될 필요가 있다.

참고문헌

1. 감사원(2005), 서울시 버스체계개편의 평가와 대도시 대중교통시스템 활성화방안
2. 감사원(2007), 수도권 광역교통시스템 구축운영실태 감사보고서
3. 건설교통부(2000), 수도권광역교통체계조사
4. 건설교통부(2001), 2000년 7대 도시 교통현황 발표자료
5. 김광식(2004), 대중교통체계의 정비, 도시문제, 대한지방행정공제회
6. 서울특별시(2000), 새서울 시정백서, 서울특별시
7. 서울시정개발연구원(2001), 2021 서울시 도시기본계획안 중간보고서
8. 서울시정개발연구원(2005), 서울시 버스체계개편에 따른 버스운행실태 및 서비스수준 모니터링
9. 서울시정개발연구원(2007), 중앙버스전용차로 운영평가를 위한 지표개발
10. 이용택 외(2005), 버스우선신호시스템 해외운영사례 및 국내도입방안, 교통기술과 정책 제2권 제2호, 대한교통학회
11. 국토정책(2004), 효율적인 BRT 시스템 구현을 위한 정책제언

11

대도시권 광역교통문제의 확대와 과제

일-드 프랑스 권역의 광역교통정책을 중심으로

Changes and challenges of metropolitan transportation issues by uncontrolled urban sprawl

"시대에 뒤졌거나 불필요하거나 효과적이지 못한 프로그램 또는 정책에 지출하는 비용은 우리가 새로운 도전과제에 대처할 수 있는 자원을 희생하여 마련된 것이라는 점을 잊지 말아야 한다."

– 미국 감사원(GAO) 제7대 감사원장 David M. Waker(1951년~)

11.1 개요

우리나라의 지방자치제도가 바야흐로 20년째를 맞이하면서, 교통정책의 중요 쟁점사항 중 하나가 바로 '광역화되는 교통수요를 중앙정부와 지방정부가 어떻게 합리적으로 통합(Integration)운영 · 관리해 나갈 것인가?'가 되었다. 지방분권하에서 교통행정의 분절로 인한 광역교통문제를 먼저 경험한 선진국에서는 체계적인 광역교통행정체계를 구축 · 운영함으로써 합리적으로 쟁점을 해결해 나가고자 노력하고 있다. 특히 현재 우리나라의 수도권 지역도 이러한 문제점이 빠르게 확산되고 있어, 광역교통행정체계의 정비나 개선을 적극적으로 검토해야 할 것으로 보인다.

최근 관련 지표를 살펴보더라도 우리나라의 수도권의 면적은 전 국토면적 99,407 km^2의 12%인 11,699 km^2에 불과한 반면 인구는 2,352만 명으로 전체 인구의 47%, 자동차는 692만 대로 전국의 47%를 점유하는 등 인구의 집중도가 매우 높으며, 1990년 이후로 인구는 1.3%, 자동차대수는 17%씩 매년 지속적으로 성장해가고 있다.

또한 수도권 지역의 통행축이 구조적으로 서울특별시를 중심으로 방사형으로 발달하여, 서울특별시로 유출입하는 통행량이 매년 연평균 5% 이상 증가함으로써 수도권의 교통혼잡을 더욱 가중시키고 있다. 더욱이 1990년대 이후, 경기도 지역 내 분당, 일산, 평촌, 산본, 중동 등 신도시를 침상도시(Bed Town) 형태로 개발하였으나 이들 신도시의 서울시 의존도[36)]가 40～50%에 달하고, 체계적인 광역교통계획 없이 산발적으로 택지를 난개발함으로써 광역교통수요가 폭발적으로 증가하였다. 반면 광역대중교통시설인 광역철도, 광역도로망, 환승센터 등에 대한 투자와 시설 간 통합운영이 미비하여, 수도권 지역의 연간 통행량 4,788만 통행 중 34%[37)] 이상이 승용차를 이용하는 도로와 승용차 중심의 광역교통체계가 고착됨으로써 도로혼잡을 더욱 가중시키고 있다.

이와 같은 문제점을 개선하기 위해서는 수도권 전 지역을 광역차원에서 통

---

36) 서울시 의존도는 신도시에서 발생하는 출근통행량 중 서울시로 유입되는 출근통행량의 비율로 정의한다.

37) 출 · 퇴근 시 수도권의 승용차 수단분담률: 36%, 영국 런던권: 14%, 프랑스 파리권: 17%

합관리하는 대중교통 중심의 광역교통시스템 도입이 필요하다. 그러나 수도권의 교통행정기능이 중앙정부와 지방정부(서울시 · 경기도 · 인천시)에 산발적으로 분산되어 효과적으로 계획 · 구축 · 운영 · 관리되지 못하는 문제점이 지적되고 있다. 따라서 그동안 프랑스 지역의 교통행정기관 방문과 현장 시찰을 통해 취득한 정보를 바탕으로 모범적으로 광역교통행정시스템을 운영하고 있는 일－드 프랑스 지역의 실태를 소개하고, 우리나라의 수도권 광역교통행정체계 정비를 위한 정책적 시사점을 제공하고자 한다.

11.2 일-드 프랑스(Il-de France) 광역교통체계 일반현황

11.2.1 일-드 프랑스 권역 일반개요

일－드 프랑스는 우리나라의 수도권과 같은 지역으로 프랑스 북부에 위치하며, 면적은 12,070 km^2, 인구는 1,145만 명(2004년 기준)에 이른다. 프랑스 전체 인구의 18%가 전체 국토면적의 2%에 해당하는 일－드 프랑스 지역에 거주하고 있으며, 이 지역의 GDP는 프랑스 전체 GDP의 30%인 약 2,500억 달러를 차지한다. 일－드 프랑스의 행정구역은 1개의 Region, 8개의 countries, 1,281개의 municipalities로 구성되어 있으며, 이 중 잘 알려진 파리 시는 이 지역의 중심부로 면적 105 km^2, 인구 215만 명, 행정구역은 20개 구로 구성되어 있다.

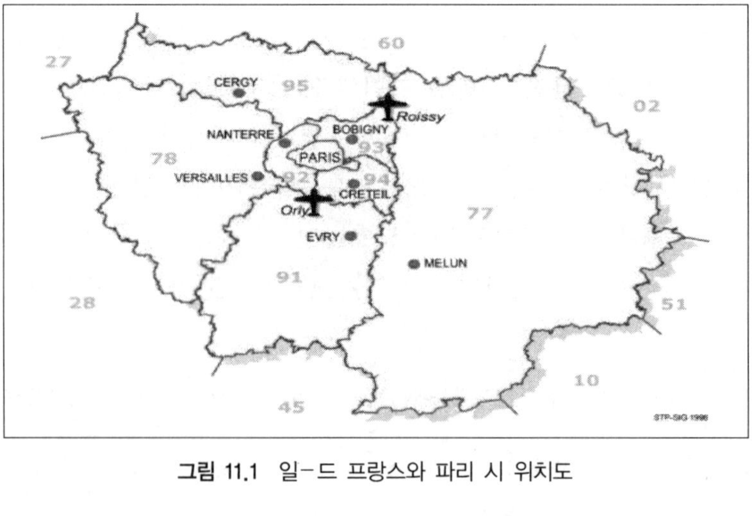

그림 11.1 일－드 프랑스와 파리 시 위치도

11.2.2 일-드 프랑스 권역 대중교통 현황

현재 일-드 프랑스 지역 내 광역대중교통 수송실적을 살펴보면, 2004년 기준 연 27억 7,000만 명이 대중교통수단을 이용하고 있으며, 이 중 파리 시의 대중교통수단 분담률은 일 기준 62%, 출퇴근 시 기준 78%에 이르는 세계 최고 수준의 대중교통이용률을 자랑하고 있다. 일-드 프랑스 지역의 대중교통이용 추이는 1995년 운송사 노조의 대규모 파업으로 인한 운행 중단 시 발생한 감소를 제외하고는 지난 15년간 지속적으로 증가하고 있는 것으로 나타났다.

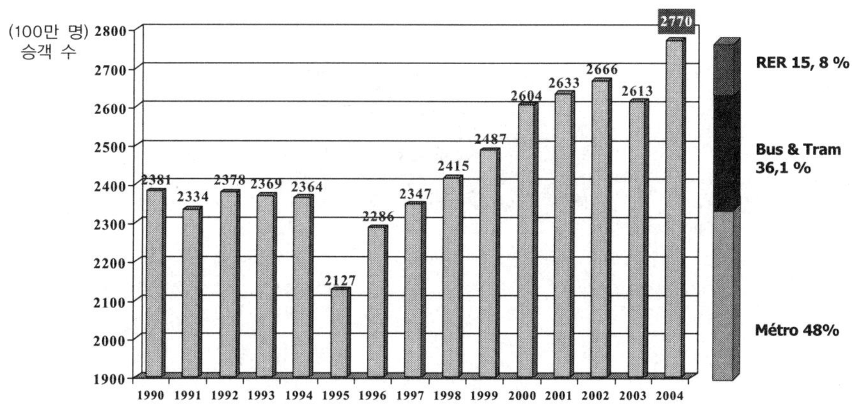

그림 11.2 대중교통 수송실적 및 분담률

표 11.1 일-드 프랑스 지역의 교통수단분담률 (단위: %)

구 분	파리-파리	파리-교외	교외-교외	일-드 프랑스 전체
대중교통	61.5	57.9	15.0	28.5
승용차	30.6	40.3	82.9	68.7
기타	7.9	1.8	2.1	2.9
총계	100.0	100.0	100.0	100.0

11.3 광역교통행정체계의 주요 특징과 장점

11.3.1 광역권 대중교통 통합운영기구 설립 · 운영

(1) 광역대중교통운영 조직 구성

일-드 프랑스 지역의 대중교통운영조직은 <그림 11.3>과 같다. 광역권의 대중교통정책을 수립하고 통합 · 조정하는 일-드 프랑스권 교통조합(STIF)이 있고, 유관기관과의 계약을 통해 파리교통공사(RATP), 프랑스국철(SNCF), 버스협회(OPTILE)가 대중교통을 제공하는 일원화된 광역권 대중교통운영기구로 운영되고 있다.

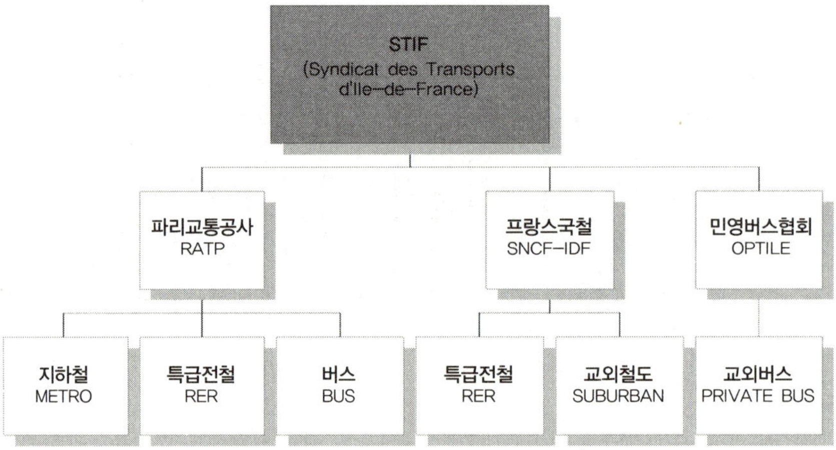

그림 11.3 광역대중교통운영기구 조직 구성도

- **파리대중교통공사(RATP)**: 국가 소속의 국영기업으로 STIF의 재정지원으로 운영되고 있으며, 현재 파리 시와 인접 지역의 지하철(Metro, 14개 노선, 노선연장 221 km), 전철(RER A, B 2개 노선을 SNCF에서 인수), 경전철(Tramway T1, T2 2개 노선), 공영버스(300여 개 노선)를 운영하면서 해당 지역의 전체 대중교통 수송인원의 50%를 분담하고 있음
- **프랑스국철(SNCF)**: 1938년 설립되어 현재 수도권 고속전철(RER C, D, E 노선, 노선연장 580 km)을 운영하고 있으며 해당 지역의 전체 대중교통 수송인원의 40%를 분담하고 있음

▶ **민영버스조합(OPTILE)**: 93개의 민간버스회사로 구성된 연합체로 버스회사는 시내 · 시외노선, 통학 · 통근노선 약 1,300개를 운영하고 있으며, 현재 해당 지역의 전체 대중교통 수송인원의 10%를 분담하고 있음

(2) 일-드 프랑스권 교통조합(STIF)

일－드 프랑스권 교통조합(Syndicat des Transports d'Ile-de-France, STIF)은 1959년 파리 시와 일－드 프랑스 지역의 광역교통정책 수립 · 조정의 필요성에 따라 창설되었으며, 1991년 이후 광역교통정책의 수립 · 조정에 대한 법적 권한을 가지게 되었다. 조합의 운영은 일－드 프랑스 지역 도지사(Prefet: 정부가 직접 임명한 광역권 수장)의 지휘를 받는다. 또한 주요 사항은 34명으로 구성된 이사회에서 결정되며, 위원장은 일－드 프랑스의 도지사(Prefet)가 담당하고 있다. 위원은 정부관계자 17명, 일－드 프랑스 지역 관계자 17명(지역 5명, 파리 5명, 주변 7개 시에서 각 1명씩)으로 구성되어 있으며, 2005년 7월부터는 중앙정부의 위원석(17개)이 모두 지방정부로 이양되어 운영되고 있다. 이사회는 그 하부에 투자계획위원회, 기술협력위원회, 요금위원회를 두어 정기적인 회의를 통해 세부정책을 논의하여 결정하고 있다.

STIF의 역할은 일－드 프랑스 지역의 대중교통에 관한 총괄책임을 담당하는 것으로 세부적으로는 대중교통공급자와 계약을 통해 서비스 수준과 요금을 결정하고, 대규모 대중교통투자사업의 결정 및 관리 · 감독, 대중교통사업의 재원조달 등을 수행하고 있다. 특히 조합의 운영재원은 조합에서 직접 집행하는 교통세[38](66%), 과태료(2.6%) 등의 수익금과 그 외 국가, 시 · 도의 공공지원금(국가: 51.4%, Region: 30%, countries · municipalities: 18.6%)으로 충당하고 있다.

38) 일－드 프랑스 지역에서 대중교통 투자재원으로 쓰이는 광역교통세(Versement Transport)에 대해서는 STIF가 직접 세금수입의 집행권을 가지고 있다. 이 제도는 10인 이상의 종업원을 가진 기업들이 인건비 총급여의 0.5～2.5%를 세금으로 부담하는 것으로, 이는 기업의 종업원 수가 많을수록 도시 내 통근으로 도시문제를 유발하는 원인을 제공하므로 원인자 부담의 원칙에 따라 이를 해결할 수 있는 대중교통투자비를 기업이 분담해야 한다는 것이다.

표 11.2 STIF의 회계운영 현황(2004년 기준)

수 입	100만 유로	퍼센트(%)	2004/2003 비율
가. 광역교통세를 통한 수입	2556.9	66.7	+ 7.4
나. 프랑스 교통운영을 위한 공공보조금	1066.4	27.8	− 10
- Region	548.1	14.3	− 10
- Ile-de France	198.4	5.2	− 10
- Countries	319.9	8.3	− 10
다. 기타 수입	212.0	5.5	+ 87.4
- 운전자 과징금 포함	101.4	2.6	+ 69.3
총수입	3835.3	100	+ 4.2
지 출	**100만 유로**	**퍼센트(%)**	**2004/2003 비율**
가. 교통회사에 지급된 정부보조금	3,500.7	91.5	+ 0.5
- RATP	1,941.8	50.8	− 0.5
- SNCF	1,247.1	32.6	+ 2.0
- 민간운수회사	311.8	8.1	+ 0.9
나. 현재 운영과 설비	19.4	0.5	+ 35.7
- 인건비	7.8	0.2	+ 6.9
- 용역비	7.0	0.2	+150.0
다. 기타 지출	306.1	8.0	+ 41.1
- 운전자과징금 징수 운영	101.4	2.7	+ 69.3
- 고용주에 대한 교통세 상환액	45.9	1.2	+ 4.1
- lmagine R card	93.5	2.4	+127.0
- Cheque mobilite	18.4	0.5	− 24.1
총지출	3,826.2	100.0	+ 3.0

11.3.2 철도망 중심의 광역대중교통망 구축 · 운영

일－드 프랑스 지역의 광역대중교통망은 <표 11.3>, <그림 11.4>와 같이 광역수요에 따라 버스, 고속전철, 지하철, 시내버스가 통합적으로 운영되고 있다. 광역대중교통망은 우선 파리 시내의 역 간 거리를 200～500 m로 하여 5분 내에 파리 시내 어디서나 접근할 수 있도록 지하철망을 구축하고, 파리 시 외곽의 경우에는 지하철과 고속철도를 통해 파리 시로 신속하게 이동이 가능하도록 하였다. 특히 외곽과 외곽을 잇기 위해 경전철과 시외버스를 건설하여 지하철과 고속철도로의 접근성을 향상시키고 있다. 일－드 프랑스 지역에 있어 주목할 만한 교통수단은 수도권 고속전철과 경전철, BRT(Bus Rapid Transit)이다.

표 11.3 일-드 프랑스 지역의 대중교통시설 현황

운송기관	교통수단	노선 수 (개)	노선연장 (km)	정거장 수 (개)	운송실적(100만 통행)		
					2003년	2004년	증감률
프랑스철도공사 (SNCF)	고속전철 (A, B, C, D, E 노선)	5	1,286	390	572.0	602.0	▲ 5.2%
파리대중교통공사 (RATP)	고속전철 (A, B 노선)	2	115	65	400.4	437.8	▲ 9.3%
	도시철도(METRO)	16	211	381	1,247.9	1,335.7	▲ 7.0%
	경전철(TRAMWAY)	2	20	34	51.7	57.7	▲11.6%
	파리버스	59	566	1,836	345.6	352.2	▲ 1.9%
	시외버스	202	2,191	5,216	562.8	587.8	▲ 4.4%
민영버스조합 (OPTILE)	지선버스	–	15,916	19,791	266.0	272.0	▲ 2.3%

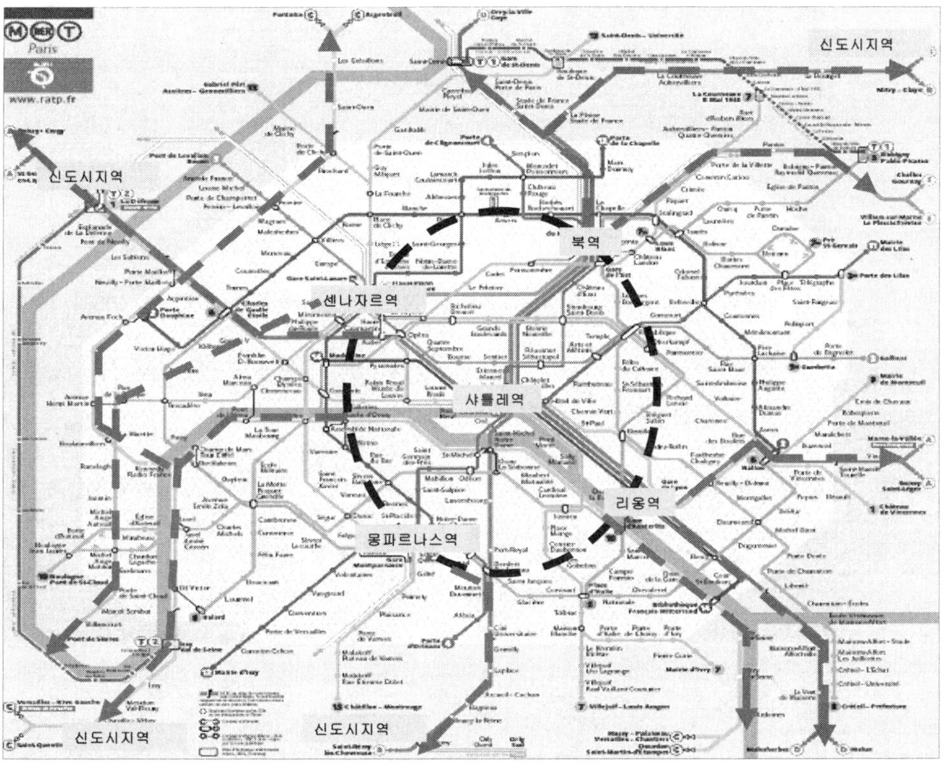

그림 11.4 일-드 프랑스 통합형 대중교통노선망(점선은 RER노선)

(1) 고속전철망

수도권 고속전철망(Reseau Express Regional, RER)은 <표 11.4>와 같이 총 5개 노선(A, B선: RATP 관리노선/C, D, E선: SNCF 관리노선)으로 파리 시내를 가로질러 일-드 프랑스 전역을 연결하고 있다. RER은 본선 옆에 설치된 대피선을 이용하여 모든 역사를 정차하지 않고 50~70 km/h까지 고속으로 운행하는 동시에 2층으로 열차를 배열하여 충분한 좌석을 제공하기 때문에 수도권 전 지역에서 신속하고 편안하게 파리 시내로 접근할 수 있다.

표 11.4 일-드 프랑스 지역의 고속전철(RER) 운영 현황

운행노선	기 점	종 점	정차역 (개)	노선연장 (km)	소요시간 (분)	표정속도 (km/h)
RER A	Marne la Vallee Chessy	Gare de Lyon	13	25	39	38
	Poissy	Gare de Lyon	10	33	34	58
	Boissy Saint Leger	Gare de Lyon	11	20	26	46
	Torcy	La Defense	14	35	41	51
RER B	Saint Remy les Chevreuse	Gare de Nord	19	40	49	49
	Mitry Claye	Gare de Nord	10	30	32	56
RER D	Melun	Gare de Lyon	15	45	47	57
	Malesherbes	Gare de Lyon	20	80	78	62
RER E	Celles	Magenta	7	25	21	71

그림 11.5 STIF 파리 시내 역사와 지하철 차량(고무바퀴로 운영, 소음과 진동이 적음)

그림 11.6 고속전철(RER)과 승강장

(2) 경전철망

파리의 경전철(Tramway)은 현재 2개 노선(T1, T2노선)이 파리 시내와 외곽의 주요 교통거점 간을 연결하여 간선대중교통망을 연계하는 지선역할을 담당하고 있다. 현재 T1선은 Saint Denis와 Bobigny 간 9 km를 운행하고 연간 2,300만 명을 수송하고 있으며 향후 10년 안에 Saint Denis에서 La Defense 사이를 추가로 연결할 계획이다. 또한 현재 T2선은 Issy Val de Seine와

표 11.5 일-드 프랑스 지역 경전철 운영 현황

구 분	T1선	T2선
기·종점	Saint Denis-Bobigny	Issy Val de Seine-La Denfense
노선연장	9 km	11.3 km
역사 개수	21개	13개
표정속도	18 km/h	31 km/h
승객 수	연 2,300만 명	연 1억 2,800만 명
노선현황	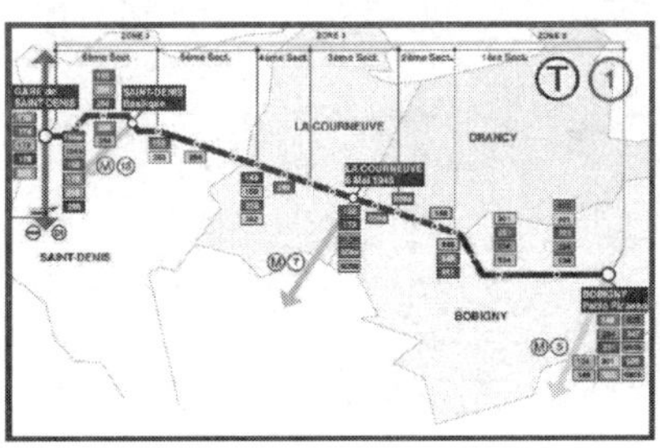	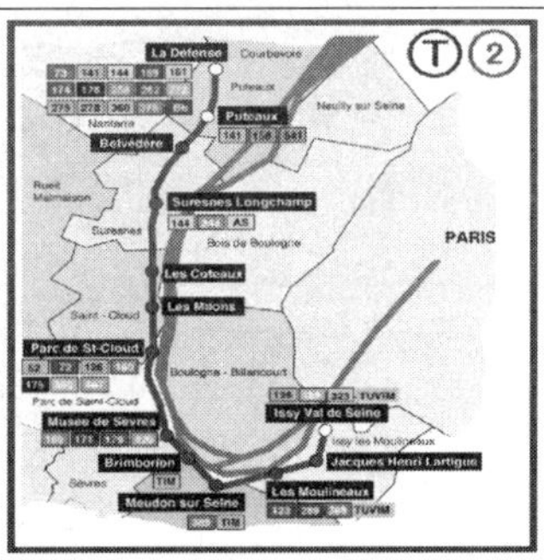

그림 11.7 경전철(T1)과 승강장

La Defense 간 11.3 km를 운행하며 연간 1억 2,800만 명을 수송하고 있으며, 향후 Issy Val de Seine에서 Porte de Versailles까지 확대될 계획이다.

(3) BRT망

일-드 프랑스 지역의 버스망은 1,300여 개로 이 중 300여 개 노선은 RATP에 의해, 1,000여 개는 OPTILE의 사업자들이 운영하면서 연간 약 10억 명의 승객을 수송하고 있다. STIF는 파리 시내 기존 버스노선(PC1~PC3)의 운행횟수를 늘리는 동시에 근교, 지방, 원거리 교외에 기존의 버스노선을 확장하거나 신규 노선을 신설하고 버스대수를 지속적으로 늘려가고 있다. 또한 버스전용차로(Bus Exclusive Lane)를 이용하여 도로 상에서 버스에 통행을

그림 11.8 도시버스 운행 사진

우선적으로 제공하는 BRT(Bus Rapid Transit) 시스템을 도입하고자 노력하고 있다. 현재 파리 시내 버스노선의 약 50% 이상에 대해 버스전용차로 · 전용도로를 운영하고 있으며 교외지역에서는 약 180 km의 버스전용차로를 운영하고 있다. 또한 국가의 법정계획으로 도시이동성계획을 수립하여, 일-드 프랑스 지역 내 100개 도시노선, 50개 원거리노선에 대해 주요 축간(Pole to Pole) 노선들로 구성된 BRT망을 구축하는 Mobilien 프로젝트를 진행하고 있다.

11.3.3 통합대중교통정보체계의 운영

일-드 프랑스 지역의 RATP, SNCF, OPTILE 등의 운송사는 1997년 AMIVIF (Association Multimodale d'Information des Voyageurs en Ile-de-France)를 설립하고, 파리 시를 중심으로 대중교통이용객들에게 복합수단환승정보 및 실시간 교통정보를 제공하고 있다. 본 협회의 주요 임무로는 STIF의 재정지원을 받아 일-드 프랑스 지역 내 운수회사에서 제공하는 서비스 관련 데이터를 수집(현재 일-드 프랑스 지역의 600만 개의 운행시간표, 30만 개의 대중교통노선, 3만 8,000개의 정류장 및 환승센터정보를 수집 관리), 통합관리하고 복합수단교통정보를 인터넷을 통하여 제공한다. 이를 위해 2004년 초 AMIVIF는 일-드 프랑스 지역의 대중교통 통합DB를 구축하여 운수회사의 교통정보를 규칙적으로 수집 · 갱신하고 있다. 또한 인터넷 상에서 대중교통정보 웹사이트(www.transport-idf.com)를 운영하고 있는데, 1일 접속인원이 7,000~10,000명 수준이며, 2004년 말 기준 총 접속건수가 300만 건에 달하는 등 주민들에게 사랑받고 있다.

또한 STIF는 철도 · 지하철 역사나 버스정류장, 환승센터에서 복합수단환승정보를 실시간으로 제공하기 위해서 시 · 도와의 협력하에 RATP의 SIEL시스템, SNCF의 Infogare시스템을 바탕으로 실시간 교통정보데이터베이스 구축프로젝트를 계획하고 예산을 지원하였다. 그 결과 실시간 교통정보제공을 위한 통합서버 및 운송사와의 표준형 인터페이스(통신 · DB 등)를 구축하여 RATP, SNCF, OPTILE의 대중교통망 상에서 정거장 · 터미널 · 환승센터 교통정보단말기 및 차내 탑재장치를 통해 차량사고 및 열차지연 등의 이벤트 정보나 목적지까지 여행시간과 도착시간 등 여행정보를 음성과 문자 형태로 제공하고 있다.

그림 11.9 대중교통정보 웹사이트(www.transport-idf.com)

11.3.4 통합요금체계

일-드 프랑스권의 대중교통 요금정책을 책임지고 있는 STIF는 요금지불체계를 정하고 운송사들이 이를 의무적으로 따르도록 하고 있다. 현재 STIF에서 발행한 대중교통티켓은 약 1,500개 지점을 통해 유통되고 있다. 대중교통티켓은 크게 시즌패스(주, 월, 년 단위 사용 및 학생용)와 싱글패스가 있는데, 시즌패스는 일-드 프랑스권 내 모든 대중교통수단을 구입한 가격에 따라 1~8존 내에서 자유롭게 이용할 수 있다. 또한 일-드 프랑스는 파리 시내를 중심으로 8개 존으로 방사형 형태로 구성되어 있으며, 해당 존 내에서는 동일한 요금을 받고 있다.

그러나 일-드 프랑스권의 수상교통, 택시, 지역 간 철도와는 완벽한 요금통합이 이루어지지 못한다. 싱글패스는 버스, 경전철, 지하철(Metro) 전용티켓으로 철도시스템 내에서는 환승이 가능하지만 버스나 기타 대중교통수단과는 환승이 불가능하다. 아울러 STIF는 대중교통수단 간 요금지불이 통합적으로 운영되도록 하기 위해 2001년부터 비접촉식 스마트카드(NAVIGO Smart Card)를 도입하고 있으며, 월간, 연간 시즌패스가 점차적으로 비접촉식 스마트

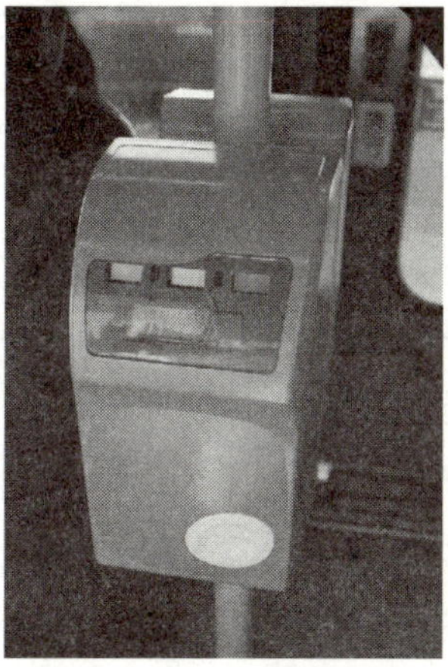

그림 11.10 버스 내 교통카드단말기 그림 11.11 RER 내 교통카드정산기

(출처: en.wikipedia.org/wiki/File:Validateur_Navigo_Metro-RER.JPG)

그림 11.12 NAVIGO 스마트카드

표 11.6 일-드 프랑스 지역의 대중교통 요금체계 (단위: €)

구 분	파리 시내 요금(존 1~2)	일-드 프랑스권 요금(존 1~8)
싱글패스	1.30	18.00
10매 티켓북	9.60	144.00
일일패스	5.00	17.95
주일패스(Cart Orange)	13.75	38.65
월간패스(Cart Orange)	46.05	128.00
연간패스(Cart Integral)	467.28	1,298.77
연간 학생용패스	242.10	742.50

카드로 교체되고 있다. 그러나 현재 싱글패스는 마그네틱 방식을 사용하고 있어 역사 내 정산기계가 마그네틱과 전자식의 2가지로 운영되고 있다.

11.3.5 네트워크 통합

STIF는 일－드 프랑스 지역의 통합대중교통망에 대한 중·장기 Master Plan을 수립하고 시·도와 운송기관의 계약에 따라 예산을 지원하되, 각 노선에 대한 시행은 해당 기관에서 관리토록 하고 있다. 이때 신규 인프라를 도입하기 위해서는 STIF의 타당성 평가심의와 기존 시스템과의 통합운영에 대한 검증을 받게 된다. 2000～2006년간 일－드 프랑스 지역의 공공기관과 운송사 간의 계약에 따라 총예산 2억 유로를 투자하여 총 100 km 연장(경전철 68 km, 메트로 12 km, BRT 20 km)의 대중교통인프라 21개 노선이 신설되고, 3개의 대형규모의 복합환승센터가 건설되었다.

또한 STIF는 일-드 프랑스 지역 도시교통의 통합운영을 위해 1970년대

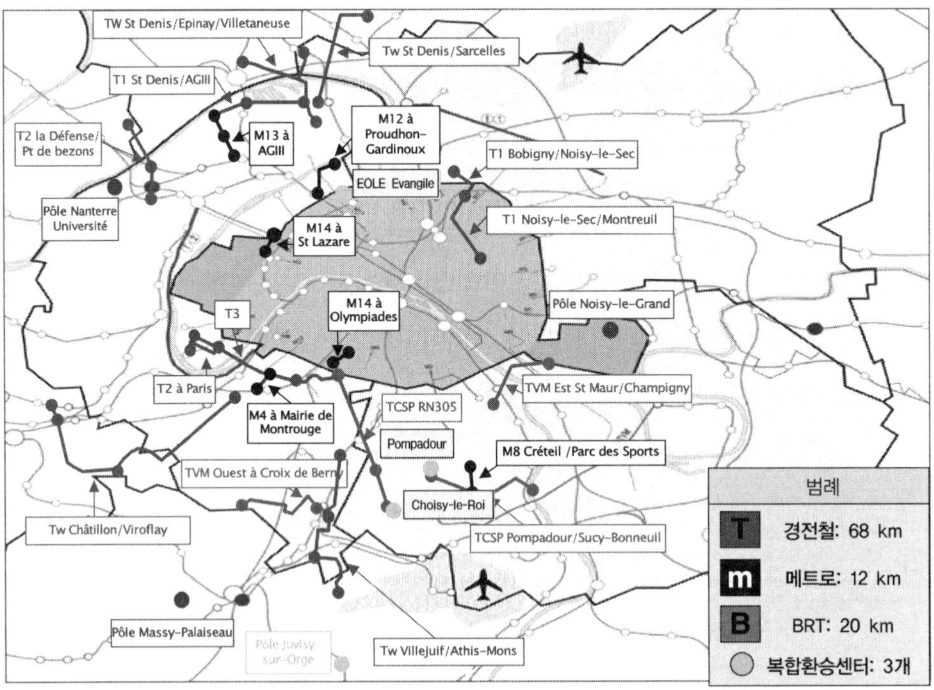

그림 11.13 2000～2006년 RATP와 시·도 간 대중교통망 확장계획

부터 도시이동성계획(Urban Mobility Plan)하에 환승시설계획을 보강하여 수립하고 운송사와의 협약을 통해서 해당 기관이 환승주차장(Park & Ride), 복합환승센터, 통합대중교통정보 제공계획을 성실히 이행할 경우 해당 지방자치단체에 보조금을 지급하고 있다. 아울러, 차량보유를 억제하기 위해 대중교통과 렌트차량, Car sharing 차량 간의 통합운영을 유도하여 대중교통이용자가 어디에서나 차량에 쉽게 접근할 수 있도록 하고 대중교통승차권 보유자에게는 추가 할인혜택(주차요금, 렌트비용 등)을 주는 인센티브정책을 도입하고 있다.

11.3.6 도시계획과 교통계획 통합운영

STIF는 토지이용과 교통을 통합하여 중·장기 지역발전계획을 수립하여 신도시개발 이전에 대중교통중심 개발방식(Transit Oriented Development, TOD)의 교통계획을 우선 수립하고 있다. 1960년대 일-드 프랑스 지역에서는 파리 시 주변의 무질서한 시가지 확산을 방지하기 위해서 인구 40만 명(2000년 기준) 규모의 5개 신도시 건설을 계획하고, 신도시 건설지역에 교통 관련 인프라 건설을 '선 계획, 후 건설' 원칙에 따라 추진하였다. 대표적인 사례인 라데팡스(La Defense)는 파리 시 서쪽 6 km 외곽에 개선문을 경유하는 간선도로축 상에 위치하며, 750만 m^2(750 ha) 수준의 핵심 부도심권 업무지역으로 계획되었다. 현재 상근인구가 20만 명에 이르며 1,000여 개의 기업이 입주하

그림 11.14 파리 시내 개선문에서 바라본 라데팡스 전경
(출처: http://en.wikipedia.org/wiki/File:La_Defense1.jpg)

고 있는 파리의 중심업무지구로 성장하였다. 이 도시는 계획 초기부터 개선문과 라데팡스의 중심부를 연결하는 간선도로를 지하로 관통시켜 통과교통의 유입을 억제하고 차량은 라데팡스 외곽에 설치된 순환도로를 통해서만 유·출입하도록 계획하였다. 또한 신도시와 파리 시 간에 급행열차(RER)를 건설·운영함으로써 대중교통중심 개발방식의 교통체계를 구축하였다. 이 외에도 파리 시 중심부 대중교통망과의 연계성을 고려하여 광역도로(A14), 급행열차 및 버스노선(20여 개)을 계획·운영함으로써 대중교통시스템의 허브기능을 수행함에 따라 직장인의 80%가 대중교통을 이용하고 있다.

11.4 정책적 시사점과 향후 과제

지금까지 프랑스 일-드 프랑스 지역의 광역교통체계의 운영실태를 고찰한 바, 지방분권화가 가속화되고 있는 국내의 현실을 고려할 때 광역교통의 문제는 더욱 확대될 것으로 예상됨에 따라 이 사례가 시사하는 향후 광역교통행정의 정책적 방향 및 교훈을 다음과 같이 몇 가지로 요약할 수 있겠다. 첫째, 대도시권의 대중교통정책을 전담하기 위해 중앙정부, 지방자치단체가 합동으로 설치한 합의제 광역교통행정기구를 조직·운영함으로써 통합적 교통행정을 추진해야 한다는 것이다. 국내의 경우, 시·도 간 교통행정의 계획, 조정을 위하여 비상설협의회(수도권 행정협의회, 대도시권 광역교통위원회, 수도권 대중교통협의회 등)와 수도권 교통본부를 운영하고 있으나, 법적지위나 집행기능이 미약하여 실질적인 조정능력이 부족한 것이 현실이다. 따라서 프랑스식 광역교통행정기구와 같은 법적지위의 확보와 대중교통서비스 수준(노선, 대수, 배차간격 등)과 요금 결정, 대중교통시스템 투자계획 수립·사업 선정 및 예산배정, 집행기능 등 실질적인 권한부여도 재검토되어야 하겠다.

둘째, 수도권 광역교통기간망을 대중교통중심 개발방식(TOD)으로 통합적으로 구축·운영해야 할 것이다. 우리나라의 수도권과 비교하여 일-드 프랑스권의 인구는 절반 수준이나 전철망은 3배 이상으로 구축되어 철도 중심의 대중교통망을 구축, 운영하고 있으며, 따라서 철도의 수송분담률도 우리에 비해 2배나 높은 특징을 보이고 있다. 이는 지역의 교통환경에 적합하도록 고속전철, 경전철, BRT의 기능과 역할이 분명하게 설정되었으며 대중교통시설이 위계에 따라 통합연계 운영이 가능하도록 구축되어 대중교통수단이 높은 서비스 수준(LOS)을 유지하기 때문으로 판단된다.

셋째, 수도권 지역을 교통인프라 등 하드웨어적인 측면에서 뿐만 아니라 요금・교통정보・환승체계 등 소프트웨어적으로도 통합운영하여 승객의 접근성과 편리성을 향상시켜 나가야 한다. 일－드 프랑스 지역에서는 통합요금체계, 통합교통정보체계, 환승체계의 통합적 운영을 통해 제반 교통시스템이 분절 없이 연속적(Seamless)으로 운영되고 있으나, 국내의 경우에는 경기도・서울시・인천시 등 각 자치단체별로 분절된 요금체계, 각 시・도별로 추진되는 교통정보화사업 및 교통수단 간 연계성이 미흡한 환승체계로 운영되는 문제점이 드러나고 있는 실정이다.

넷째, 교통정책과 국토(토지)이용계획을 통합・연계하여 추진하되, 신도시 건설지역 등 택지개발 시 교통 관련 인프라에 대해 '선 계획, 후 건설' 방식으로 추진해야 하겠다. 일－드 프랑스 지역의 신도시 개발은 대중교통중심 개발 방식으로 교통계획을 선 계획하고 후 건설하되, 도시 간 연계는 고속전철로, 신도시는 경전철과 버스체계(BRT)를 통한 연계성을 확보하여 신도시와 기존 도시 간 통행 시 대중교통 이용을 극대화시킴으로써 대도시 권역의 교통문제를 해소해 가고 있는 바, 국내의 신도시 개발이나 도시재생 시 벤치마킹(Benchmark) 사례로 검토해야 하겠다.

마지막으로 프랑스 도시계획의 저변에는 국제 간 무한경쟁 시대에 일－드 프랑스권의 경쟁력이 곧 국가경쟁력이라는 취지 아래 영국 런던권과 수백 년 동안 이어진 치열한 경쟁에서 우위를 점하기 위해 도시 공간을 효율적이면서도 매력적으로 만들고자 하는 노력이 있었다. 우리의 인지 여부와 상관없이 다가오는 태평양시대의 동북아시아에서도 BESETO(BEijing・SEoul・TOkyo) 간의 경쟁은 피할 수 없을 것으로 보이며, "지방분권화시대에 시민들의 분출되는 광역행정의 요구(Needs)를 충족시키면서 동시에 국제적 경쟁력을 갖춘 효율적인 도시인프라로서 광역교통시스템을 어떻게 구축할 것인가?"라는 화두를 던지면서, 그 해답을 찾기 위해서는 동시대를 살고 있는 프랑스인들의 경험과 노력을 보다 깊이 있게 살펴볼 필요가 있겠다.

참고문헌

1. RATP(2004), Sustainable Developmnet and Activity Report
2. STiF(2004), Annual Report
3. STiF(2003), Integration and Regulatory Structures in Public Transport Case Study-Paris-Ile de France
4. 이용택(2006), France의 광역대중교통System 통합운용 실태와 교훈, 월간 토목 제54권 제8호[39]

감사의 글 | 프랑스의 광역교통행정과 관련한 자료 제공에 협조해 주신 STIF(Syndicat des Transports d'Ile-de-France)의 Mr. Mathieu Guglielmi와 RATP(Régie Autonome des Transports Parisiens)의 Mr. Jean Marie Molina에게 감사드립니다.

39) 본 장의 내용은 이용택(2006)의 내용을 일부 보완하여 작성한 것임

12

환경적 지속가능성을 고려한 교통정책의 변화와 과제

영국의 지속가능한 교통정책 사례와 이슈를 중심으로

Changes and Challenges of transport policy with considering environmental sustainability

"새로운 정책을 도입할 때에는 다른 정책목표에 앞서
환경적인 고려가 우선되어야 한다."
– OECD 환경정책위원회(2002년)

12.1 개요

1992년 브라질 리우에서 '기후변화협약(UN Framework Convention on Climate Change, UNFCCC)'을 채택한 이후, 1997년 38개 선진국에서는 온실가스를 2012년까지 1990년 대비 5.2% 감축하는 '교토의정서'[40]를 채택하면서 우리나라에서도 국제적 대응과 국내 산업 및 환경적 측면의 전략적인 대응이 화두가 되었다. 특히, UN 범정부패널(Intergovernment Panel on Climate Change, IPCC)에 따르면 화석연료로 인한 온실가스배출의 약 90% 정도가 지구온난화현상에 직접적인 영향을 미치고 있으며, 이 중 교통분야는 온실가스 발생원의 20% 정도로 높은 비중을 차지하고 있어, 온실가스배출을 줄이고 환경적으로 지속가능한 저탄소교통체계로 전환을 위한 교통분야의 정책적 노력이 필요하다.

우리나라에서도 2010년 4월 「저탄소녹색성장기본법」과 2009년 6월 「지속가능교통물류발전법」을 제정하고 대통령직속녹색성장위원회에서 녹색성장전략과 녹색성장 5개년계획(2009. 2.)을 수립하는 한편, 국토해양부에서는 녹색교통도시를 조성하거나 녹색교통자본(철도, 자전거, 녹색공항, 녹색물류 등)을 확충하고 교통수요관리(Transport Demand Management, TDM)를 통해 교통혼잡과 탄소배출을 줄여나가는 환경적 지속가능성[41]을 고려한 교통정책을 활성화하고자 노력하고 있다.

그러나 현재 우리가 처한 환경문제를 최소화하고 점진적으로 해소해 나가는 과거의 전통적인 접근방법(Conventional Approach)은 현재의 환경문제를 근원적으로 해소하기 어렵기 때문에 장래 환경적으로 지속가능한 수준의 정책목표를 구현하기 위한 교통정책은 장래에 발생가능한 환경문제를 파악하고 정책적 메커니즘 자체를 선제적으로 변경하는 혁신적인 접근방법(Innovative

40) 협약(Convention)은 일반적인 원칙을 다룬 문서인 반면 의정서(Protocol)는 법률에 대한 시행령의 관계와 마찬가지로 협약을 구체적으로 이행하기 위한 내용을 담은 문서이다.

41) 지속가능교통물류발전법(2009. 6.)에 따르면 지속가능성은 현재세대의 필요를 충족시키기 위하여 미래세대가 사용할 경제, 사회, 환경 등의 자원을 낭비하거나 여건을 저하시키지 아니하고 서로 조화와 균형을 이루는 것을 말하는데, 본 장에서는 주로 환경적 지속가능성에 대해 설명하고 있다.

Approach)을 필요로 한다. 이러한 혁신적인 접근방법은 통행자가 이성적인 판단하에 통행행태를 합리적으로 변경한다는 전제로 추진하고 있으나 통행자가 이성적으로만 행동하는 것이 아니고, 이성적인 판단을 가정하더라도 정책행태차이(12.3.3절 참조)로 인해 정책을 수용하여 행태를 변화하는 것은 쉽지 않기 때문에 기존 정책보다 본질적으로 더 많은 정책적 리스크를 안게 된다. 이 때문에 지속가능한 교통정책을 성공적으로 도입하기 위해서는 정책적 리스크나 장애요인을 사전에 철저히 파악하여 이해관계자와의 충분한 협의나 참여와 함께, 이에 대한 체계적인 점검과 관리가 필요하다.

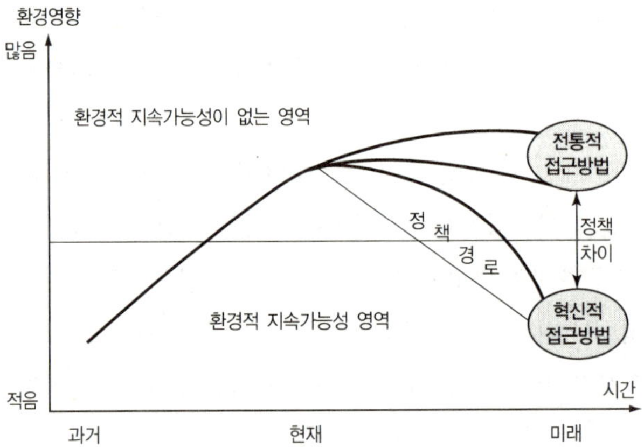

그림 12.1 지속가능한 정책적 접근방법
(출처: OECD(2002), the EST concept and approach)

이와 관련하여 영국에서도 자동차와 항공수단 이용이 급격히 증가하면서 교통분야의 온실가스가 증가함에 따라 지속가능한 교통체계를 구현하기 위한 장기구상(Eddington Transport Study, TaSTS 등)과 수단별 교통계획을 수립하여 사업에 따른 예산을 지원하는 한편, 지속가능한 계획원칙(PPG/PPS)에 따라 토지이용계획 및 교통계획을 통해 대중교통, 녹색교통을 육성하거나 수요관리기법을 도입하는 등 적극적인 대응을 하고 있다. 특히 런던 시에서 도입한 혼잡통행료제도는 시민의 통행행태 변화와 적극적인 정책수용 없이는 성공하기 어려운 혁신적인 정책인데도 불구하고 이와 같은 정책적 리스크와 장애요인을 효과적으로 관리하여 2003년 도입 이후 교통수요관리의 대표적인 모범사례로 손꼽히고 있다.

따라서 본 장에서는 우리보다 먼저 지속가능한 교통정책을 준비하여 온 영국의 사례를 고찰하고, 대표적인 수요관리정책인 런던 시 혼잡통행료 도입 시 정책적 장애요인과 이에 대한 런던 시의 대응방안을 소개하는 한편 향후 우리나라에 지속가능한 교통정책 도입 시 반영되어야 할 정책적 시사점을 함께 살펴보고자 하였다.

12.2 교통이 환경에 미치는 영향

12.2.1 교통수단별 트렌드 분석

지난 50년 동안 영국의 교통분야 수송실적을 여객통행량과 화물물동량의 변화 추이를 중심으로 살펴보면, 여객통행의 수단분담률(여객-km 기준, %)은 <그림 12.2>(위)와 같이 철도, 버스, 자전거에서 자동차(승용차, 밴, 택시 포함)로 전환되는 추이를 보이고 있다. 이러한 추이 변화는 <그림 12.2>(아래)와 같이 교통수단별 비용 변화로 설명이 가능한데, 1980년 대비 2005년 기준으로 1인당 가처분소득이 2배 이상 증가한 데 비해, 대중교통(철도, 버스) 요금이 1.5배 증가하는 동안 도로망 확충과 더불어 차량비용은 오히려 감소하여 승용차 이용이 촉진되었다. 이 외에도 도시 외곽에 신도시나 쇼핑센터가 증가하는 등 자동차 중심의 토지이용 변화도 중요한 원인으로 꼽을 수 있다. 또한 차량의 외부효과를 차량비용에 내재화하지 않고 대중교통을 확충하지 않아 서비스 수준이 지속적으로 하락하는 경우 이러한 추세는 장래에 더욱 고착될 것으로 예상된다.

또한 런던 시를 제외한 영국 내 대중교통 이용은 전반적으로 줄어들고 있지만 철도의 경우에는 1994년 이후 민자사업 활성화 등 정책적으로 철도투자를 확대하고 철도 이용에 인센티브를 제공하면서 2000년대 들어 다시 이용이 증가하고 있다. 뿐만 아니라 국내항공은 장거리를 기준으로 소폭 증가하였으나, 국제항공은 가처분소득 증가와 항공료 인하 등으로 1980년 대비 2005년 기준으로 약 3배 이상 대폭 성장하였고 이러한 추세는 장래에도 지속될 것으로 예상되고 있다.

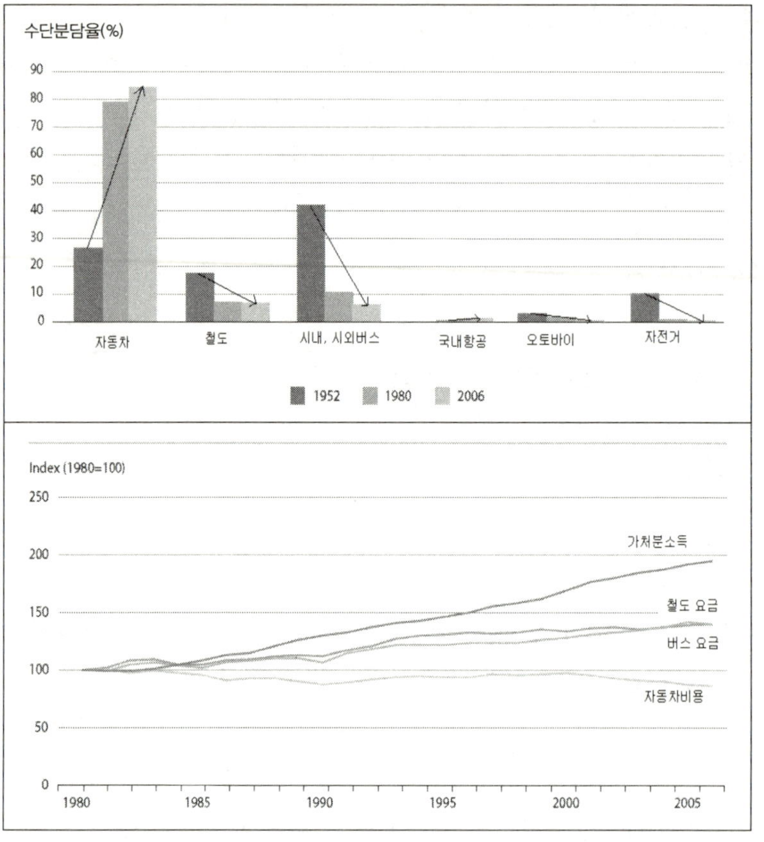

그림 12.2 여객통행 수단분담률(여객-km 기준)(위) 대 수단별 교통비용(아래) 변화 추이
(출처: 영국 교통부(DfT))

다음으로 화물물동량을 내륙화물 위주로 살펴보면, <그림 12.3>과 같이 지난 30년간 도로망 확충, 화물운송사업의 규제 완화, 복합화물운송체계 도입 등으로 인해 도로화물의 물동량이 크게 증가하여 왔다. 수로운송은 1970년 이후 영국 북해의 석유산업 생산성이 증가함에 따라 물동량이 급격히 증가한 후 1984년 이후로 이 수준을 유지하고 있다. 철도운송은 1950년대 최대 45%로 높은 화물수송분담률을 보이다가 2005년에는 9% 수준으로 떨어지면서 도로나 수로운송이 이를 대체하게 되었다. 그러나 1995년 이후 민간투자활성화 등 철도투자가 확대되면서 2000년대 들어 수송분담률이 소폭 증가하고 있으며 영국 정부에서 철도화물 및 여객수송분담률을 정책적으로 높이는 육성정책을 장려하고 있어 철도여객수요 및 물동량의 증가 추이가 지속될 것으로 예상된

다. 이 외에도 영국 내 항만으로 유·출입하는 물동량은 국제자유무역의 확산으로 인한 국가 간 물동량 증가와 함께 조선과 선적기술의 발달로 인한 해운의 신속성이 증가되어 1965년 3억 1,900만 톤에서 2005년 5억 8,300만 톤으로 82% 증가하였고 이러한 추세가 지속될 것으로 예상된다.

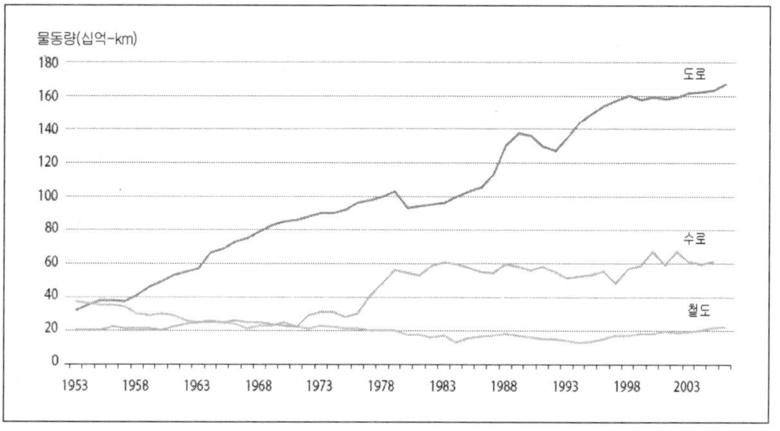

그림 12.3 수단별 화물물동량 변화 추이(1953~2003년)
(출처: 영국 교통부(DfT))

12.2.2 교통의 환경적 영향

교통은 경제적·환경적·사회적으로 넓은 범위에 걸쳐 긍정적 또는 부정적 영향을 미치고 있다. 교통발생은 경제성장의 원인인 동시에 산출물로 경제성장은 사람과 화물의 이동성 증가에 따라 교통공급을 증가시키고, 이는 이동성과 접근성을 높여 지역사회를 발전시키는 경제적으로 긍정적인 영향을 미치고 있다. 반면, <그림 12.4>와 같이 자동차 이용증가에 따른 온실가스[42)]와

42) 온실가스는 이산화탄소(CO_2), 메탄(CH_4), 아산화질소(N_2O), 수소불화탄소(HFCs), 과불화탄소(PFCs), 6불화황(SF_6)의 직접온실가스와 일산화탄소, 질소가스 등의 간접온실가스로 구분하며, 온실가스별로 지구온난화에 영향을 미치는 정도가 다르기 때문에 이산화탄소를 기준으로 각 가스별 기여정도를 명시하는 지구온난화지수(Global Warming Potential, GWP)를 사용한다. 즉 온실가스 배출량을 산정할 때 각 가스를 CO_2 톤 단위로 환산하여 배출량을 산정하는데, CO_2를 1로 했을 때 메탄은 23, 아산화질소는 296, 수소불화탄소는 종류에 따라 120~12,000, 과불화탄소 역시 종류에 따라 5,700~11,900, 그리고 6불화황은 22,200이다 (IPCC, Climate Change, 2001; The Scientific basis, Cambridge, UK; Cambridge University Press, 2001).

대기오염, 산성비로 인한 토양오염, 해운사고나 항만시설의 기름, 폐수유출로 인한 수질오염 등 대기, 토지, 수질환경에는 부정적인 영향을 미칠 뿐만 아니라 소음에 따른 불안, 불편과 같은 사회적 영향을 미치고 있다. 따라서 본 장에서는 교통이 환경에 미치는 부정적 영향을 대기, 토지, 수질, 소음을 중심으로 분야별로 살펴보고자 한다.

경제적 영향	환경적 영향	사회적 영향
▪ 교통은 경제성장의 원인이자 산출물 ▪ 경제성장에 따라 국제무역량이 증가하고 내륙 화물수송 증가 ▪ 교통은 노동의 접근을 향상시켜 고용증진효과 발생 ▪ 소득증대로 자동차 보유 등 개인 이동성과 접근성 증가 ▪ 낙후지역 등의 지역 간 연계성 향상으로 인한 지역개발효과 유발	▪ 대기, 토지, 수질에 영향 ▪ 교통 발생으로 인한 온실가스는 기후변화에 영향을 미침 ▪ 대기오염은 식물에 직접적으로 영향을 미치고, 간접적으로 산성비로 인한 토양, 수질오염 유발 ▪ 선박운행이나 사고발생으로 인한 기름유출로 해양오염 ▪ 항만 등에서 유입된 폐수와 도로 건설로 인한 생태계 파괴 등으로 생물종의 다양성 손실	▪ 보건 영향은 항공기, 차량소음이나 분진 등으로 병원입원 증가, 기대수명의 감소를 초래 – 반면, 보행이나 자전거 등 녹색교통 확대는 건강을 증진하고 비만을 억제하는 등 보건 편익 발생 ▪ 소음 영향은 자연에 의한 평안함이나 평온함을 훼손하고, 불안과 우울증을 야기 – 개인 차량과 트럭에 의한 자체 소음은 기술개발에 따라 감소해 왔으나 차량 수 증가에 따른 총 소음노출량은 증가 추세 ▪ 항공소음으로 인한 공항 주변 주민 불편 증가

그림 12.4 교통이 사회 · 경제 · 환경에 미치는 영향
(출처: NAO보고서(2009) 재작성)

(1) 대기오염

영국에서는 경제성장에 따른 탄소방출량 증가와 소득증대에 따른 항공과 도로부문의 급격한 수요 증가, 차량 내 촉매전환기(Catalytic Converter)의 사

용 확대로 인한 질소산화물(NO_x) 방출량의 증가 등으로 인해 2006년 교통부문의 온실가스 방출량이 1990년 대비 15년 동안 40% 이상 증가하게 되었다. 이러한 오염원은 여름에는 뜨거운 햇볕과 바람이 없는 기후로 인해 지표면의 오존수준을 높이고, 지표면의 오존수준 증가는 온실효과를 유발하여 기후변화를 촉진시키게 된다. 또한 겨울에는 안개가 낀 날씨가 자주 발생하는데 안개와 미세물질, NO_x 등이 결합하여 스모그를 발생시켜 국민건강에 치명적인 영향을 미친다.

온실가스 배출량 중 이산화탄소(CO_2)가 차지하는 비중은 85% 수준으로 온실가스의 주 발생원이며, CO_2 배출량 중 교통부문에서 최대 29%를 배출하는 것으로 알려져 있다. 또한 <그림 12.5>(왼쪽)와 같이 교통수단 중 도로(승용차, 버스, 화물차)와 항공부문의 배출량이 각각 70%, 22%로 1980년 이후 배출량이 꾸준히 증가하고 있으며 장래에도 두 수단의 배출량이 증가할 전망이다. 또한 교통수단별 탄소효율을 1명이 1 km 이동하는 데 사용되는 CO_2 배출량을 기준으로 살펴보면, <그림 12.5>(오른쪽)와 같이 철도는 60 g CO_2/명 · km, 버스는 90 g/명 · km, 승용차는 130 g/명 · km, 국내 항공은 158 g/명 · km 순으로 배출량이 높은 것으로 나타난다. 도로에서는 CO_2 외에도 N_2O 등 다양한 온실가스가 방출되고 있는데, N_2O 방출량은 자동차의 배출가스를 순화하기 위해 장착한 촉매전환기[43](Catalytic Converter)가 주원인으로, 1990년대

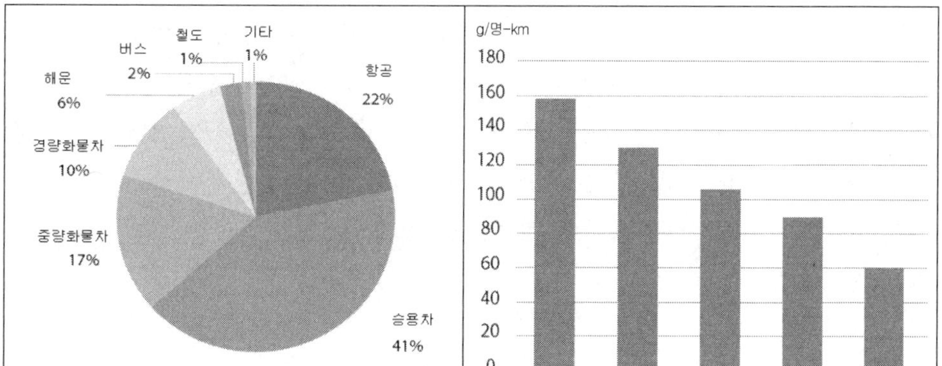

자료: 영국 환경부(Defra) 통계자료

그림 12.5 교통수단별 CO_2 배출량(왼쪽)과 배출효율(오른쪽)

43) 자동차의 내연기관 연소로 인해 발생하는 독성물질을 화학반응을 통해 순화시키는 장치

이를 도입한 이후로 N_2O 발생이 급격히 증가하는 부작용을 낳았다. 또한 항공기의 배출가스는 CO_2, 그을음, 분진 외에 다양한데도 이에 대한 환경적 영향이나 규모는 아직도 명확히 알려져 있지 않다.

(2) 토지오염

교통이 토지에 미치는 영향은 다른 인자보다 계량화하기가 어렵기 때문에 교통분야에서는 지금까지 별도의 토지오염 방지를 위한 정책목표나 규제가 없는 실정이다. 그러나 새로운 교통시설이 건설되면서 영국에서만 지난 수십 년간 약 1,200 ha/년의 녹지대가 교통시설로 전환되고 있다. 교통시설 건설로 인한 녹지대 훼손뿐만 아니라 도로운영 중 발생하는 유류찌거기 등 오염물질이 배수로를 통해 침투하여 토지를 오염시키고 있다. 또한 도로나 철도로 인한 공간적 단절은 생태계를 파괴하여 생물의 다양성을 감소시키고 지역사회를 단절시켜 지역 간 교류를 줄일 수도 있다.

(3) 수질오염

교통이 수질오염에 미치는 영향은 내륙이나 해상의 화물선, 유람선과 같은 수상교통수단에 의한 오염이 주원인이다. 이 중 해양오염은 국제선이나 연안선을 운행하는 중에 연료가 유출되어 발생되는 것으로, 영국의 실리군도 앞 토레이캐니언호 침몰로 11.9만 톤의 원유가 유출되었던 1967년 사례와 같이 유조선 침몰사고로 화석연료가 유출되어 해양생태계를 파괴하는 심각한 영향을 미치게 된다. 뿐만 아니라 내륙 하천의 경우에도 교통시설의 건설단계에서 발생하는 성토, 복개 및 인공구조물에 의해 자연하천이 유실되거나 하천수량이 감소하는 문제도 심각하다. 또한 도로 건설 후 운영단계에서도 배수로를 통해 유류찌꺼기 등 오염물질이 하천으로 직접 유입되는 경우 생태계에 심각한 영향을 미친다.

(4) 소음

영국의 국가소음발생조사[44](2002)에 따르면 잉글랜드와 웨일즈 지역을 대상으로 소음[45]을 조사한 결과, 세계보건기구(WHO)의 소음기준에 따라 주간

44) BRE, The National Noise Incidence Study 2000(England and Wales), Feb 2002

에는 주택 발코니 등 외부에서 55 dB LAeq[46]), 야간에는 45 dB LAeq를 초과하지 않아야 하는데도, 주거인구의 55%가 주・야간 소음기준 이상의 환경에 노출되어 있다고 한다. 또한 '환경소음에 대한 국가보고서'[47])에서는 1991년과 2001년의 소음조사자료를 각각 비교하여 도로와 항공소음의 증가를 지적하였다. 이 보고서에 따르면 도로에서 발생하는 차량소음에 노출된 영국인이 과거 48%에서 54%로 증가하였고, 이 중 자가용, 화물차의 차량소음을 신고하는 사람은 11%에서 13%로 증가하였으며, 소음으로 인한 우울증 환자도 2%에서 5%로 증가하였다. 또한 소음 관련 민원 신고건수 중 여객 또는 화물헬리콥터에 의한 소음신고 비율이 10%에서 16%로 증가하는 등 항공 관련 소음신고 비율이 증가하였다. 결국, 정부의 소음 규제와 교통기술 개발로 소음발생원의 소음 수준은 감소하고 있으나, 교통량 증가로 인해 소음원의 개체 수가 증가하여 총량이나 분포범위는 늘어나면서 궁극적인 소음의 저감 수준은 크게 개선되지 못하는 것으로 판단된다.

12.3 환경적 지속가능한 교통정책

12.3.1 관련 기관별 역할과 기능

영국의 교통정책 및 사업은 <표 12.1>과 같이 정부(교통부와 산하기관), 지방자치단체 및 민간에 역할과 기능이 분산되어 추진되고 있는데, 이 중 교통부는 영국 중앙정부의 교통정책에 대한 총괄적인 책임을 가지고 있으며 국제・지역 간 기간교통망에 대한 법・제도, 규제 및 관련 계획을 정비하고, 기간교통망의 구축・운영・관리는 도로청(Highway Agency), 철도공단(Network Rail), 철도운영회사, 런던 시 교통국(Transport for London) 등에 위임하고

45) 소음의 정의는 '원하지 않는 또는 외부로부터의 해로운 소리로서 인간의 활동에 의해 발생되며 교통활동이나 산업활동으로부터 발생하는 것을 포함한다.'(European Environmental Noise Directive 중)

46) 연속적인 소음에 대한 강도 수준을 측정하는 단위

47) The 1999/2000 National Survey of Attitudes to Environmental Noise, Building Research Establishment(BRE). Prepared for DEFRA, the National Assembly for Wales, the Scottish Executive and the Department of the Environment for Northern Ireland, 2001

표 12.1 영국 교통 관련 기관의 역할과 기능

기관	교통망	교통수단	임무
교통부 (Department for Transport)	국제 기간교통망	항공, 선박, 철도	전략, 계획
	국가 내, 지역 간 교통망	철도, 도로	전략, 계획, 재원, 규제
	지역, 지방교통망	지방도, 버스, 택시, 경전철, 도보 및 자전거	지침, 규제, 재원지원
도로청 (Highway Agency)	지역 간(inter-regional) 기간교통망	도로	구축, 개선, 관리, 규제
철도네트워크 (Network Rail)	지역 간(inter-regional) 기간교통망	철도	철도망 확충, 관리, 운영
광역자치단체 (regional bodies)	지역 내 교통망, 지역 내 연계교통사업, 도시부 교통망	도로, 대중교통정책, 버스, 경전철, 철도	계획 및 전략, 관리, 집행
기초자치단체 (County and unitary)	지방부교통망	지방도, 버스, 택시, 경전철, 도보 및 자전거 시설	지방부 네트워크 계획 및 전략, 집행, 소유 및 관리
자치구 (borough)	도시부교통망	지방도, 버스, 택시, 경전철, 도보 및 자전거 시설	지방부 네트워크 계획 및 전략, 집행, 소유 및 관리
런던 시	도시부교통망	도시부도로, 버스서비스, 런던지하철, 경전철, 트램, 택시, 수운	버스서비스, 런던지하철 종합계획 및 전략

있다. 이 외에도 대부분 국민이 접하는 지역·지방 내 교통서비스는 지방자치단체에서 지역단위의 교통전략을 수립하고 이에 근거하여 추진사업의 사업별 투자우선순위에 따라 재원을 배정하고 있다. 교통부는 2007년도에 기후변화에 대응하기 위해 교통부문에서도 대기오염, 토지, 수질, 소음 등 환경영향을 최소화하고 이로 인해 국민 삶의 질이 저하되지 않도록 하는 '환경적으로 지속가능한 교통정책과 관련한 공공서비스협정(Public Service Agreement)'을 발표하는 한편, 산하기관과 지방자치단체에서 이에 부합하는 교통정책과 전략을 추진하도록 국고지원[48]하고 이에 대한 성과를 관리하고 있다.

48) 교통부문 지출내역을 회계연도 2006~2007년도 기준으로 살펴보면, 지방자치단체의 지방부 교통기반시설 및 서비스 지원에 60억 파운드, 도로청의 자동차전용도로 및 간선도로 관리에 50억 파운드, 교통부(DfT)의 철도사업투자 및 철도네트워크와 철도운영회사기금 충당에 40억 파운드, 런던 시 교통국의 보조금에 30억 파운드, 기타 지자체 보조금, 버스서비스 운영지원 및 비정부공공기관 지원사업에 20억 파운드로 합계 200억 파운드를 지출하고 있다.

12.3.2 지속가능한 교통정책

중앙부처와 지방정부에서는 <표 12.2> 와 같이 국가의 이동성을 제공하면서도 교통수요를 관리하거나, 환경친화적인 녹색교통수단으로 통행을 유도하도록 하는 지속가능한 교통정책과 프로그램을 다양하게 개발·운영 중에 있다.

표 12.2 지속가능한 교통정책과 프로그램 소개

기관	역할과 책임	정책 및 프로그램
교통부, 산하기관	• 장기계획과 정책 구상	• Eddington 교통연구 • 지속가능한 교통체계 • 새로운 교통타당성 분석기법(NATA)
	• 철도정책	• 지속가능한 철도교통 구축
	• 도로정책	• 도로 건설, 혼잡통행료 도입 • 첨단 교통관리체계 구축 • EU 기준 차량배기가스 감축 • 신재생에너지 도입
	• 버스정책	• 승객우선정책
	• 자전거정책	• 지속가능한 자전거의 미래
	• 항공정책	• 항공교통의 미래 • EU 탄소거래제에 항공분야 포함
	• 항만, 해운정책	• MARPOL 총회(convention)
	• 화물	• 지속가능한 운송재원
	• 행태변화 및 정보캠페인	• 지속가능한 교통도시, CO_2 관련법
재무부	• 차량세(VED) • 회사차량세	• 항공승객세
지방정부 (자치단체)	• 지역계획 원칙	• 계획정책가이드(PPG) • 계획명세(Planning Bill)
	• 토지, 교통 통합운영	• 200만 호 주택공급(2016년까지) • 템스 강 성장지역 개발 • Eco타운
	• 지역교통계획(LTP)	• 런던 시(혼잡통행료) 모범사례

자료: 영국 감사원(2008) 자료 재구성

(1) 교통부 관련 교통정책과 프로그램

가. 장기계획과 정책 구상

영국의 지속가능한 교통계획은 'Eddington Transport Study'와 'Towards a Sustainable Transport System(TaSTS)'을 통해 정비되었는데, Eddington Transport Study는 영국경제의 생산성 향상, 지속가능한 개발을 위해 필요한 장래 교통정책의 방향을 정립하기 위해 2006년 12월 Rod Eddington경에 의해 작성된 보고서로 재무장관(Chancellor)과 교통부장관(Secretary of State for Transport)이 영국 교통정책의 기초로 이를 공동으로 발표하였다. 이 보고서는 인프라 공급 이전에 기존 교통체계의 운영효율성을 먼저 개선하도록 하고, 신규 교통인프라 투자 시 경제적 타당성 검증에 따라 투자 여부를 결정하되, 인프라를 공급할 때는 간선도로망 연계, 국제적 출입구, 도심부 혼잡도로를 우선 투자하도록 권고하고 있다. 또한 경제적 외부효과나 환경비용(Full Environment Cost)을 반영하여 교통시설 이용자의 통행요금을 책정할 필요가 있다고 주장한다. 교통부는 2007년 10월 'Eddington Transport Study'와 '기후변화에 대한 Stern의 경제학적 전망(Review)'[49]을 단기적, 중·장기적 관점에서 기후변화, 국가경쟁력, 생산성, 기회균등, 건강·안전·안보, 삶의 질 향상 등의 측면에서 어떻게 정책적으로 반영할 것인가를 정립하기 위해 TaSTS를 발표하면서 2012년까지 탄소저감대책 등 향후 5년간 교통정책 및 프로그램을 구체적으로 제시하였다.

The Eddington Study에서는 '교통투자사업의 타당성 조사의 새로운 접근법'(New Approach to Transport Appraisal, NATA)을 개선하여 교통투자사업에서 발생하는 다양한 영향을 파악하여 NATA과정에 내재화하도록 권고하였다. NATA는 교통사업에 대한 사업의 VFM(Value For Money)을 평가하는 방법론으로 1998년 처음 도입되었다. 교통사업에 대한 평가항목으로 환경(소음, 대기질, 온실가스, 풍경, 문화유산, 생물다양성, 수질), 안전(사고, 안보), 경제(재무성, 수익성, 신뢰성, 기타 광의 경제효과), 접근성(접근성, 다른 대안가

---

49) 2006년 10월 영국 경제학자인 Nicholas Stern에 의해 발표된 기후변화에 대한 경제학적 검토보고서로 기후변화와 온실가스로 인한 경제적 손실을 검토하고 이에 대한 저탄소 경제로의 전환을 위한 선제적인 대응이 무대응으로 인한 잠재적인 손실보다 비용이 적다는 점을 강조하였다.

치), 타 정책과의 통합성(타 수단과 연계, 토지정책과 연계, 타 정책과 연계)에 대해 평가하되, 계량화가 가능한 효과(소음, 사고, 재무성, 수익성 등)는 화폐가치로 분석하고, 계량화가 어려운 효과(풍경, 문화유산, 생물다양성, 수질, 안보, 통합성 등)는 7점 척도를 이용해 정량적으로 평가한 후 최종적으로 하나의 평가표(Appraisal Summary Table)로 종합적으로 평가하게 된다. 교통부는 2008년 'NATA Refresh'라는 프로젝트를 통해 위에서 제시한 계획이나 구상에 부합하는 사업이 정상적으로 추진될 수 있도록 타당성 분석방법론을 보완하여 보급하는 데 노력하고 있다.

나. 철도정책

영국 정부는 '지속가능한 철도교통'(Delivering a Sustainable Railway)(2007년) 정책에 따라 2014년까지 향후 5년 동안 철도여객수요를 2007년 대비 22.5%까지 증가시키겠다는 전략적 목표를 수립하고, 철도용량과 안전성을 향상시키기 위해 2008년부터 2014년까지 약 100억 파운드의 예산을 투자할 예정이다. 뿐만 아니라 장기적으로 철도의 여객 및 화물운송실적을 전략적으로 두 배로 증가시키는 비전을 가지고 철도시설 투자뿐만 아니라 도로의 혼잡과 환경비용을 고려한 육상교통수단의 비용구조를 개선하려는 노력과 함께 환경에 대한 통행자의 의식전환도 유도해 나가고 있다.

다. 도로정책

교통부는 도로혼잡을 완화하기 위해 회계연도 2008~2009년도 기준으로 도로건설에 약 5억 8,000만 파운드를 투자하고 있으나, 이는 교통수요를 유발하여 CO_2 등 온실가스를 늘리는 부정적인 효과를 낳고 있다. 이에 기존 도로의 운영효율을 높이는 수단으로 2008년 혼잡 시 고속도로 길어깨를 사용하는 방안을 포함하는 '첨단 고속도로 관리방안'을 마련하여 시행함으로써 추가적인 차로건설에 비해 환경적 영향을 최소화하는 효과를 기대하고 있다. 또한 도로의 투자 확대와 낮은 차량비용 구조는 도로 이용을 지속적으로 증가시키는 요인으로 작용하고 있어 도로 이용으로 인해 발생하는 외부효과를 국가도로요금체계(National Road Pricing System)에 반영하도록 제도 개선을 추진하고 있다.

유럽연합(EU)에서는 2007년 「EU 내 신차규제」에 따라 2012년까지 차량

배출가스를 130 g CO_2/km로 제한하도록 하고, 이를 어길 경우 배출가스 초과에 대한 할증금액(g CO_2/km 기준 배출량과 신규로 등록한 차량 등록대수의 곱에 따라 요율 산정)을 제조사에게 부과하도록 하고 있다. 이에 따라 영국 정부는 2020년까지 km당 100 g으로 감소시킬 것을 목표로 정하고 있으며, 영국 자동차산업협회는 「차량연료 효율성 개선을 위한 자발적 협약」을 통해 2010년까지 신차의 배출가스 평균방출량 기준을 120 g CO_2/km로 자발적으로 감축하도록 노력하고 있다. 또한 EU에서는 '재생에너지 지침'(Renewable Energy Directive)'에 따라 회원국의 유류소비 시 재생에너지를 10% 이상 포함시킬 것을 권고하고 있으며, 이에 따라 영국에서는 재생교통연료의무제(Renewable Transport Fuel Obligation)를 도입하여 2008년부터 유류공급자가 총 공급량의 5%를 바이오연료로 판매하도록 하고 있다.

라. 항공정책

교통부에서는 '항공교통의 미래'(2003)에 따라 장래 항공수요가 2030년까지 4억 9,000만 명으로 급증할 것으로 예상하고 Edinburgh 등 4개 공항의 활주로를 신규로 건설하는 한편 Newcastle 등 4개 공항의 기존 활주로를 연장하고, 기타 7개 공항에는 터미널을 확장하고 있으며 이로 인한 환경적 영향을 최소화하기 위하여 '항공을 포함한 EU의 탄소배출거래계획'(Inclusion of aviation in the EU Emissions Trading Scheme)을 수용하여 항공에서 발생하는 탄소배출량을 관리할 계획이다. 이 계획은 EU의 탄소배출거래계획(Emissions Trading Scheme, ETS)의 연장선으로, 2012년까지 EU에 이착륙하는 모든 비행기를 2004~2006년 평균탄소배출량 기준으로 제한한다는 내용을 골자로 EU 내 회원국 간의 협의를 거쳐 2012년에 시행될 예정이다.

마. 항만 및 해운정책

영국은 2005년 기준 세계물동량의 98%를 처리하는 136개국이 참여하여 해운으로 인한 해양오염 방지기준을 마련한 'MARPOL(Marine Pollution) 73/78 협약'이 1983년부터 국제기준으로 시행됨에 따라 기름에 의한 환경오염, 바다를 통한 유독성 액체와 위험물질 운반, 선박에서 나오는 오수, 쓰레기, 대기오염으로 구분된 세부기준을 준용하여 항만과 해운사 및 선박을 관리하고 있다.

바. 화물정책

교통부는 화물운송으로 인한 환경문제를 줄이고자 2005년 지속가능한 운송기금(Sustainable Distribution Fund)을 마련하여 녹색운송수단으로의 전환을 유도하면서도 물류수송의 효율을 증진시키는 프로그램을 개발하여 회계연도 2007~2008년부터 시행하고 있다. 먼저 '녹색운송수단 프로그램'은 도로운송에서 철도나 수운으로 화물운송을 유도하도록 철도화물시설과 수운화물 관련 운송시설이나 편의시설을 투자하고 지원하는 것이다. 또한 '물류수송효율 증진 프로그램'은 복합일괄수송을 확대하여 물류수송 전반의 효율을 증진시키는 프로그램으로 회계연도 2009~2010년까지 약 7,700만 파운드를 투자한 바 있다.

사. 기타 정책

교통부에서는 버스운송서비스를 개선하기 위해 버스 수입금 증가, 혼잡 완화, 접근성 개선, 환경성, 정시성과 승객서비스 개선 등에 따라 운수업체에 보조금을 차등 지급하도록 하는 '승객우선정책'(Putting Passenger First)을 도입하여 승용차운전자를 버스로 전환시키도록 유도하고 있다. 또한 '자전거를 통한 지속가능한 미래(A Sustainable Future for Cycling)'(2008)정책에 따라

[보행자 · 자전거 구축 · 운영실태 감사 결과]

▶ **감사 배경:** 영국 정부는 2002년부터 2011년까지 과거 10년간 자전거도로사업(약 1억 4,000만 파운드)을 집중 투자하였으나 자전거이용률은 감소하고 자전거사망자 수는 급증하는 결과 초래

▶ **감사 초점:** (1) 교통사고통계 적정 여부 및 도로안전사업의 사업효과 검증 (2) 도로안전 관련 기관(중앙정부, 경찰, 자치단체, 병원) 간 협조체계가 잘 작동하는지 여부 등을 점검

▶ **처분 요구사항:** (1) 교통부의 도로안전통계를 도로이용자 그룹별로 세분화하여 도로안전의 정책목표 달성 여부를 검증할 것 (2) 교통안전통계의 정확성을 높이기 위해 병원, 보건복지부, 보험사 자료를 활용하는 방안을 마련 (3) 교통부의 시범사업, 지자체와의 협력사업에 대해 평가기준을 마련하고 사업효과에 대한 철저한 검증을 요구 (4) 교통부는 안전 관련 산하기관 및 민간기관 등 협력기관의 실적을 평가하는 지표를 개발하여 기관별 투자우선순위를 선정하여 지원하고 주기적이고 공식적으로 협조체계를 구축할 것 (5) 교통부는 지자체 공무원에게 교통안전 관련 지침이나 기술적 정보를 공유할 수 있는 기회를 확대하도록 통보함.

출처: NAO(2009), Improving road safety for pedestrians and cyclists in Great Britain

자전거도로를 확충하고, 자전거시범도시(기존 6개, 신규 11개)를 확대하는 동시에 어린이를 대상으로 자전거훈련프로그램(Bikeability)을[50] 개발하는 등 자전거 이용의 확대를 유도하고 있다.

뿐만 아니라 교통부에서는 국민들에게 환경적으로 지속가능한 교통수단을 이용하도록 통행행태를 변화시키기 위해서 '현명한 선택'(Smarter Choices) 프로그램을 추진 중에 있다. 이 프로그램에는 국민들에게 자동차로 인한 환경훼손을 소개하고 자전거, 철도 등 녹색교통수단에 대한 매력을 알림으로써 총 통행량을 줄이고 통행 시에는 차량 이용을 줄이는 목적으로 출·퇴근, 등·하교에 대중교통이나 녹색교통을 이용하고, Car club과 Car sharing과 같은 방법을 통해 차량소유를 줄이는 한편 정보통신기술을 이용한 화상업무(teleworking), 화상세미나(teleconference), 홈쇼핑을 활성화하여 교통수요가 억제되도록 유도하고 있다.

(2) 재무부 관련 정책과 프로그램

영국 재무부는 통행자들이 교통수단을 선택할 때 환경적 영향을 고려하도록 하기 위해 정책적으로 세제수단을 활용하고 있다. 이러한 대표적인 정책수단이 2001년 3월부터 차량등록 시 승용차의 이산화탄소 배출량에 따라 누진하여 소비세를 부과하는 VED(Vehicle Excise Duty)제도이다. 이 제도는 2008년도 CO_2 g/km 배출량을 기준으로 연간 소비세를 <그림 12.6>과 같이 부과하도록 하고 있다.

다음으로 법인차량세금제도(Company car tax)는 고용주와 차량이용자가 이산화탄소 방출량이 적은 법인차를 사용하도록 장려하기 위해 2002년부터 배기량에 따라 누진하여 세율을 조정하는 것으로, 이러한 VED와 법인차량세금제도 등의 조세수단을 이용하여 차량보유를 억제하거나 보유하더라도 배기가스가 적은 차량을 유도할 뿐만 아니라 자동차 제조사에서도 환경오염이 적은 자동차를 제조하도록 하는 효과도 기대하고 있다. 이 외에도 영국의 항공수요가 증가하면서 대기오염이 확산됨에 따라 소비세의 일종으로 2인승 이상, 10톤

50) 영국 교통부가 수립하여 재정지원하는 국가표준자전거훈련프로그램으로 다른 형태의 비국가표준훈련유형도 다수 존재하나 교통부의 재원지원은 없다.

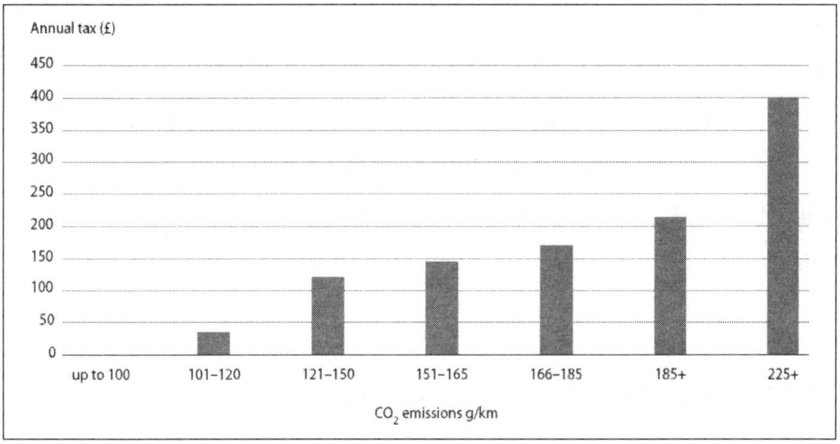

그림 12.6 VED 부과대상 범위와 금액(2008년 기준)
(자료: 영국 교통부)

이상 비행기에 대해 공항을 이용할 때 비행거리에 따라 누진하여 납부하도록 하는 공항이용세(Air Passenger Duty)를 부과하고 있는데, 2007년 2월 관련 규정을 개정하여 2배 이상 인상하였으며, 2010년도에 또다시 2배 이상 재인상하였다.

(3) 지방정부 관련 교통정책과 프로그램

가. 지역계획의 원칙과 사업추진절차 개선

영국(잉글랜드 지역)에서는 「계획과 강제수용법」(2004)에 따라 수립한 Planning Policy Guidance/Planning Policy Statement(25개항)의 원칙에 따라 도시계획을 수립하도록 하고 있기 때문에 지방정부에서 관련 계획을 수립할 때에는 이 원칙을 반드시 따라야 한다. PPG/PPS원칙을 살펴보면, PPS1은 환경적으로 지속가능한 개발에 대한 원칙으로 관련 계획 수립 시 다른 PPG/PPS보다 우선적으로 고려되어야 한다. 또한 지역개발에 관한 전략과 방법론을 정한 PPS11, 12나 교통계획원칙을 정한 PPG13은 지방정부의 지속가능한 교통계획 수립에 중요한 참고사항이 된다.

공항, 도로, 항만, 원자력 등 대규모 인프라투자사업(Nationally Significant Infrastructure Projects, NSIP)을 추진할 때에는 계획법(Planning Act, 2008)에 따라 2009년 발족된 지역자치부(Department for Communities and Local

Government) 산하의 인프라계획위원회(Infrastructure Planning Commission)에서 약 7년 정도 소요되던 승인기간을 1년 이내로 일괄적으로 승인하도록 하는 절차를 거치도록 하여 사업승인을 신속하고 투명하게 하도록 하였다. 아울러 개발업자로 하여금 개발계획 허가로 인해 예상되는 토지가 상승분의 일부를 도로, 상하수도, 학교시설에 투자하기 위한 지역인프라 부담금으로 납부하도록 하고 있다.

나. 토지이용계획과 통합운영

지방정부(광역, 기초자치단체)의 교통정책은 도로연장 기준으로 영국 내 도로의 97%에 해당하면서 도로교통량의 70%를 처리하는 관할 도로를 건설·유지·운영·관리하는 데 집중되어 있다. 또한 지방정부의 교통정책과 전략을 마련하는 지역교통전략과 지구교통계획(Local Transport Plan, LTP)은 1990년대에 들어 <표 12.3>과 같이 지역토지이용계획이나 지구개발계획과 상호 연계되어 추진되는 'Two Tier'시스템으로 정착되었다.

표 12.3 교통과 토지이용분야 지역·지구계획

조직	토지이용계획		교통계획	
광역 지역	지역토지이용계획 (15~20년 단위)	• 상위 토지이용계획 • 지속가능개발 목적	지역교통전략 (15~20년 단위)	• 국가교통계획에 대한 해당 지역의 실행계획 수립 • 토지이용계획을 지원하는 교통전략 마련
기초 지구	지구개발계획 (수시 갱신)	• 특정 지구토지이용계획 • 상위 토지이용계획에서 정한 정책과 우선순위에 부합하는 계획의 일관성 유지	지구교통계획 (5년 단위)	• 지구교통전략과 정책 수립 • 상위 지역교통계획의 정책과 우선순위에 부합하는 계획의 일관성 유지

즉, 토지이용계획은 환경적으로 지속가능한 녹색교통수단을 선택하도록 시민들의 통행패턴을 변화시킬 수 있는데, 예를 들어 상업지역 내 대중교통을 주간선축으로 하여 주변 건물밀도를 높이는 한편, 자전거나 보행으로 대중교통 접근이 용이하도록 개발하는 TOD(Transit Oriented Development)를 도입한 토지이용계획을 수립함으로써 해당 지역의 교통혼잡과 환경오염을 동시에

해소할 수 있도록 유도할 수 있다. 따라서 현재 영국 정부가 추진 중인 200만 가구의 주택건설계획(2016년까지)이나 템스 강변길 개발사업, Eco도시사업 등 대규모 택지 또는 도시개발사업을 추진할 때에는 차량 중심의 도로계획에서 벗어나 자전거나 보행, 대중교통 이용을 활성화하기 위해 사업계획 초기부터 토지이용계획과 통합적인 교통계획을 수립하도록 하고 있다.

다. 지구교통계획

지역정부는 교통법(2000)에 따라 2001년부터 5년마다 해당 지역의 교통실태와 문제점을 파악하고 이를 개선할 교통정책과 사업을 선정하는 LTP를 의무적으로 수립하여 교통부(잉글랜드만 해당)에 제출한다. 현재 2번째 LTP (LTP2)가 수립되어 2006년부터 2011년까지 운영되고 있다. 이 계획은 상위 지역교통계획의 정책과 우선순위에 부합하도록 계획의 일관성을 갖추는 동시에 교통시설 공급, 수요관리, 대중교통 관리, 도로운영 전략 등 해당 지역에 필요한 교통정책수단을 재원조달(예산)계획과 함께 제시하도록 하고 있다. 이에 대해 교통부에서는 지역정부의 계획을 평가하여 계획에 반영된 사업을 대상으로 사업우선순위에 따라 국비를 지원하도록 하고 있다.

12.3.3 정책 도입의 장애요인

환경적으로 지속가능한 교통체계를 구축하기 위한 교통정책수단은 통행자가 이성적인 판단에 따라 통행행태의 변화를 합리적으로 결정한다는 전제에서 선정된다. 그러나 정책수단을 집행하면서 실제 통행자들의 비이성적인 행태가 발생하는데 이를 '정책행태차이(Policy Behavior Gap)'라고 정의한다 (Salomon과 Mokhtarian, 1997). 또한 정책수단의 도입을 위한 의사결정과정에서는 이용자의 행태변화에 대한 기대와 도입 가능한 정책수단이 동시에 합리적으로 고려되어야 한다. 특히 정책목표를 달성하기 어려운 정책수단이 잘못 도입되는 경우, 이용자의 비이성적인 행태가 덧붙여져 교통문제를 더욱 고착시키게 된다.

더욱이 새롭고 혁신적인 정책을 추진하는 경우, 이러한 문제는 더욱 발생할 가능성이 높다. 예를 들어, 차량 사용을 줄이기 위해 휘발유 가격을 높이는 정책을 도입하여도 승용차이용자는 가스, 경유차량이나 경차량 등으로 연료구매 패턴을 변경할 뿐 차량 사용을 줄이지 않는 경향을 보일 수 있다. 즉 이와 같이 이상적인 가정을 전제로 추진하는 정책수단에는 필연적으로 장애요인이 발생하게 되기 때문에, 비록 정책목표를 달성하는 데 효과적인 정책수단이더라도 이러한 장애요인이 효과적으로 관리되지 못하면 성공적인 정책 시행이 불가능하다. 지속가능한 교통정책을 연구해온 캠브리지 대학의 David Banister 교수(2005)는 이러한 장애요인을 <표 12.4>와 같이 재원요인, 조직・제도요인, 사회・문화적 요인, 법적 요인, 부작용 요인, 물리적 요인의 6가지로 분류하여 해석하고 있다.

표 12.4 지속가능한 교통정책 도입의 장애요인

장애요인	내 용
재원요인	• 재원이 적기에 조달되지 않아 사업이 지연되거나 중단되는 문제 • 해당 기관의 예산범위 내에서 정책의 우선순위에 따라 재원을 배분하기 때문에 조직적 요인과 연계하여 검토
조직・제도요인	• 정부 내 조직 간 연계미흡으로 인한 제도적 상충이나 민・관의 협력 부족으로 인한 문제 • 부처 간 정책관점(관료주의 대 시장주의) 차이, 정책부서와 집행기관 간의 마찰, 지방자치단체 역량(인력, 전문성) 부족
사회・문화적 요인	• 이론적으로 효과적인 정책도 통행자의 정책수용도가 낮으면 사업효과가 미미해지는 문제 • 정책수용도는 억제책(Push) 또는 장려책(Pull)에 따라 달라지며, 일반적으로 장려책이 정책적 수용도가 높음
법적 요인	• 정책도입 시 법적 요건이 복잡하거나 현행 법령 내에서 추진이 불가능한 경우 발생하는 문제 • 설계지침, 기술기준 등은 최소한 품질기준을 규정하는 장점이 있지만 혁신적인 기술의 도입을 장애하는 요인으로도 작용
부작용 요인	• 모든 정책에는 부작용이 발생하는데, 정책 도입 시 제한적이더라도 심각한 부작용이 발생하면서 정책 도입이 어려워지는 문제 • 예를 들어, 교통정온화 사업은 차량속도를 줄이고, 대중교통 이용이 불편하거나 보행자 사고건수를 증가시키는 등 부작용도 발생 가능
물리적 요인	• 지역 입지나 공간적 제약으로 인해 물리적으로 정책 도입이 불가능한 문제 • 예를 들어, Park & Ride정책을 도입하기 위해서는 도시 외곽에 대중교통과 연계된 대규모 주차장 건설이 필요하는 등 물리적 요건 충족이 필요

출처: Banister(2005), Overcoming Barrier to the Implementation of Sustainable Transport

또한 이러한 장애요인을 효과적으로 관리하지 못하면 정책목표와 다른 결과를 초래하게 되는데, 이에 대해 Mashall과 Banister 교수(2000)는 지속가능한 교통정책의 하나인 교통수요 관리방안 사례연구를 중심으로 교통정책의 장애요인에 대한 관리 부족으로 인해 초래되는 부정적 사업효과를 <표 12.5>와 같이 제시하였다.

표 12.5 지속가능한 교통정책 도입에 따른 부정적 사업효과

원인 또는 효과	내 용
보완정책 부재	• 정책 간 상충 등에 대한 보완정책 부족으로 수요감소 효과 미미 • 네덜란드 Enschede 시 사례: 학생용 대중교통 무료승차권 배포로 자전거, 보행자 급격히 감소
직접 보조정책으로 통행량 증가	• 수요 감소를 위한 직접 보조방식의 보조금이 교통량 증가를 초래 • 버스회사에 운행횟수를 늘리도록 보조금을 직접 보조하는 경우, 승용차에 대한 불이익(Disincentive)이 없으면 도로 상 통행량만 늘리는 결과 초래
시스템 효율성 증대	• 도로시스템의 효율성을 증대시키는 정책은 차량의 총 통행량을 오히려 늘려 도로 이용을 촉진하는 결과 초래 • 덴마크 Aalberg 시 사례: 1995년 주차장에서 주차공간을 찾는 거리를 줄이고자 주차정보시스템을 도입하였으나 주차의 편리로 인해 승용차교통량의 증가를 유발
정책목표와 상충된 결과초래	• 교통수요 감축이라는 정책목표와 반대로 교통발생을 초래 • 도심개발억제정책은 도심 외곽과 신도시 성장으로 인해 도심근로자의 통행거리 증가를 유발
개선 없는 변화	• 정책이 통행자 행태변화는 이루었지만 교통수요 감소 효과는 미흡 • 대중교통체계 개선으로 자전거, 보행에서 대중교통으로 수단 전환한 사례 등
개선 근거나 효과 미흡	• 정책이 수요감소에 미친 실증적 근거가 없거나 있더라도 미미 • 영국 Edinburgh 시 사례: 차 없는 도시개발이나 Car Sharing기법을 도입하였으나 소규모로 추진되어 도시 전체에 대한 사업효과 미미
이용자의 정책 수용성이나 이해부족	• 정책이 대중에게 수용되지 못하여 사장되는 결과 초래 • 스위스 취리히 시: 자전거도로를 확충하여도 발달된 대중교통서비스, 산악지역으로 인한 자전거도로의 단절, 자전거 이용이 불편한 신호체계 등으로 사용되지 못함

출처: Banister(2005), Overcoming Barrier to the Implementation of Sustainable Transport

이와 같이 교통정책 도입 시 정책적 장애요인을 파악하고 이에 대한 대응방안을 마련하는 것이 중요한데 이때 사용될 수 있는 간단한 방법이 바로 체크리스트방법이다. 체크리스트방법은 판단 준거(책임성, 연계성, 기술성, 전통성,

재무성, 혁신성)에 따라 도입할 정책에 대한 장애요인을 체크리스트 사항으로 개발하여 정책 시행 이전 점검하도록 한다.

표 12.6 장애요인 관리를 위한 체크리스트

판단 준거	체크리스트
책임성 (Responsibility)	• 공간, 조직, 계획의 책임성 중복 여부 • 분명한 업무분장 부재로 인한 책임성 부족 여부
연계성 (Coordination)	• 정부 부처 간, 부처 내 기관 간, 정책 간, 인력 등 모든 관련자에 대한 수직, 수평적 연계 부족 여부
기술성 (Technical)	• 분석, 복잡성, 예측, 모니터링, 평가 점검 • 개별 정책이 아닌 정책 패키지에 대한 기술적 검토나 합의 여부
전통성 (Traditional)	• 기술적, 정량적 분석과 정성적 분석이 조화되었는지 여부 • 장기, 단기 정책목표의 적정성
재무성 (Financial)	• 중앙정부의 지자체에 대한 국고지원, 지자체의 지방비 확보 여부 • 예산통제의 유효성(availability), 집행단계의 투명성 여부
혁신성 (Innovation)	• 위험수용, 혁신적 정책인지, 점진적 정책인지 여부 • 지속가능한 교통정책과 국가공간정책에 목표달성이나 실행가능 여부

출처: Banister(2005), Overcoming Barrier to the Implementation of Sustainable Transport

12.3.4 런던 시 혼잡통행료 사례분석

런던 시의 교통정책은 런던 시 산하의 런던 교통청(TfL)이 런던 시내 도로, 버스, 지하철, 철도, 택시, 수운서비스까지 런던의 모든 교통체계를 실제적으로 운영·관리하고 있다. 런던교통청의 사업비는 연 50억여 파운드로 이 중 60%는 요금과 교통혼잡통행료 수입, 지방세 등으로 충당하며 나머지 40%는 중앙정부의 보조금에 의존하고 있다. 런던 시의 지속가능한 교통정책 중 대표적인 것이 바로 2003년도에 도입한 도심 내 혼잡통행료제도이다. 이 제도는 <그림 12.7>과 같이 런던 시내에 진입하는 차량에 혼잡통행료(월요일~금요일, 오전 7시~오후 6시 30분, 5파운드/일에서 이후 8파운드/일로 인상)를 부과하여 교통량을 줄이는 수요감축정책으로 런던 시내 혼잡을 해소하고 대기질을 개선하는 한편 징수된 혼잡통행료를 교통시설의 투자재원으로 다시 활용하고자 하는 목적에서 추진되었다.

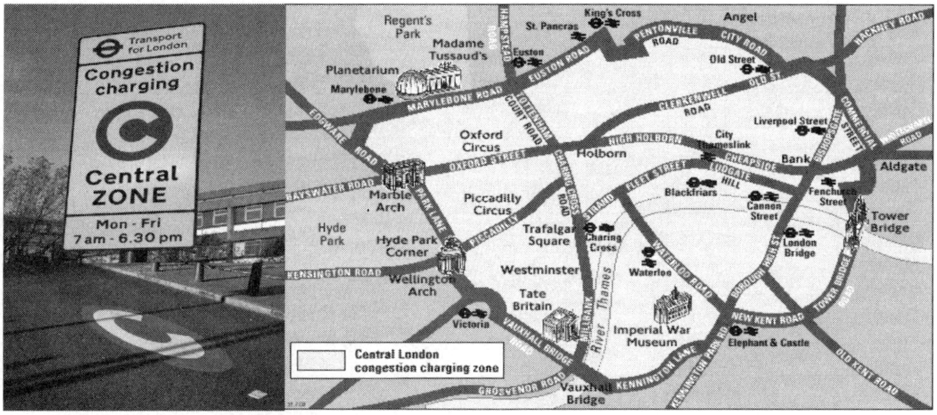

그림 12.7 런던 시내 혼잡통행료 징수지역

런던 시에서는 혼잡통행료의 성공적인 추진을 위해서 런던 교통청 내에 혼잡통행료 전담부서인 LTCC(London Transport Control Center)를 설립하여 2001년 7월 혼잡통행료제도(안)를 마련하였다. 또한 이 과정에서 <표 12.7>과 같이 제도 도입에 따른 장애요인을 사전에 파악하고, 예상되는 장애요인과 주요 쟁점을 2년간 정책포럼(Policy Forum) 등을 활성화하면서 이해관계자들과 꾸준히 협의하여 얻은 최종안(2002년 3월)을 시범운영기간을 거쳐 2003년 2월 최종 시행할 수 있었다.

런던 시에서는 2001년 7월 혼잡통행료(안)를 마련하면서 혼잡통행료징수제도의 정책적 수용도를 높이기 위해 승용차의 대체수단인 대중교통수단의 서비스 질을 개선하도록 노력하였다. 이를 위해 버스전용차로, 버스우선신호 등 대중교통시설을 확충하는 한편 버스노선을 확대 조정하거나 첨두시 버스를 증차하고 버스정보시스템(Bus Information System)을 도입하였다. 또한 승용차이용자가 대중교통으로 쉽게 환승하도록 징수지역 주변에 6개의 공영주차장을 확보하여 환승을 유도하였다. 그리고 통행료로 얻은 수입(회계연도 2007~2008년 기준 1억 3,700만 파운드)을 대중교통(수입의 80%)과 도로, 보행자 안전에 사용하는 재원으로 활용하도록 하여 대중교통의 수요증가로 인한 불편을 최소화하도록 하였다. 무엇보다도 2003년 2월 개통 이전 2002년 가을부터 6개월 이상의 충분한 시범운영을 통해 요금징수 기술의 신뢰성이나 혼잡통행료의 정책적 효과성에 대해 검증하였을 뿐만 아니라, 이를 지원하는

표 12.7 런던 시의 혼잡통행료 도입 시 장애요인과 주요 쟁점

<table>
<tr><th colspan="3">구분</th><th>점검 내용</th></tr>
<tr><td colspan="2" rowspan="6">장애요인</td><td>재원요인</td><td>• 혼잡 개선에 적정한 요금수준, 확보된 재원 사용방안</td></tr>
<tr><td>조직 · 제도요인</td><td>• 정책의 파급효과가 광역적으로 발생하는데도 런던 시에서 추진하여 인접 지역이나 시민 등 이해관계자와의 협의가 중요</td></tr>
<tr><td>사회 · 문화요인</td><td>• 형평성 문제: 출근시간을 조정하거나 현재 대중교통시설이 부족하여 차량으로 출퇴근하는 저소득 근로자에 대한 대책 필요
• 사업성 문제: 시스템 신뢰성 문제, 사업비 초과
• 공공수용성: 정책수용도 확보를 위한 충분한 협의</td></tr>
<tr><td>법적 요인</td><td>• 차량번호 인식을 위한 차량번호판 변경에 대한 입법적 노력 필요</td></tr>
<tr><td>부작용 요인</td><td>• 요금징수지역 경계 부근이나 우회도로 혼잡 가중</td></tr>
<tr><td>물리적 요인</td><td>• 혼잡통행료 징수구간을 템스 강 남부, 북부까지 확대 적용</td></tr>
<tr><td rowspan="6">주요 쟁점</td><td rowspan="5">도입 시 쟁점</td><td>징수 원칙</td><td>• 공공성이나 재원활용에 대한 정책적 수용도</td></tr>
<tr><td>징수 지역</td><td>• 입 · 출력 지점 수, 회전교차로 처리문제</td></tr>
<tr><td>경계효과</td><td>• 템스 강 지역까지 확대하면 순환도로나 징수경계지역 혼잡문제 처리 가능</td></tr>
<tr><td>징수율, 시간대</td><td>• 차량별 요율, 운영시간(운영시간대, 주말 포함 여부 등)</td></tr>
<tr><td>예외 할인</td><td>• 거주자(90% 할인), 청소차, 자전거, 오토바이, 버스 면제</td></tr>
<tr><td>장기 쟁점</td><td colspan="2">• 부동산시장(임대수입 등)의 변화
• 징수지역 내외의 고용효과
• 런던 시 외부 개발 효과
• 런던 시 이미지 제고</td></tr>
</table>

출처: Banister(2005), Overcoming Barrier to the Implementation of Sustainable Transport

대중교통체계 개선이나 환승주차시설의 확충실태를 점검하여 준비가 미흡한 경우 사업을 연기하도록 함으로써 시민에게 정책의 신뢰성을 주도록 한 것은 매우 모범적인 장애요인 극복사례로 판단된다. 이 외에도 징수지역이나 외곽지역의 교통량 증가, 운영시간대 조정, 거주자 면제 · 할인혜택 확대, 단속체계, 제도 도입시기 등에 대한 쟁점사항에 대해서도 <표 12.8>과 같이 쟁점별로 장애요인을 협의 · 조정하여 2002년 3월 최종안을 마련하였다.

표 12.8 장애요인 극복을 위한 협의·조정절차 및 내용

장애요인	2001년 7월 초안	쟁점별 협의·조정	2002년 3월 최종안
혼잡통행료 징수 원칙	런던 시내 교통관리전략	대중교통체계 개선 및 환승·주차시설의 확충 등 투자가 필요하나 예산 부족	• 2002년 10월까지 대중교통체계 개선과 주차시설의 확충실태를 점검하여 준비 부족 시 사업 연기를 검토
징수지역	런던 광역시 면적 1.3%에 해당하는 21 km^2 지역, 내부순환도로 내 174개 유·출입지점	템스 강 북쪽까지 확대 적용을 검토	• 기존 징수지역으로 하되, 장기적으로 확대 여부를 판단할 것
외곽효과	내부순환도로 징수 불가능	내부순환로 통행량이 증가할 것이나 교통영향 분석결과 용량에는 여유가 있다고 판단	• 교통량 변화를 지속적으로 모니터링할 것
운영 시간대	차량당 5파운드, 주중 오전 7시~오후 6시 30분, 화물차에는 15파운드 적용	이용을 줄일 수 없는 화물차 운전자 반감, 월·년간 할인혜택 없음	• 모든 차량에 5파운드 (이후 8파운드로 인상) • 일별로 1회 이상 진입하는 차량에 징수 • 주중: 오전 7시~오후 6시 30분에 적용(주말과 공휴일 미적용) • 월·년간 등록차량에 15% 할인
면제, 할인	16단계별 면제, 할인제도 도입	면제, 할인기준의 정립이 어려우며, 필수적으로 필요한 통행에 대한 정의가 애매함. 학교, 자선단체, 도로관리, 응급, 소방, 장애인 등 혜택 요구	• 거주자에 90% 할인 혜택, 이때 거주지역에 징수지역 인근 3개 지역을 추가로 포함 • 택시, 버스, 긴급재난, 응급차량, 대체연료, 도로관리차량 면제
모니터링, 단속	위반 시 80파운드 벌금, 2주 내 납부 시 40파운드, 납기일 28일 초과 시 120파운드로 인상	경계지역에는 단속카메라, 징수지역 내에는 모니터링 카메라 설치	• 번호판인식시스템으로 진입차량번호를 판독하여 사전에 신청한 차량번호와 대사하여 해당 번호가 없는 경우 벌금 부과
도입시기	2003년 초 목표	징수기술 신뢰성이나 혼잡통행료의 정책적 효과성에 대한 검증 필요, 2002년 가을 6개월간 시범운영을 통해 검증	• 시범운영 결과에 따라 2003년 2월 17일에 최종 도입하기로 결정

출처: Banister(2005), Overcoming Barrier to the Implementation of Sustainable Transport

런던 교통청(LfT, 2006)에서 혼잡통행료를 징수한 이후 시행효과를 분석한 결과를 살펴보면, 제도 시행 전 대비 차량통행이 7만 대 감소하였고 진입차종도 승용차량은 감소하고 대중교통(버스, 지하철)과 오토바이, 자전거 등이 증가하여 런던 시내 도로의 교통혼잡이 약 30% 가량 감소한 반면 버스이용객은 31%나 증가한 것으로 나타났다. 이로 인해 대기오염배출량도 평균 15%(첨두시 30%) 감소한 것으로 추정하고 있다. 특히 정책에 대한 수용도 측면에서도 2002년 11월 혼잡통행료 시행 이전에 실시한 MORI poll[51])에서는 제도 도입 찬성이 34%, 반대가 50%이었으나 혼잡통행료제도를 시행한 이후 2003년 3월에는 찬성이 50%, 반대가 34%로 바뀌었으며, 2004년도 런던 시장 선거에서도 켄 리빙스턴 시장이 혼잡통행료 폐지를 공약한 스티븐 노리스 후보를 누르고 재선함으로써 런던 시민들에게도 성공적인 정책으로 평가받은 것으로 보인다.

12.4 정책적 시사점 및 향후 과제

지금까지 영국에서 추진된 환경적으로 지속가능한 교통정책의 정책 방향과 주요 추진과제뿐만 아니라 정책 추진 시 발생하는 장애요인과 이에 대한 원인 및 대책을 런던 시 혼잡통행료 사례를 중심으로 소개하였으며, 이를 바탕으로 우리나라에서 지속가능한 교통정책·제도 수립 시 영국의 사례가 시사하는 바와 향후 과제를 살펴보면 다음과 같다.

첫째, 지속가능한 교통정책은 환경오염에 대한 근원적인 문제를 해소하기 위해서 정책 메커니즘을 선제적으로 변경하여야 하는 속성을 가지고 있기 때문에 이에 대한 장기구상과 계획을 통해 장래 비전과 정책목표를 명확하게 제시하고 중앙정부와 지방자치단체 간의 역할과 기능도 뚜렷하게 구분되도록 하여야 한다. 또한 지방자치단체에서 이와 같은 사업을 추진할 때에도 뚜렷한 계획수립의 원칙이 정립되어 있어야만 정책 간 상충이나 혼선을 최소화할 수 있다. 국내의 경우 지속가능한 개발을 규정한 「탄소녹색성장기본법」과 교통

51) MORI(Market & Opinion Research International)는 1969년 로버트 워체스트에 의해 설립된 영국의 대표적인 설문조사기관(출처: http://en.wikipedia.org/wiki/Ipsos_MORI)

분야에 대한 대응을 규정한 「지속가능교통물류발전법」 간의 위계와 관련 계획이나 재원 간의 연계가 없을 뿐만 아니라 이를 구현할 관련 계획의 추진원칙과 위계가 불분명하여 사업 간 상충과 혼선이 발생할 수 있다.

둘째, 지속가능한 교통정책을 반영한 계획에 따라 세부적으로 해당 사업을 추진하기 위해서는 사업의 수요나 타당성 검증을 통해 사업의 시기와 규모를 합리적으로 선정하여야 한다. 이를 위해 영국에서는 교통사업을 평가하는 NATA절차에 지속가능성에 대한 사업효과를 적극 개량화할 수 있도록 보완 · 개선해 나감으로써 정책목표 달성을 위한 해당 사업이 원활하게 추진되도록 지원하고 있다. 그러나 우리나라의 경우에는 철도, 자전거도로와 같은 녹색교통수단의 확대를 위한 예산을 반영하고서도 사업타당성 분석방법론이 도로 위주의 효율성에 초점을 두고 있어 타당성 분석 결과 사업의 타당성이 없어서 사업을 추진하지 못하거나, 자전거 수요나 수단분담률과 같은 기초통계자료가 확보되지 않는 등 적정 사업이나 시설규모에 대한 검토나 시민들의 정책수용도에 대한 검증 없이 시설 공급을 먼저 추진하고 있어 정책적 리스크를 더욱 높이고 있다.

셋째, 국민들과 밀착되는 교통서비스는 대부분 지방자치단체에서 집행하기 때문에 영국에서는 지방자치단체에서 중앙정부의 정책방향에 따라 지구교통계획(LTP)을 수립하고 이에 대한 재무계획을 수립한 경우에 한하여 국고를 지원한 후 이에 대한 성과를 철저히 관리하고 있다. 그러나 우리나라의 경우 법정계획으로 수립하도록 한 계획에 대해서 계획을 미수립하고, 수립하여도 재원계획이 부실하거나 국고지원과의 연계성이 미흡하기 때문에 중앙정부가 제시하는 정책방향이 지방자치단체의 교통서비스 전달체계에 그대로 반영되지 못하는 문제점이 있다.

넷째, 환경적으로 지속가능한 교통정책은 시민들의 정책적 수용도가 정책성공의 중요한 열쇠인데 영국 런던 시의 혼잡통행료제도에서는 제도안을 마련한 후 쟁점사항에 대한 판단준거와 점검원칙, 체크리스트를 수립하여 이해관계자와 꾸준하게 협의 · 조정하여 최종안을 도출하였다. 또한 도출된 최종안에 대하여 철저한 시범운영을 실시하여 시범운영에서 나타난 문제점에 대해서는 사업의 연기 등 선제적인 대책을 마련하여 추진함으로써 시민들로부터 정책적 신뢰를 얻을 수 있었다.

다섯째, 환경적으로 지속가능한 교통정책의 성과달성을 위해서는 부처 간, 정책 간 연계가 매우 중요하다. 예를 들어 교통수요감축의 정책목표를 달성하기 위해서는 도로 이용에서 발생하는 외부효과를 도로비용에 내재화하기 위한 요금제도, 혼잡통행료제도, 주행세, 취득세, 보유세 등 요금이나 세제제도를 변경하는 동시에 대중교통체계나 환승주차장의 확충 등 대중교통시설에 대한 정비가 먼저 선행되어야 하기 때문에 중앙부처 내 교통부, 재무부와 지방자치단체의 긴밀한 협조가 필요하다 하겠다. 또한 이러한 정책은 교통정책 외에도 물가정책, 산업정책, 복지정책 등과 맞물려 있기 때문에 부처 간, 정책 간 상충에 대한 협의·조정이 반드시 필요하다.

참고문헌

1. NAO(2006), Climate Change Policy: Option for scrutiny
2. NAO(2008), Transport and the environment: Option for scrutiny
3. NAO(2009), Improving road safety for pedestrians and cyclists in Great Britain
4. OECD(2002), The Environmentally Sustainable Transport Concept and Approach
5. Piet Rietveld and Roger R. Stough(2005), Barriers to Sustainable transport, Spon Press
6. DfT(2007), Transport statistics
7. Cambridge University(2001), IPCC, Climate Change 2001
8. http://en.wikipedia.org/wiki/

13
정보통신기술 발달에 따른 교통체계의 변화와 과제

Impact of transportation system by emerging IT technology

"정보통신(Telecommunication)기술이
교통문제로부터 우리를 구원(Salvation)할 수 있을까?"

- 미국 조지 메이슨 대 Kenneth Button 교수(1948년~)

13.1 개요

우리나라의 유 · 무선통신서비스 보급률은 2008년 기준 가입자 수가 8,700만 명으로 세계 최고수준이며, 가입자 증가율도 2004년 7,200만 명 대비 21%로 가파르게 증가하는 추세이다. 또한 유 · 무선통신서비스 이용건수를 살펴보면, 2008년 기준 1,118억 건으로 2004년 1,040억 건 대비 7% 증가하였다.

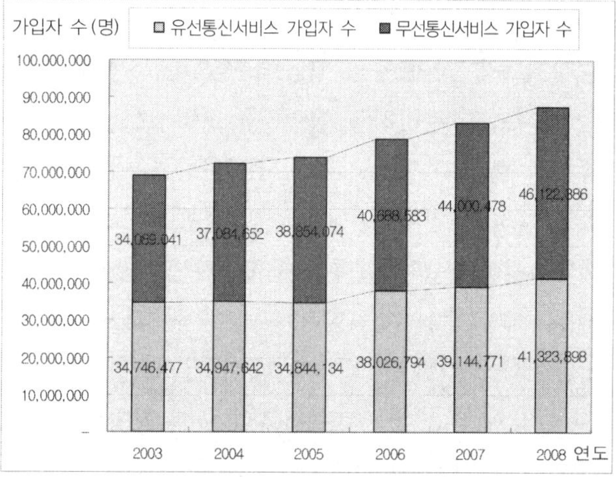

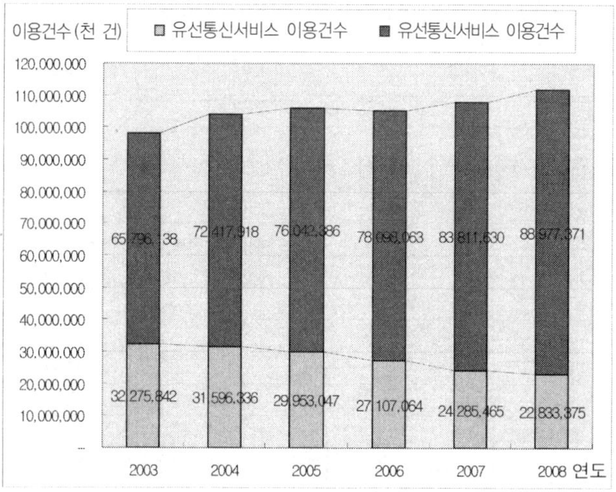

그림 13.1 유 · 무선통신서비스 가입자 수 및 이용건수 변화 추이
(출처: 방송통신산업협회(2009), 방송통신산업통계연보)

그러나 통신서비스 유형별로는 유선통신서비스가 2008년 기준 228억 건으로 2004년 315억 건 대비 28%로 감소한 반면, 무선통신서비스는 890억 건으로 2004년 724억 건 대비 23%로 급증하는 추세이다. 이는 통신서비스 이용패턴이 기존 유선통신을 기반으로 하여 정보통신기기를 이용하는 수준에서 무선통신을 기반으로 한 응용서비스의 다양한 콘텐츠를 이용하는 방식으로 변화해 가는 것을 의미하겠다.

즉, 단순 정보통신 이용에서 원격회의, 원격쇼핑 등 정보통신 응용활동이나 ITS, U-Transportation 등 첨단교통서비스로 빠르게 전환되어가고 있으며, 이로 인해 사람들의 업무, 쇼핑, 회의 등의 활동에 필요한 통행을 보완 또는 대체하거나 발생통행량을 최적으로 관리하고 통행 중 교통정보 등 다양한 콘텐츠를 제공함으로써 통행자의 행태와 교통체계에 큰 변화를 가져올 것으로 전망된다.

이 중 국내에도 널리 도입되고 있는 첨단교통서비스인 지능형교통체계는 「국가통합교통체계효율화법」(구 교통체계효율화법, 1999년)과 「ITS기본계획」(2000)에 따라 정부, 지방자치단체, 정부투자공사 등 44개 기관에서 2001년부터 2008년까지 1조 7,605억 원(ITS기본계획 대비 약 85% 수준)을 투자하여 고속도로 3,447 km(총연장의 100%), 국도 2,145 km(총연장의 17.8%), 도시부도로 1,038 km(총연장의 2%), 합계 6,900 km를 구축하였다. 이는 우리나라 4차로 이상 포장도로 총연장 81,830 km의 8.4%에 해당하는 수준으로, 향후 상대적

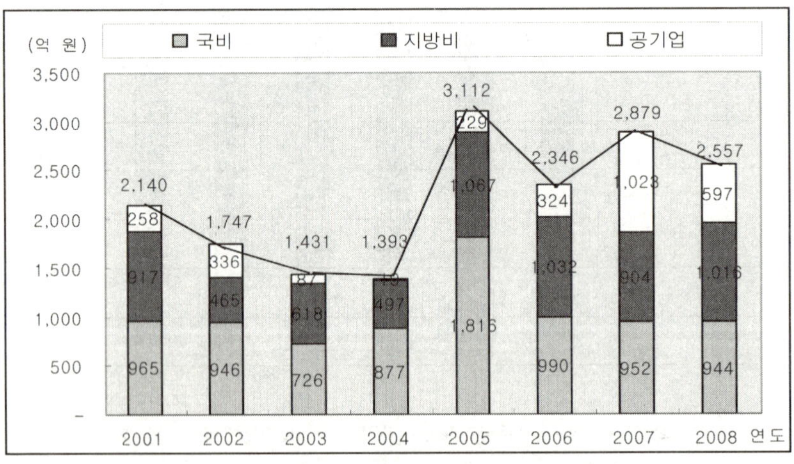

그림 13.2 연도별 ITS 투자 현황

으로 투자가 되지 않은 국도와 도시부도로에 대한 ITS 구축이 활발히 이루어질 전망이다.

아울러, 최근 국내에도 동시에 어디에서나 유비쿼터스(Ubiquitous) 네트워크에 접속하여 개인의 필요에 맞는 정보통신서비스를 이용할 수 있도록 개발된 U-Transport, U-city 등 유비쿼터스서비스가 도입되면서, 「유비쿼터스도시의 계획 및 건설 등의 지원에 관한 법률」(국토해양부 소관)과 「지역정보화 촉진 및 지원에 관한 법률」(행정안전부 소관)에 따라 2010년 기준으로 정부 및 지방자치단체 등 36개 기관에서 U-city 관련 사업을 추진 중에 있으며 앞으로도 더욱 확대될 전망이다.

이러한 정보통신기술의 발달은 교통체계나 통행자의 통행행태에 다양한 영향을 미치기 때문에 정보통신기술과 교통체계 간의 상호연관성을 파악하는 것은 교통정책 수립 시 기존 교통시설의 운영효율을 제고하여 신규로 투자될 교통시설의 규모나 사업시기에 영향을 줄 뿐만 아니라, 첨단교통서비스의 투자규모와 사업추진방식을 결정하는 데 필요한 중요 연구주제로 인식되어 왔다. 특히, 정보통신기술의 기술발달 속도가 더욱 빨라지면서 정보통신기술이 교통수요를 대체 또는 보완하는지 여부는 교통발생단계에서 장래 교통량을 예측하는 데 고려해야 할 중요한 변수로 인식되고 있다. 이는 교통시설의 장래 교통량에 직접적으로 영향을 미침으로써 결국 사업의 타당성 여부 및 사업추진 시 투자시기, 적정 규모 등 사업추진 방식에도 상당한 변화가 필요할 것으로 예상된다.

예를 들어 재택근무나 원격회의 등의 정보통신서비스가 조기 정착되어 업무통행이 급격히 줄어든다면 출퇴근 첨두시에 맞추어 대규모 교통시설의 투자를 하지 않아도 되고, 신규 투자가 필요하다 하더라도 사업규모나 사업시기를 상당히 조정할 수 있을 것이다. 또한 통행 전 또는 통행 중 지능형교통체계의 교통정보를 이용하면 출발시간, 노선, 수단 선택을 변경하여 통행거리나 통행시간을 최적화할 수 있고, 도로, 지하철, 버스 등 수단 간 단절된 서비스를 정보통신기술을 통해 연계함으로써 전체적인 교통시설의 서비스 수준(LOS)을 상당히 향상시킬 수 있을 것으로 보인다.

따라서 본 장에서 정보통신기술을 이용한 응용활동 및 첨단교통서비스의 종류와 내용을 소개하고, '정보통신기술이 교통체계나 통행자 행태에 어떠한 영향을 미치는가?'에 대한 기존 연구사례를 살펴보고자 한다. 또한 이러한 영향을 고려한 도로교통정책을 수립할 경우 정보통신기술을 이용한 정책대안들이 직면할 수 있는 정책적 한계와 향후 과제를 국내 지능형교통체계 사업의 추진사례를 중심으로 소개하였다.

13.2 교통과 정보통신 간 상호관계 연구방법 및 사례연구

13.2.1 정보통신기술의 변화 추이

정보통신기술의 발달은 <그림 13.3>과 같이 통행자가 통근, 통학, 업무, 쇼핑 등 다양한 활동을 위해 발생하는 통행을 정보통신기기나 정보통신 응용활동, 첨단교통서비스를 이용하여 대체하거나, 통행이 발생하더라도 교통상황을 고려하여 통행시간대 및 통행거리, 노선 선택, 수단 선택을 변경하는 등의 방식으로 통행자가 통행행태를 변경하도록 유도하게 된다.

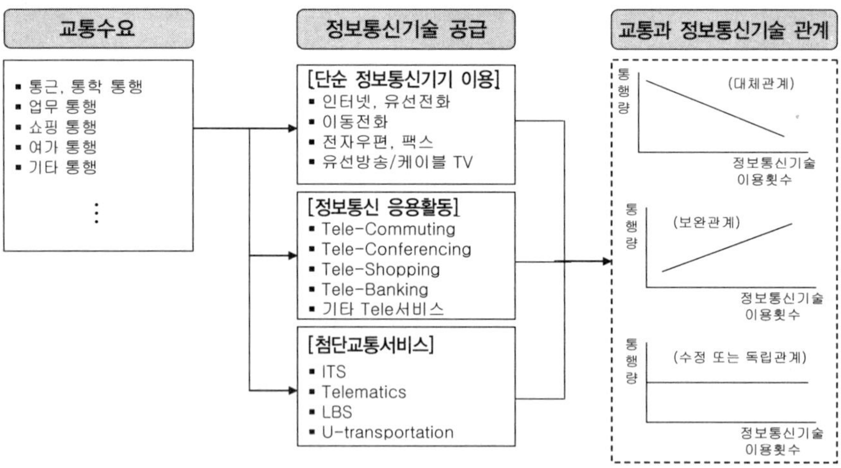

그림 13.3 정보통신기술과 통행행태와의 관계

교통체계에 영향을 미치는 정보통신기술로는 첫째, 인터넷, 유선전화, 이동전화, 전자우편 등의 단순 정보통신기기를 이용하는 방식을 들 수 있다. 둘째, 업무, 쇼핑 등 특정 활동을 재택근무(Tele-Commuting), 원거리쇼핑(Tele-Shopping), 원거리회의(Tele-Conferencing) 등의 정보통신기술을 이용하여 대체 또는 보완하도록 하는 정보통신 응용활동 서비스를 들 수 있다.

- ▶ **재택근무(Tele-Commuting)**: 업무시간 동안 정보통신기기를 활용하여 회사에 출근하지 않고 집이나 집 근처에서 업무하는 근무 형태
- ▶ **원거리쇼핑(Tele-Shopping, e-Commerce)**: TV, 전화, 컴퓨터 등의 전기제품, 통신서비스를 통해 물건의 구매정보를 취득하는 구매활동
- ▶ **원거리회의(Tele-Conferencing)**: 정보통신기기를 활용하여 원거리에 있는 다른 사람과 화상, 음성, 문자로 실시간으로 진행하는 회의

셋째, 통행자는 U-Transportation, 지능형교통체계(ITS), 텔레매틱스(Telematics), LBS(Location-Based System) 등의 첨단교통서비스를 이용하여 통행 전 또는 통행 중 도로 상의 교통상황을 인지하고 이에 반응하여 통행시간대, 통행거리, 노선 선택, 수단 선택 등 통행행태를 변경할 수 있다.

- ▶ **텔레매틱스(Telematics)**: 이동통신망, 위치확인시스템 및 지리정보시스템을 통한 위치기반서비스, 지능형교통시스템 등을 자동차에 접목함으로써 운전자와 탑승자에게 교통정보 안내, 긴급구난, 원격차량진단, 인터넷 서비스(금융거래, 뉴스, 이메일 등) 등을 제공하여 mobile office 혹은 움직이는 비즈니스 공간을 구현하는 서비스
- ▶ **LBS(Location-Based System)**: 이동단말기의 지리적 위치 식별을 기반으로 유·무선통신기술을 이용하여 이동 중인 사용자에게 쉽고 빠르게 사용자의 위치와 관련된 다양한 부가정보를 제공하는 서비스
- ▶ **지능형교통체계(ITS)**: 교통수단·시설에 첨단 IT기술과 교통정보를 융합하여 교통운영·관리를 과학화·자동화하고, 효율성·안전성을 향상시키는 저비용·고효율의 스마트교통체계
- ▶ **U-Transpotation**: 유비쿼터스 환경하에서 여행자, 교통시설, 교통수단이 실시간 네트워킹하여 상태 인식 및 상호 인과관계 정보를 분석하여 특정 통행자에 적합한 다양한 정보를 제공하는 미래형 교통서비스

이와 같은 첨단교통서비스는 서비스 영역이 상호 중복되거나 일부 서비스를 포괄하고 있어 정확하게 서비스 영역을 구분하기 쉽지 않다. 그러나 <그림 13.4>와 같이 특정 분야에 제공되는 제품이나 서비스 영역을 가진 텔레매틱스, ITS, LBS에서 사회의 구성원 모두를 대상으로 생활 전반에 걸쳐 매우 광

범위한 영역을 제공하는 유비쿼터스 환경으로 편입되어 가고 있는 추세가 뚜렷이 나타나고 있다.

첨단교통서비스의 특성을 고려하여 서비스 영역을 구분하여 보면, 텔레매틱스는 자동차에 탑재된 단말기를 이용해 교통정보와 차량안전 관련 서비스를 지원하는 데 초점이 맞춰져 있어 첨단교통서비스 중 가장 협소한 서비스 영역으로 분류할 수 있다. 또한 LBS는 차량 내 단말기와 일반 휴대단말기 등을 이용해 운전자와 보행자 등 다양한 통행자에게 지리정보에 기반한 교통정보를 제공하기 때문에 텔레매틱스의 영역을 포함하여 분류하였다.

다음으로 ITS는 도로 상의 통행자에게 정보를 제공할 뿐만 아니라, 도로운영・관리, 물류수송관리 등 교통체계를 관리하는 관리기관(또는 관리자)을 위한 다양한 서비스를 지원하기 때문에 교통정보 제공 측면에서 LBS와 텔레매틱스를 일부 포함하면서도 교통관리 측면에서 다른 서비스 영역을 가지고 있는 것으로 분류하였다. 마지막으로 U-Transportation은 통행 중 여행자, 교통시설, 교통수단이 실시간으로 네트워킹된 유비쿼터스 환경에서 통행자의 활동목적에 적합한 다양한 콘텐츠를 통행 중에 이용할 수 있도록 서비스를 제공할 수 있으므로 교통정보제공 측면에서 가장 광범위한 영역으로 분류하였다. 이러한 첨단교통서비스들은 궁극적으로 장래 유비쿼터스 환경에 포괄적으로 포함되는 정보통신서비스라고 할 수 있다.

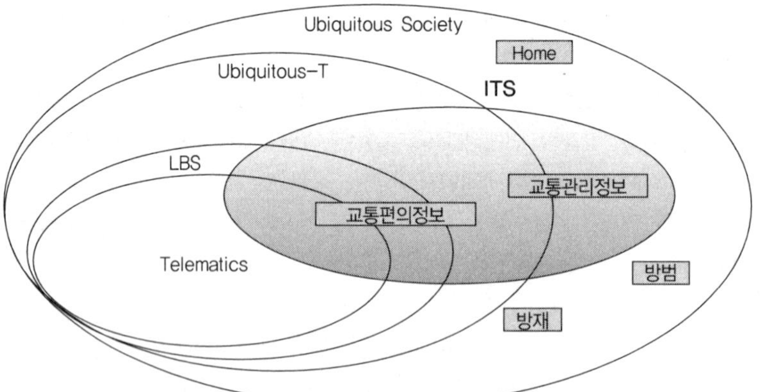

그림 13.4 정보화 사업별 영역 비교

(자료: 이기영 외(2008), 도로부문 Ubiquitous 정보화사업 추진 전망, 대한전자공학회지 제35권 제5호)

13.2.2 교통과 정보통신 간 상호관계 분석방법

1980년대부터 정보통신기술이 교통체계와 통행자 행태에 어떠한 영향을 미치는지를 이해하고자는 하는 연구들이 본격적으로 시작되었는데 연구자마다 상호관계를 분류하는 데에는 다소 차이가 있지만, 일반적으로 Senbi와 Kitamura(2003)가 제시한 대체, 보완, 수정, 독립의 네 가지 유형으로 구분하고 있다.

- ▶ **대체관계(Substitution)**: 정보통신의 이용이 교통수요(통행/활동)를 대체하여 감소시키는 효과
- ▶ **보완관계(Complementarity)**: 정보통신의 이용이 교통수요를 증가시키는 효과
- ▶ **수정관계(Modification)**: 정보통신의 이용이 출발시간, 통행수단의 변경 등 통행패턴을 변화시키는 효과
- ▶ **독립관계(Neutrality 또는 Independence)**: 정보통신의 이용은 교통에 영향을 미치지 않는다는 것을 의미

또한 이와 같은 상호관계(대체, 보완 수정, 독립 등)를 분석하는 방법에는 자료의 수집방법과 교통수요추정모형의 종류에 따라 집계적(aggregated) 방법과 비집계적(disaggregated) 방법으로 구분할 수 있다.

첫째, 집계적 방법은 각 교통존별로 정보통신기기의 보유현황과 이용실태자료를 도시단위의 광범위한 조사를 통해 수집하여 교통수요 4단계 모형의 통행발생모형 형태로 모형식을 개발하는 방법이다.

둘째, 비집계적 방법은 지역별로 해당 지역 통행자의 정보통신 관련 이용실적 및 통행행태자료를 설문조사를 통해서 수집하고, 이를 개별행태모형의 형태로 개발하여 교통정책의 기초자료로 활용할 수 있도록 개발하는 방법이다.

표 13.1 접근방법 비교

구분	집계적 방법	비집계적 방법
조사자료의 수집방법	교통존 단위의 가구통행실태조사	해당 지역의 설문조사
교통수요모형 적용	교통수요 4단계 모형(발생모형)	개별행태모형
기대효과	교통계획에 직접 반영	교통정책의 기초자료로 활용

출처: 한국교통개발연구원(2006), 정보통신요소를 활용한 교통수요추정모형의 개발, p. 4

다음으로 수요추정모형식을 추정하는 방법은 크게 단일방정식과 연립방정식 형태로 구분할 수 있다. 첫째, 단일방정식 형태의 추정식은 4단계 교통수요모형 중 통행발생에 관한 교통수요모형식과 유사하다. 이는 통행량과 통행요인 변수들 간의 인과관계를 방정식 형태로 규명한 것으로 일반적으로 식 (13.1)과 같이 회귀식이 주로 사용되고 있다.

$$y_i = b_0 + b_1 x_{1i} + b_2 x_{2i} + \cdots + b_n x_{ni} + \epsilon_i \tag{13.1}$$

여기서, y_i: 종속변수로 통행량

x_i: 독립변수로 통행량의 설명변수

b_n: 계수, ϵ_i : 오차항

둘째, 연립방정식 형태의 모형은 4단계 교통수요모형 중 수단선택모형(개별행태모형)에 해당하며, 일반적으로 단일방정식인 회귀식에서 독립변수(X_i)가 오차항(ϵ_i)과 독립이 아닌 경우 추정한 계수의 값이 내생적 편의(endogeneity bias)를 야기할 수 있기 때문에 이 같은 편의를 줄이기 위해서 연립방정식을 사용한다. 또한 연립방정식 모형은 내생(endogenous)변수 간 또는 내생변수와 외생(exogenous)변수 간의 인과관계를 쉽게 분석할 수 있는 구조방정식 모형을 식 (13.2)와 같이 사용한다.

$$Y = BY + \Gamma X + \zeta \tag{13.2}$$

여기서, Y: 내생변수의 벡터(vector)

X: 외생변수의 벡터

B(Beta): 내생변수 간의 직접효과를 나타내는 계수의 행렬

Γ(Gamma): 외생변수의 내생변수에 대한 직접효과를 나타내는 행렬

ζ(Zeta): 오차항의 벡터

구조방정식 적용사례를 살펴보면, 한국교통연구원(2006)의 '정보통신요소를 활용한 교통수요추정모형의 개발 연구'에서는 정보통신이용이 통행 수(또는 활동 수)에 미치는 영향을 분석하기 위해서 <그림 13.5>와 같이 정보통신이용 여부(횟수)와 통행 수(활동 수)를 내생변수로, 연령, 성별, 직업, 학력 등 사회인

구변수와 가구소득, 자동차대수 등 경제변수를 외생변수로 하는 정보통신과 통행의 개념적 모형을 개발하였다. 이때 타원형 안에 있는 변수는 내생변수를, 직사각형 안에 있는 변수는 외생변수를 의미하며, 화살표는 인과관계의 방향을 나타낸다. 즉, 정보통신이용여부(횟수)는 사회인구변수 및 경제변수의 종속변수이면서 동시에 통행 수의 독립변수이기도 하기 때문에 이러한 다중종속관계를 연립방정식을 이용하여 상호관계를 설명하도록 하였다.

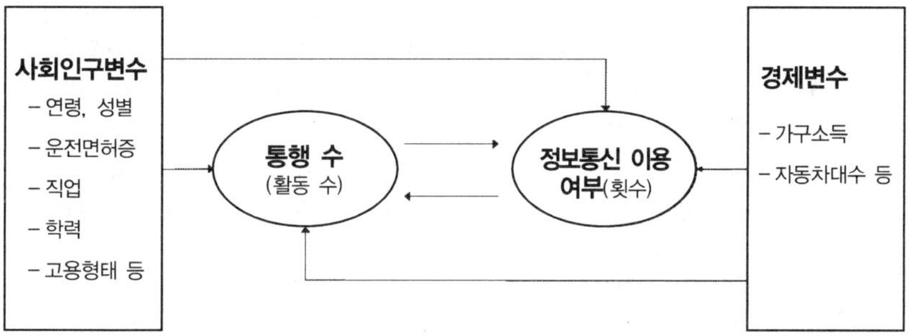

그림 13.5 정보통신과 통행 간 개념적 모형 정립 사례
(출처: 한국교통연구원(2006), 정보통신요소를 활용한 교통수요추정모형의 개발)

13.2.3 실증적 연구사례

교통과 정보통신 간의 상호관계에 대한 실증적 연구사례를 집계적 분석방법과 비집계적 분석방법으로 분류하여 살펴보도록 하자. 먼저 집계적 분석방법을 이용한 실증연구에는 Selvanathan(1994), Plaut(1997), Plaut(1999), 추상호(2005, 2007) 등의 연구사례가 있다. 이러한 연구들은 <표 13.2>와 같이 해당 국가나 지역의 교통존별로 정보통신기기의 보유현황과 이용실태자료를 횡단면 자료나 시계열 자료 형태로 수집하여 투입산출모형이나 통행발생모형 형태의 단일방정식 또는 연립방정식을 개발한 후, 산출한 계수의 부호나 크기로 정보통신과 통행 간의 상호관계를 규명하고자 노력하였다. 또한 사례연구 결과는 연구대상(소비자, 산업체, 물리적 이용량)과 데이터의 특성(횡단면 또는 시계열 자료)에 따라 다소 차이가 있지만 교통과 통신 간 상호관계는 대체로 보완관계가 성립하고 있는 것으로 보고하고 있다.

표 13.2 집계적 분석방법을 이용한 실증적 연구사례

연구자	분석자료 및 방법	분석결과
Selvanathan (1994)	• 영국, 호주 지역의 시계열 자료(승용차, 대중교통, 통신, 기타) 사용 • 소비자 수요함수식(단일방정식) 개발	• 개인교통, 대중교통과 통신 간의 교차탄력성이 양의 값으로 보완관계가 성립
Plaut (1997)	• 9개 유럽국가의 산업분야(592개 항목) 투입-산출 횡단면 자료 사용 • 투입-산출(Input-Output) 분석	• 교통과 통신산업의 투입계수의 상관계수 분석결과 양의 값으로 나타나 상호 보완관계가 성립
Plaut (1999)	• 북미 2개국(미국, 캐나다), 유럽 3개국(영국 등) 투입-산출 횡단면 자료 사용하여 시계열적인 관계 규명에는 한계 • 투입-산출분석	• Plaut(1997) 연구와 동일한 결과로, 통신산업이 교통산업의 수요를 유발하는 보완관계가 성립
추상호 (2005, 2007)	• 재택근무가 통행수요에 미치는 영향을 미국 캘리포니아 지역의 시계열 자료(1966~1999년간, 통행거리, 재택근무자 수, 통행비용 등 사회경제지표)를 사용 • 구조방정식(연립방정식) 개발	• 재택근무는 통행거리(VMT)를 소폭 감소시킴으로써 약한 대체관계가 성립 • 2006년도 후속 연구에서는 통신사용 증가(전화 통화량, 이동전화 가입자)가 통행수요(개인통행, 대중교통이용자 수)를 증가시키는 보완관계가 성립

다음으로 비집계적 분석방법을 이용한 실증연구사례는 Mokhtarian 외(1999, 2002), Plaut(1999), Denstadi(2004), Mokhtarian(2000), Casas(2001), Ferrell (2004), Taken(1990), Mokhtarian 외(1999), Senbil과 Kitamura(2003), 추상호 외(2006) 등의 연구사례가 대표적이다. 이러한 연구들은 정보통신 이용실태 및 통행행태를 설문조사를 통해서 자료를 수집하고, 개별행태모형 형태의 단일방정식, 연립방정식을 개발하여 산출한 계수의 부호나 크기로 정보통신과 통행 간의 상호관계를 규명하고자 노력하였다. 또한 분석자료와 추정모형식 형태에 따라 분석결과는 다소 달랐으며, 재택근무가 통행자의 통근통행을, 원거리쇼핑이 맞벌이 부부와 노인의 쇼핑통행을 대체하는 등 특정 활동을 목적으로 하는 통행자가 특정 정보통신 응용활동분야를 이용하는 경우 대체관계가 부분적으로 나타났지만, 대체로 두 관계에는 상호 보완관계가 성립하는 것으로 보고되고 있다.

표 13.3 비집계적 분석방법을 이용한 연구사례

연구자		분석자료 및 방법	분석결과
재택근무	Mokhtarian 외 (1999, 2002)	• 통행실태 조사, 설문조사 • 단일방정식 개발	• 재택근무자의 통행거리(VMT)는 재택근무일에 따라 감소하여 대체관계가 성립하나 비출근통행은 변화가 없어 독립관계가 성립 • 재택근무는 소규모 지역의 단기간의 개별행태데이터를 이용하고 있어 대체효과가 발생하는 것으로 분석되나, 전체 네트워크의 장기적인 집합적 연구에서는 다른 결과를 예상
원거리회의	Plaut(1999)	• 통행실태 조사, 설문조사 • 단일방정식 개발	• 원거리회의 개최의 편리성 때문에 회의수와 회의참석인원이 증가함에 따라 통행량이 증가하므로 보완관계가 성립 • 중요한 회의는 대면이 중요하므로 통행의 대체관계는 성립이 어려움
	Denstadi(2004)	• 노르웨이 피고용인 대상 설문조사	• 원거리 화상회의가 항공통행량의 2.5~3.5%를 감소시켰으나, 항공요금 인상분을 감안하면 회상회의와 통행 간 대체관계가 성립하기는 어려움
원거리쇼핑	Mokhtarian (2000)	• 설문조사	• 원거리쇼핑이나 e-Commerce로 절약된 시간을 다른 형태의 통행으로 사용하는 2차 소비효과(Second-order Consumer effect)가 발생하여 통행량 감소효과가 미미
	Casas(2001)	• 가구통행 조사 (1999년, 캘리포니아 세크레멘토 시 대상)	• 인터넷쇼핑 이용자와 비이용자 간의 쇼핑통행횟수 차가 통계적으로 차이가 없어 독립관계가 성립
	Ferrell(2004)	• 설문조사 (개인통행활동자료)	• 원거리쇼핑 이용자는 비이용자에 비해 보다 많은 쇼핑통행을 발생하고 있어 보완관계가 성립
	Taken(1990)	• 설문조사 (네덜란드 일부지역 대상)	• 원거리쇼핑이 젊은 맞벌이부부, 노인그룹과 같은 일부 계층에서 쇼핑통행을 줄이는 대체관계가 성립
기타 통신 서비스 (이메일, 전화, 팩스 등)	Mokhtarian 외 (1999)	• 패널데이터 (1994~1999년 6개월간, 캘리포니아 데이비스 시 대상) • 구조방정식 개발	• 통신매체이용과 통행 간에 통계적으로 유의미한 관계가 없으므로 독립관계가 성립
	Senbil과 Kitamura (2003)	• 설문조사 (일본 오사카)	• 통행유형별로 통신매체이용량은 업무통행과는 대체관계가, 미업무통행은 보완관계가 성립
	추상호 외 (2006)	• 설문조사 (정보통신 이용 및 통행 실태 조사) • 구조방정식 개발	• 정보통신이용량(인터넷, 텔레뱅킹, 전화, 재택근무, 텔레쇼핑)과 통행량(승용차, 대중교통)이 양의 상관관계를 가지고, 추정한 구조방정식에서도 양의 부호가 나와 상호 보완관계가 성립

13.3 첨단교통서비스가 교통체계에 미치는 영향분석(사업평가)

13.3.1 사업평가방법론 및 평가지침

첨단교통서비스가 교통체계에 미치는 영향을 살펴보기 위해 첨단교통서비스의 하나로 국내에 널리 구축·운영되고 있는 ITS사업을 중심으로 사업평가방법론에 대해 간략히 소개하고자 한다. 국외에서는 ITS사업이 교통체계에 미치는 사업효과를 검증하여 장·단기적으로 교통정책 수립 및 교통운영관리전략에 활용하기 위해 다양한 평가지침과 방법론을 연구개발하여 보급하고 있다. 이 중 정부 주도로 작성·배포된 사례는 미국 연방도로청(FHWA)이 TEA-21법에 근거하여 마련한 ITS평가지침이 있고, 민간 주도로 작성·배포된 사례는 ITE, ERTICO, ITS Japan 등 관련 협회나 이해관계자가 의견을 수렴하여 만든 지침도 활용되고 있다. 국내에서도 미국과 같이 정부 주도 형태로 추진한 사례로, 국토해양부에서 2002년 첨단교통모델도시(전주, 제주, 대전) 사업 이후 사업효과를 검증하고 그간의 사업경험을 바탕으로 ITS업무요령(2005), ITS업무매뉴얼(2005), ITS 성능평가시행계획(2006)을 근거로 표준화된 평가방법론을 정립한 바 있다.

이 국토해양부의 ITS업무요령에 따르면 평가범위를 사업구역 최소 1 km 이상을 포함하여 사업구역 전체 범위를 가늠할 정도의 대표성을 갖도록 하고 있다. 또한 ITS사업의 평가시기는 사업계획에서 운영단계 사이에 실시하는 사전조사와 준공 후 1개월 이후, 준공 후 1년 이후, 준공 후 3년 이상 경과 시, 운영개선, 보강을 위한 사후 운영개선조사로 구분하여 실시하도록 규정하고 있다.

특히, ITS사업평가를 위해서는 서브시스템별, 사업단계별로 사업효과나 시스템 검증을 하기 위해 <표 13.4>와 같이 현장조사, 설문조사 등을 실시해 효과척도에 대한 기초자료를 수집하고, 사전사후분석, 모의실험(시뮬레이션), 운영성능평가, 경제성 분석을 실시하도록 한다. 이렇게 얻은 사업평가결과는 단기적으로 시스템운영 개선전략에, 장기적으로는 중·장기 구축·운영계획에 활용된다. 이와 관련하여 보다 자세한 사업평가방법과 사례는 2009년도에 발간된 저자의 ≪지능형 교통관리시스템 이론과 실무(청문각, 2009)≫를 참고하기 바란다.

표 13.4 사업평가방법별 평가내용 및 조사 · 분석방법

평가방법명	평가 내용	조사분석방법
사전사후 비교분석	• 사업 전후 주요 효과척도를 각각 측정하여 비교분석	• 현장실태조사(교통량, 지체도, 통행시간, 속도 등 정량적 효과척도 조사) • 설문조사(서비스 만족도 등 정성적 효과척도 조사)
교통시뮬레이션 분석	• 현장조사를 통해 자료수집이 어렵거나, 다양한 운영대안 분석이 필요한 경우 모의실험에 따른 대안별 효과척도를 비교	• 시뮬레이션 분석
경제성 분석	• 구축된 시스템의 투입비용 대비 편익을 계량화하는 경제성 분석기법	• 비용편익 분석 • 생애주기비용(LCC) 분석
운영성능평가	• 시스템의 개별장비와 알고리즘의 운영상태 및 성능을 점검하는 평가	• 현장장비 성능평가 • 센터시스템 성능평가 • 통신장비 성능평가

출처: 청문각(2009), 지능형 교통관리시스템 이론과 실무, pp. 270～272

13.3.2 ITS사업 효과에 대한 비판

현재 구축된 우리나라의 지능형교통체계는 고속도로나 국도 중심으로 기간통신망 설치와 교통정보센터 건립에 투자가 편중되어 있고, 도로혼잡으로 인해 국민의 불편이 큰 도시부도로는 정보수집 비율이 총연장의 2% 수준으로 낮아 국민들이 ITS서비스를 실질적으로 체감하기 어려운 구조로 개발되어 있다. 또한 ITS기본계획에서 도로교통체계 전 분야로 계획된 62개의 단위서비스 중 현장에서 실제로 전국적으로 운영되는 시스템은 버스정보관리시스템, 고속도로관리시스템, 통행료징수시스템, 신호제어시스템, 교통카드시스템 수준으로 손에 꼽을 수 있을 정도로 제한적인 것도 사실이다.

이렇게 지난 10여 년간 정부 주도로 기본계획에 따라 다양한 서비스를 계획하고 2조여 원의 재정지출을 투자하였는데도 수요자 측면에서 국민들이 느끼는 ITS서비스에 대한 인식이 크게 향상되지 못하고, 공급자 측면에서의 시스템 구축도 제한적인 분야에 국한된 이유는 무엇일까? 이에 대해 저자를 포함한 ITS전문가[52)]들은 전문성 있는 인력과 예산 부족, 정보수집 대상 네트워

52) ITS전문가는 교통 · 정보통신공학적 전문지식을 가진 기술자 또는 학자로 제한하여 사용함

크 단절이나 부족, 교통정보수집의 부족, 산업계에 대한 정부지원 부족 등 정부의 관심과 지원 부족으로 인한 것이며, 예산과 시간, 인력이 더 많이 투입되어 보다 많은 시스템이 전국적으로 설치되고 시스템 간 통합·연계가 이루어지면 이러한 문제는 공학적으로 충분히 해소 가능한 매우 단순한 것이라고 주장해 왔다.

그러나 미국 조지 메이슨 대의 Kenneth Button 교수 등 교통경제학자들은 지능형교통체계가 개인의 교통수단, 출발시간대, 도착지에 대한 선택의 자유(Flexibility)를 증가시킬 뿐, 교통혼잡이나 환경오염 감소와 같은 정책목표를 달성하는 정책수단으로는 애초부터 사업효과가 과장되어 있다고 주장한다. 특히, Button 교수(2005)는 'Myth and Taboos in Transport Policy'라는 논문에서 위와 같은 주장의 이유로 ① 정보통신이 교통에 대한 '보완재 기능'이 강하고, ② Zahavi와 Marchetti의 상수(Constant)에 근거한 '통행시간 불변원칙'에 따라 통행시간 절감효과가 미미할 뿐만 아니라, ③ 집합화된 ITS의 편익은 개인의 지불용이액(Willingness To Pay)에 미치지 못한다고 주장한다.

이와 관련된 그간의 지능형교통체계 등 첨단교통서비스의 사업효과에 대한 비판의 쟁점에 대해 저자가 발표한 '지능형교통체계, 사업투자방식도 지능형이었나?'(이용택, 2010)의 내용을 중심으로 보다 구체적으로 설명하면, 다음과 같이 7가지의 주요 쟁점으로 정리할 수 있다.

첫째, 정보통신기술은 정책도구(Tool)이지 본질적인 정책적 목적(Goal)이 될 수 없다는 것이다. 따라서 교통문제 해소라는 정책목적을 달성하기 위한 정책수단으로 도입된 지능형교통체계는 교통문제 해소라는 정책목적 달성을 위해 필요한 다른 정책수단이나 지능형교통체계 내 단위시스템에 대해 투자우선순위를 정하여 사업을 추진해 나가야 한다. 그러나 산업정책, 과학기술정책, 교통정책이 혼재되거나 교통정책 목표보다 다른 정책목표를 우선하다 보니 투자사업 우선순위가 바뀌어 사업추진이 지난한 경우가 발생하곤 하였다. 이러한 대표적인 사례는 국내에서 추진된 ETCS(Electronic Toll Collection System)사업으로 수요자에게 필요한 교통정책 목적보다 정보통신산업의 부가가치가 높은 기술분야에 대한 기술개발을 위해 시장의 테스트베드 역할을 강조하다 보니 수요자에게는 무차별한 서비스임에도 불구하고 정책부서와 공급자 간 기술표준 선정문제로 인한 정책혼선으로 서비스 도입이 지연되는 결과를 초래하였다.

둘째, 정보통신기술이나 서비스는 교통의 대체재가 아니라 보완재적 성격도 매우 강하다는 것이다. 정보통신기술이 도시의 교통혼잡을 해소할 수 있다는 대전제는 '정보통신기술이 화상회의, 원격강의, 채팅, 메일 등을 통해 통행량 발생을 감소시킨다'는, 즉 교통의 대체재라는 것이다. 그러나 캘리포니아 대학교(UC Davis)의 Mokhtarian 교수 등의 학자들은 정보통신기술이 대체로 교통의 대체재가 아닌 보완재의 성격을 가지고 있다는 연구결과를 지속적으로 발표하고 있다. 이는 유무선통신기술이 발달하면서 기존보다 많은 사람들과 동시다발적으로 유·무선통신망에 자유롭게 접촉할 수 있고, 이로 인해 과거보다 손쉽게 활동을 약속할 수 있기 때문에 통행량이 증가할 수 있다는 것을 의미한다.

셋째, 첨단교통서비스에 대한 집합화된 편익은 개인의 지불용이액(Willingness To Pay)에 미치지 못한다는 것이다. 국내에서 ITS를 구축한 이후 운영단계에 실시한 실증연구에서 구축 대상 도로의 평균통행속도가 15～20%가 향상되었으며 경제성 측면에서도 비용대비편익(B/C)비가 2.2～6.2배로 전통적인 교통시설의 공급정책보다 사업효과가 매우 높은 것으로 보고되고 있다. 그러나 일반적으로 지능형교통체계의 도입으로 인한 대표적 편익인 통행시간 절감편익은 개별 운전자의 단위시간 절감분에 통행시간가치(Value of Time)를 곱하고, 이를 전체 통행자가 연간 발생하는 편익으로 집합화(Aggregation)하는 방식으로 산정되기 때문에 개별 운전자가 체감하는 편익은 실제로 크지 않을 수 있다.

〈ITS사업의 편익 집합화 문제〉

만약, 우리가 도시 내 교차로 혼잡을 완화하기 위해 해당 교차로에 5억 원을 투입하여 교통량에 따라 교통신호가 감응하는 교통감응식 신호시스템을 도입하는 것이 타당한가를 결정해야 한다고 가정해 보자. 이때 이 시스템을 도입하여 신호교차로에서 평균 지체시간(Average delay time)이 차량당 평균 5초가 절감되고 해당 교차로에 1일 5만 대의 차량이 지나간다고 가정한다면, 우리는 해당 교차로에서 1년 동안 연간 5억 원(5초/대 × 1만원/시(3,600초) × 5만 대/일 × 365일/년)의 통행시간 절감편익이 발생한다고 예상할 수 있다. 그러나 실제로 해당 교차로를 이용하는 개별 운전자는 단지 5초의 지체만 경감된 것이기 때문에 이를 위해 5억여 원의 시예산을 집행해야 한다고 생각하기는 어려운 수준이라고 말할 수 있다.

넷째, 전체 네트워크 상에서 지능형교통체계로 인한 통행시간 절감효과는 미미하다는 것이다. 독일학자인 Zahavi(1977)는 사람들은 출퇴근 통행 시 각각 다른 출발시간, 다른 교통수단, 다른 노선을 선택하지만 하루에 약 1시간이나 연구에 따라서는 1시간 30분 정도의 통행시간예산(Travel Time Budget) 범위 내에서 통행행태를 결정한다는 원칙을 발견했다. 이는 이후 Zahavi와 Marchetti의 상수(Zahavi's Constant)라고도 불리는 통행시간예산 개념으로 발전하였다. 이 논리에 따르면 개인이 지능형교통체계가 도입된 해당 링크 상에서 통행시간을 절감하더라도 통행시간 예산범위 내에서 단기적으로 다른 통행목적을 추가하여 다른 활동을 늘리거나 장기적으로 쾌적한 거주지나 회사 입지를 변경하여 통행거리를 늘리는 방식으로 통행행태를 바꾸기 때문에 전체 네트워크 차원에서 통행시간 감소는 매우 미미하다는 결론에 도달하게 된다.

공학적으로도 운전자에게 운전자가 원하는 기·종점 간 통행시간을 제공하기 위해서 과거의 교통정보를 가공하여 운전자가 주행하는 현재 지점에 제공하기 때문에 운전자에게 제공되는 통행시간은 운전자가 현재 도착예정인 통행시간이 아닌 과거의 교통상황을 나타내는 하나의 지표일 뿐 운전자가 실제로 알고 싶어하는 현 지점에서의 실제 목적지 도착예정 통행시간을 제공하지는 못한다. 이를 위해서는 필연적으로 통행시간 예측이 필요한데, 이럴 경우 예측된 교통정보의 정확도가 상당히 떨어지는 문제 때문에 단거리에 한정하여 통행시간을 예측할 수밖에 없는 구조적인 문제를 가지고 있다. 이 때문에 이러한 제약을 고려하여 제공되는 단거리 교통정보로는 운전자가 노선 선택, 수단 선택을 변경할 만큼 운전자의 행태를 변화시키기 어려운 한계가 내재되어 있다.

설령, 정확한 통행시간을 예측한다고 하더라도 목적지까지의 통행시간 등 교통정보를 다수의 운전자에게 제공하는 경우, 짧은 시간에 다수의 운전자가 특정 네트워크에 집중되어 오히려 교통상황이 악화되는 문제가 발생할 수 있는데, 이러한 현상을 과도반응(Overreaction)이라고 한다. 이러한 과도반응을 막기 위해서는 정보제공 업데이트 주기를 조정하거나 도로 상의 일부 운전자 또는 교통정보에 정보료를 지불하는 운전자에게만 정보를 제공하여 교통상황을 최적으로 운영할 수 있도록 정보에 반응하는 운전자들의 최적비율을 조정하는 방법이 필요하다. 그러나 정보료를 지불하는 방식은 교통정보가 일부 또는 특정한 계층에게만 이용되어 계층 간 갈등을 유발하는 형평성 문제를 가지고 있다.

다섯째, 지능형교통체계는 도로와 승용차 중심의 통행을 유도함으로써 대중교통서비스 제공을 위한 규모의 경제를 훼손한다. 지능형교통체계의 도입효과 중 하나는 첨두시 도시 내 중심업무지역(Central Business District, CBD)으로 진입하는 교통량을 분산시켜 도로 이용의 효율을 높이고 통행자의 통행시간을 절감하는 것이다. 이와 같이 도시 내 CBD로 진입하는 통행량을 분산 처리하는 방식은 차량의 통행패턴을 매우 다양하게 만들 수 있다. 일반적으로 서울특별시와 같은 대도시의 출・퇴근 시 통행패턴은 CBD를 중심으로 방사형으로 구성된 도로망에 비대칭적으로 편도 교통량이 집중되면서 10마일/시(16 km/h) 수준으로 저속의 교통류가 형성되기 때문에, 도시부 교차로에서는 <그림 13.6>과 같이 주방향 교통류를 대상으로 연동을 맞추어 신호를

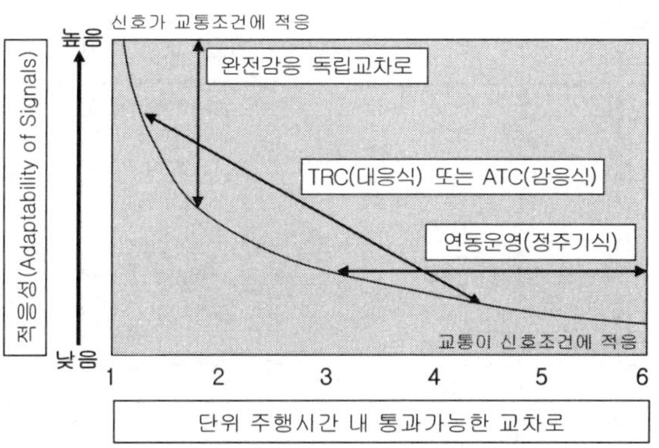

주: 1) 정주기식: 시간대(Time Of Day)에 따라 미리 정해진 신호시간을 반복적으로 적용
2) 대응식 신호시스템(Traffic Responsive Control, TRC): 주기가 시작되기 전에 교통상황에 따라 미리 정해진 신호대안 중 하나를 선정하여 신호시간을 적용
3) 감응식 신호시스템(Adaptive Traffic Control, ATC): 해당 주기 종료 후 다음주기 신호시간을 다음주기 시작 이후의 교통상황에 따라 도출하여 적용

그림 13.6 도시부 첨단신호제어시스템 비교

(출처: 서울지방경찰청, 도로교통안전관리공단(2004), 교통신호시스템워크숍 자료집)

운영하여 통과교통량을 최대로 처리하게 된다. 그러나 교통량을 분산시켜 복잡한 통행패턴이 형성되면 시공도(Time-Space Diagram) 상의 진행대폭(Band width)이 작아져서 교차로 연동을 맞추기 어렵게 되고 결국 교차로를 통과하는 교통량이 적어져 도로운영이 비효율적으로 이루어지는 역효과가 발생할 수도 있다.

뿐만 아니라 교통수요가 밀집된 주방향 교통류에 대해 HOV차로(가로변버스차로, 중앙버스차로BRT, 신교통수단 등)를 설치[53]하여 대중교통에 대해 우선적으로 신호를 처리하는 등 혁신적인 대중교통정책[54]들도 지능형교통체계 도입 후 교통량 분산에 따른 도로 중심의 승용차를 이용한 통행행태가 정착되는 경우 대중교통수단의 수요 부족으로 도입이 어려워질 수도 있다.

여섯째, 대규모, 고규격, 고비용의 통신망과 센터장비 구입 위주의 편중된 대규모 투자방식으로는 지능형교통체계사업의 사업효과가 미미하다는 것이다. 고속도로 일부 링크나 도시부 일부 지역에서 국지적인 통행시간 절감이 발생

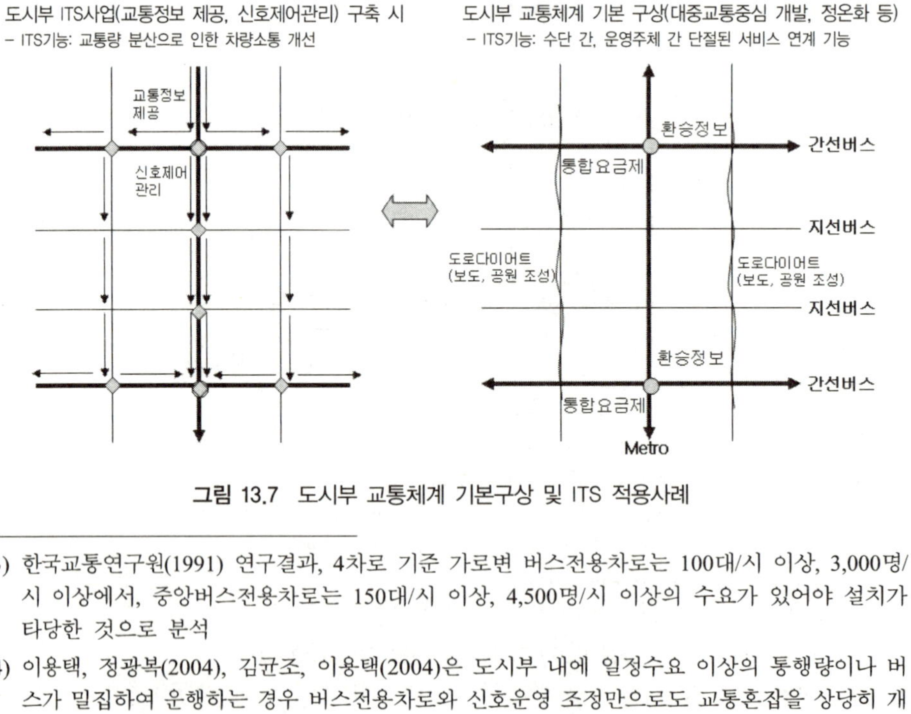

그림 13.7 도시부 교통체계 기본구상 및 ITS 적용사례

---

53) 한국교통연구원(1991) 연구결과, 4차로 기준 가로변 버스전용차로는 100대/시 이상, 3,000명/시 이상에서, 중앙버스전용차로는 150대/시 이상, 4,500명/시 이상의 수요가 있어야 설치가 타당한 것으로 분석

54) 이용택, 정광복(2004), 김규조, 이용택(2004)은 도시부 내에 일정수요 이상의 통행량이나 버스가 밀집하여 운행하는 경우 버스전용차로와 신호운영 조정만으로도 교통혼잡을 상당히 개선할 수 있다는 연구결과를 발표

하나 전체 네트워크 상의 통행시간 절감효과가 미미하다는 비판에 대해, ITS 전문가들은 일반적으로 교통정보가 단절된 구간(missing link)에 대해 서비스 연속성을 확보하기 위해 정보센터를 추가로 건설해야 하고, 우회정보를 제공하거나, 전체 도로망에 대한 광역적 교통정보 제공을 위해 중앙집중형 통합센터가 추가적으로 필요하다고 주장한다. 이러한 이유로 광범위한 도로연장에 현장장비를 설치하고, 현장검지기에서 올라온 30초 단위의 미시적인 데이터를 관리할 수 있는 고규격, 고비용의 기간통신망과 대규모 센터 건설 및 하드웨어 장비 구입에 재정지출을 집중하고 있다. 그러나 이러한 재정투자에도 불구하고 사용자는 교통정보를 이용하여 일부 링크 상의 통행시간을 줄이더라도 통행시간 예상범위 내의 다른 링크에서 이를 사용하려고 하기 때문에 전체 네트워크 상에서 통행시간 절감효과가 미미하거나 편익이 발생하더라도 집계된 편익으로 개인에게 지불용이하지 않은 수준이어서 납세자의 VFM(Value For Money)[55]을 확보하기 어려운 문제가 여전히 발생할 수 있다.

일곱째, 전국적으로 광범위하게 계획된 지능형교통체계의 서비스가 시장의 니즈(Needs)나 국민의 정책수용도에 대한 검토가 부족한 채 구축되고 있다는 것이다. 현재 국내에서 추진 중인 지능형교통체계는 도로교통체계 전 분야에 걸쳐 18개 서비스, 62개 단위서비스로 구성된 광범위한 서비스 영역으로 구성되어 있지만, 실제 현장에서 전국적으로 활용되고 있는 서비스는 5～6개에 불과하다. 이는 도로 중심의 수송구조에 맞추어 도로 전 분야에 대해 대규모로 광범위하게 계획된 미국의 IVHS(Intelligent Vehicle and Highway System)전략이나 시스템 아키텍처를 벤치마킹하여 국내 지능형교통체계에 그대로 도입하면서, 선진기술 도입이나 산업육성 등의 과학기술, 산업정책에 치중한 나머지 국내의 수송구조나 규모, 시장의 니즈, 국민의 정책적 수용도에 대한 고려가 상대적으로 부족하였기 때문으로 판단된다.

55) VFM은 해당 사업이 납세자의 세금지출에 대한 가치를 충분히 가지고 있는지를 의미

13.4 정책적 시사점 및 향후 과제

본 장에서는 지금까지 정보통신기술이 교통체계나 통행자 행태에 미치는 영향을 살펴보고, 이러한 영향을 고려한 도로교통정책 수립 시, 직면할 수 있는 정책적 한계와 향후 과제를 국내 지능형교통체계사업의 추진사례를 중심으로 살펴보았다. 그 결과 정보통신기술을 활용한 서비스를 이용하여 교통정책에 활용하기 위해서는 먼저 해당 서비스가 통행 간에 보완, 대체, 수정 또는 독립관계에 있는지 등 해당 서비스의 특성을 충분히 이해할 필요가 있겠다.

또한 지능형교통체계 등 첨단교통서비스에 대한 교통경제학자들의 비판과 쟁점을 검토하였다. 비록 일부 교통경제학적인 접근방법에 의한 비판에 국한된 것이라 하더라도 그간의 지능형교통체계사업이 국민과 시장의 니즈나 사업성과에 대한 객관적 검증 없이 기술적 구현 가능성의 환상에 빠져 정책목표와 상충 또는 부합하지 않거나 국민이나 시장에서 수용되지 못하는데도, 정부나 전문가 또는 공급자 주도로 사업을 계획하고 추진한 것은 아닌지 먼저 반성해 보아야 한다.

그리고 지능형교통체계가 정책수단으로 갖는 본질적이고 경제적인 한계를 직시하고, 도로 전 분야에 걸친 고규격, 고비용의 대규모 지능형교통체계사업을 추진하던 투자방식에서 재정투자에 대한 VFM을 높일 수 있도록 공급자 중심, 도로 중심에서 벗어나 변화하는 정책환경(지속가능한 교통정책, 녹색교통수단 활성화 등)에 부합하면서도 시장의 니즈와 국민의 정책적 수용도를 더욱 반영한 실용적인 사업방식이 필요하리라 판단된다.

이러한 대안으로 향후 녹색교통의 수단분담률을 높이고자 하는 환경적 지속가능성을 고려한 교통정책이 확산될 전망으로 도로 중심의 광범위한 지능화보다는 대중교통시스템의 환승·연계를 위해 단절된 물리적 시설을 정보를 이용하여 기능적으로 연계하는 등의 중·소규모이면서도 기능적이고 실용적인 지능화에 정부재원을 투자하는 것이 정책목적에도 부합하는 동시에, 비용-효과적(Cost-effective)인 접근방법이 될 것이다.

참고문헌

1. 이용택(2002), ITS시장의 회고와 전망, TTA 저널
2. 박은미(2004), ITS사업, 진단과 과제, 교통기술과 정책 제1권 제1호, 대한교통학회
3. 이용택, 박동주, 남두희(2004), 국내 ITS사업평가체계 도입방향, 대한교통학회지 제22권 3호
4. 이용택, 정광복(2004), 도심부 버스전용차로 운영효과분석, 대한토목학회지
5. 김균조, 이용택(2004), 중앙버스전용차로 실시에 따른 신호운영방안연구, 대한교통학회 제46회 학술발표회 논문집
6. 김주현, 변완희 윤여환, 이용택, 조현우(2009), 지능형교통관리시스템 이론과 실무, 청문각
7. 이용택, 남두희, 임강원(2005), 확률적 위험도분석을 이용한 ITS사업의 경제성 평가모형, 교통학회지 제23권 3호
8. Ho Wan-chol, Lee Yong-taeck(2008), Barrier to ITS development in Korea, 교통기술과정책 제5권 제4호, 대한교통학회
9. 변완희, 조현우, 이용택(2007), U-City사업의 최적 U-서비스군 선정을 위한 가치평가모형(U-Sem)개발, 한국ITS학회논문집 제6권 3호(통권14호)
10. 이용택(2003), ITS 정보연계 틀 만들자, 디지털타임스(4. 10.)
11. 이용택(2003), 교통정보의 효율적 운영, 전자신문(7. 2.)
12. 한국교통연구원(2006), 정보통신요소를 활용한 교통수요추정 모형의 개발
13. 한국교통연구원(2005), 유비쿼터스 환경에서의 교통부문 여건변화분석 및 대응전략 개발 연구
14. Zahavi, Y(1997), Equilibrium Between Travel, Demand, System Supply and Urban Structure, In Visser E. J. Transport Decision in an age of Uncertainty, the Hague: Martinus Nijhoff
15. Lee, Yong Taeck(2003), Evaluation of MCD(Model City Development) Project in Korea, 6th Asia-Pacific ITS Forum, Taipei, Taiwan
16. Kenneth Button(2005), Myths and Taboos in transport policy, Barriers to sustainable Transport, Spon Press
17. Choo, S., P. L. Mokhtarian and I. Salomon, Does Telecommuting Reduce Vehicle-miles Travels? An Aggregate Time Series Analysis for U. S., Transportation 32(I), 2005, pp. 37～64
18. 서울지방경찰청, 도로교통안전관리공단(2004), 교통신호시스템 워크숍 자료집

19. 국토해양부(2005), ITS업무요령
20. 국토해양부(2006), ITS업무매뉴얼
21. 국토해양부(2006), ITS 성능평가 시행계획
22. 이기영 외(2008), 도로부문 Ubiquitous 정보화사업 추진 전망, 대한전자공학회지 제35권 제5호
23. 방송통신산업협회(2009), 방송통신산업통계월보

14

감사행정을 통한 고위험군 교통정책 및 제도관리체계

미국 감사원의 고위험군 정책관리체계 및 교통행정분야 사례

Management of high-risk transportation policy through national audit administration

"아무리 나쁜 事例라 일컬어지는 것이라도
그것이 始作된 원래 動機는 훌륭한 것이었다."
– 마키아벨리(1469~1527년)의 정략론 중에서

14.1 개요

정책입안자들에게는 2008년 미국발 세계 금융위기로 인한 세수 감소, 전후 베이비붐 세대의 은퇴로 인한 노동시장의 위축과 의료·복지 예산의 급증 속에서도 기후변화에 따른 녹색성장산업과 같은 신성장 동력을 발굴·육성해야 하는 등 과거 어느 때보다 정책환경의 급변으로 인해 정책수립에 대한 리스크가 커졌다.

이는 우리나라의 교통정책 수립에 있어서도 예외일 수는 없어 보인다. 우리나라의 교통 정책·제도는 지난 세기 산업화·정보화를 거치는 동안, 주로 선진국과 비교분석(Comparative Analysis)하여 선진 제도를 국내 현실에 맞도록 토착화하는 방식으로 추진되면서 양적·질적으로 많은 변화와 혁신을 이루어 왔다.

그러나 우리 사회가 보다 선진화·다원화·민주화되면서 국외의 선진제도에 대한 벤치마킹을 통한 선진제도의 토착화만으로는 더 이상 우리가 원하는 정책목표를 달성할 수 없을 뿐만 아니라 이러한 방식으로는 급격한 정책환경의 변화 속에서 정책적 리스크를 사전에 파악하고 선제적으로 대응하기 어려워지고 있다.

이러한 문제에 대해 미국 감사원(Government Accountability Office, GAO)[56] 에서는 해당 부처(Department)의 협조하에 1992년부터 매 2년마다 예산낭비와 관리가 부실한 행정부의 정책을 분류하여 고위험군(High-risk Area)으로 발표할 뿐만 아니라 이를 집중 관리하고, 해당 부처에서는 사업에 대한 성과(Performance)와 공공책임성(Accountability)을 점검하여 감사원과 의회에 보고하고 있다. 최근 2009년도에는 경제성, 효과성, 효율성에 관계된 광범위한 분야에 대해 35개의 고위험군을 선정하여 발표하였으며, 이 중 교통분야에서는 국가이동성 확보 등 7가지 초점(focus)에 대해 교통부 등과 협의하여 집중적으로 관리하도록 하고 있다.

56) 미국의 감사원은 1921년 예산회계법(Budget and Accounting)에 따라 예산과정에 집행권한을 고양하고 법적 균형을 유지하기 위해 입법부 내에 설립되었으며 현재 3,200여 명의 전문 인력이 의회가 인준한 예산의 성과와 집행의 공공책임성을 감사하고 있다.

따라서 본 장에서는 급변하는 정책환경 속에서 정책적 리스크를 효과적으로 관리하기 위해 미국 감사원에서 최근 고위험군으로 분류한 교통분야의 감사결과를 토대로 이와 관련된 정책적 이슈를 소개하는 동시에 우리나라 교통정책과 제도 개선에 대한 정책적 시사점을 제시하고자 한다.

14.2 고위험군 관리체계

GAO는 공공부문에서 중대한 서비스를 제공하거나 잠재적으로 막대한 재원조달이나 손실이 불가피한 취약분야를 발굴하여 문제점이나 장애요인을 해소하기 위해 1990년 처음으로 당시 행정부의 기능과 사업에 대해 취약한 14개 분야를 의회에 보고하면서 시작되었다. 지난 20년간 최초 14개 분야에서 35개 분야가 신설되고 19개 분야가 폐지되었으며, 2009년 기준으로 육상교통체계 재원조달분야를 포함하여 총 30개 분야가 고위험군 정책 및 사업으로 지정되어 관리되고 있다. 1990년대 고위험군을 선정할 당시에는 전통적으로 부정부패, 예산낭비, 권한남용, 관리부실이 발생하기 쉬운 분야를 지정하였으나 이 프로그램이 행정부, 입법부 간 공조를 통해 고질적인 고위험분야의 정책이나 사업을 관리하고 해결하는 데 실효성을 거두게 됨에 따라 경제성, 효율성, 효과성, 공공책임성, 지속가능성이 필요한 분야로 확대되게 되었다.

GAO에서는 '성과와 공공책임성 도전과 고위험군'이라는 지침(2001)을 마련하여 이 지침에 따라 고위험군 정책 및 사업을 관리하고 있다. GAO에서 고위험군을 지정할 때에는 <그림 14.1>과 같은 절차를 거친다. 먼저 국가적 중요성 및 성과와 공공책임성에 중대한 관리기능을 담당하는 분야 중에서 발생 가능한 위험이 고유의 취약한 분야(부정부패, 예산낭비, 권한남용 등)이거나 시스템적인 분야(사업관리, 재무관리, 정책 비효율 등)인 경우 위험요인을 분석한다. 위험요인은 정량적 위험(10억 달러 이상의 재정적 손실)으로나 정성적 위험(치명적 분야에 치명적 결과를 초래)으로 분석하여 이 조합을 근거로 고위험군을 판별하고 발생한 위험에 대한 개선대안이 효과적이지 못한 경우 <표 14.1>과 같은 기준에 따라 고위험군으로 최종 지정하여 관리하고 있다. 또한 고위험군으로 관리하면서 해당 기관과 GAO의 처분요구를 포함한 입법부의 노력으로 인해 고위험군에 대한 위험이 해소되는 경우 <표 14.1> 과 같은 판단기준에 따라 고위험군 지정을 해지하게 된다.

표 14.1 고위험군 선정 및 해지 판단기준

구분	선정단계	해지단계
판단 기준	• 다수 부처·기관이 추진하는 분야 • 정부예산이나 공공부문 재원 투자 비율이 높은 분야 • 예산관리청(OMB), 국회, 감사원의 처분요구가 많은 분야	• 개선요구에 대한 시행근거나 의사결정자의 적극적인 지원 • 위험해소에 대한 조직역량(인력, 재원 등) 강화 • 개선대책 마련을 위한 활동계획의 적정성(근본적인 원인을 파악하고 효과적인 해결책 마련) • 개선대안의 효과성과 지속가능성을 평가하고 모니터링하는 프로그램

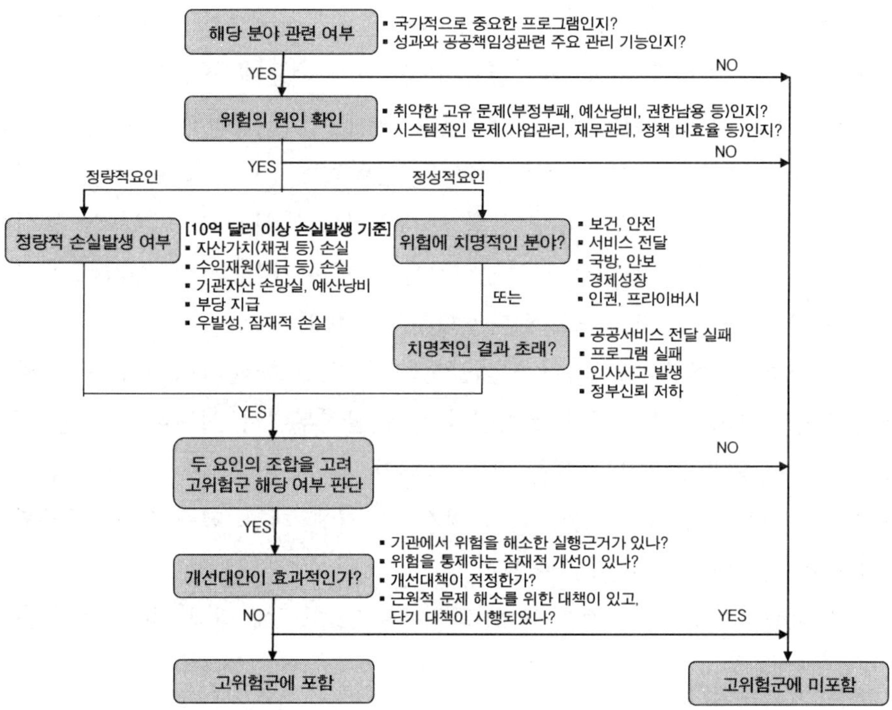

그림 14.1 고위험군 선정절차

(자료: GAO(2001), Determining Performance and Accountability Challenges and High-Risk, GAO감사지침(GAO-01-159SP))

14.3 고위험군 교통정책 사례분석

14.3.1 육상교통의 이동성 하락에 대한 문제

미국 교통부(US. DOT)에서는 교통시스템 건설 및 노후시설 개량사업 중 육상교통분야에 재정지출의 76.4%를 집중적으로 투자하고 있는데도 국도(National Highway)의 첨두시 혼잡구간이 1982년도 32%에 비해 2009년도 67%로 급격히 증가하는 추세에 있는 등 국가 육상교통의 이동성(Mobility)이 더욱 악화되고 있다. (GAO-08-763T)

GAO에서 교통부의 육상교통프로그램이 교통혼잡 증가 등에 당면한 교통문제를 효과적으로 해결하지 못하는 원인을 분석한 결과, 첫째, 연방정부의 육상교통 정책목적과 연방정부의 역할이 불분명하여 각 프로그램 간 정책목적이 서로 상충되고 있었다. 둘째, 각 프로그램의 성과(Performance)와 예산배분과의 연계가 부족할 뿐 아니라, 주 정부에서 해당 프로그램을 집행하면서 프로그램 간에 사업비를 쉽게 이·전용할 수 있기 때문에 연방정부의 특정 프로그램에 따른 지원방식이 의미가 없었다. 셋째, 건설 이전에 기존 인프라 효율을 높이는 잠재적인 대안을 적극적으로 검토하는 등 프로그램 추진을 위한 최적대안을 검토하지 않거나, 타당성 분석방법으로 사용되는 경제성 분석을 기준보다 낙관적으로 분석하여 사업선정을 위한 합리적인 판단준거를 제공하지 못하기 때문으로 보고하고 있다. (GAO-08-400)

또한 연방정부에서 재정지원한 대규모 교통인프라구축사업[57]의 경우 완공까지 연방정부의 재정지원이 불확실하고, 연방정부에서 시행한 환경성 검토 등 요구사항을 준수하기 어려울 뿐만 아니라, 국회 등 정치적 요인이 반영된 사업이 타당성이나 투자우선순위에 부합하는지에 대한 검증 없이 투자되는 문제점이 지적되었다. (GA0-09-219)

이에 대해 GAO에서는 주요 국가 육상교통프로그램에 대해 이동성의 확보라

57) 총 사업비가 많고 국가·지역에 파급효과가 큰 3개 교통인프라구축사업으로 국책사업(Projects of Regional and National Significance, PRNS), 국가인프라개선사업(National Corridor Infrastructure Improvement Program, NCIIP), 통합연계인프라사업(Coordinated Border Infrastructure Program, CBIP)을 대상으로 감사하였다.

는 정책목표 달성을 위해 성과척도에 기반하여 사업대안 간 투자우선순위가 높은 사업을 추진하는 경쟁적 사업추진절차를 도입하도록 권고하는 한편, 다음과 같은 5가지 원칙하에 교통프로그램과 관련된 연방정부의 접근방법을 재조정하도록 교통부에 권고하였다. (GAO-09-219, GAO-08-400, GAO-08-763)

〈GAO의 육상교통프로그램 사업추진에 대한 원칙 권고〉

▶ 사업목표가 사업의 성과와 연계되어 잘 정의되어 있는가?
▶ 각 목표달성에 있어 연방정부의 역할이 분명히 정의되어 있는가?
▶ 주 정부 · 지역정부에서 연방정부의 재정지원에 대해 공공책임성 있게 집행하였는가?
▶ 연방재정 지원에 대한 성과를 거양할 수 있는 최적의 대안 또는 접근방법을 채택하였는가?
▶ 재무적 지속가능성이 있는가?

표 14.2 GAO의 국가이동성 관련 감사보고서 명세

보고서 번호	보고서명	발행연도
GAO-09-845T	Highway Trust Fund: Options for Improving Sustainability and Mechanisms to Manage Solvency	2009
GAO-09-435T	Transportation Programs: Challenges Facing the Department of Transportation and Congress	2009
GAO-08-990T	Traffic Safety Programs: Progress, States' Challenges, and Issues for Reauthorization	2008
GAO-08-400T	Surface Transportation: Restructured Federal Approach Needed for More Focused, Performance-Based, and Sustainable Programs	2008
GAO-08-763T	Physical Infrastructure: Challenges and Investment Options for the Nation's Infrastructure	2008

출처: www.gao.gov/highrisk/agency/dot

14.3.2 국가교통시스템 구축 · 관리를 위한 재원 부족 문제

교통수요 증가에 따라 장래 육상교통시스템을 확충하고 기간도로망의 대수선시기가 도래함에 따라 이를 관리하는 데 필요한 재원을 전통적인 재원조달구조(Mechanism)로 조달하기 어려워지면서 국가육상교통시스템의 재무적 지속가능성을 확보하기 어려운 실정이다. 특히 도로신탁기금(Highway Trust Fund)은 연간 50억 달러 규모로 도로(82%), 대중교통(15%), 교통안전(3%)프로그램의 재원으로 사용되고 있으나 기금의 지출이 수입을 초과하면서 2008년

말 고갈됨에 따라 의회에서는 재무국의 일반기금으로 2008년도 80억 달러, 2009년도 70억 달러를 도로신탁기금에 지원하였다. 그러나 여전히 계획된 지출을 삭감하거나 기금확보를 위한 연방정부의 수익재원을 추가로 발굴하기 어렵기 때문에 도로신탁기금의 지급능력(Solvency)이 낮아지고 재무적 지속가능성을 확보하기 어려운 실정이다. (GAO-07-310, GAO-09-271, GAO-08-744T, GAO-09-845T)

또한 최근 교통부에서는 「경제재건 · 재투자법」(American Recovery & Reinvestment Act)에 따라 고속철도 및 도시철도사업에 80억여 달러 규모의 국고를 투입하기로 하였으나, 프랑스, 한국 등 철도사업을 먼저 추진한 나라의 사례를 보더라도 당초 계획 대비 사업비가 초과하기 때문에 철저한 사업관리가 요구되고 있다. (GAO-07-15, GAO-09-317)

아울러 항공승객의 감소로 인해, 항공기 운항 및 연료소비, 항공신탁기금 수익이 지속적으로 감소하였고, 연방항공청이 추진 중인 사업의 예산이 부족하다는 사유로 2009년도 일반기금 재원으로 신탁기금의 부족분을 지원받아 기금고갈의 문제가 일시적으로 해소되었지만 신탁기금의 수지 불균형 문제가 장래 기금고갈로 이어져 신규 사업에 착수하거나 추진을 어렵게 만들 것이 우려된다.

표 14.3 GAO의 국가교통시스템 재원 관련 감사보고서 명세

보고서 번호	보고서명	발행연도
GAO-09-753	National Transportation System: Options and Analytical Tools to Strengthen DOT's Approach to Supporting Communities' Access to the System	2009
GAO-09-377T	National Airspace System: FAA Reauthorization Issues are Critical to System Transformation and Operations	2009
GAO-09-219	Surface Transportation: Clear Federal Role and Criteria-Based Selection Process Could Improve Three National and Regional Infrastructure Programs	2009
GAO-09-845T	Highway Trust Fund: Options for Improving Sustainability and Mechanisms to Manage Solvency	2009
GAO-08-786	FAA Airspace Redesign: An Analysis of the New York/New Jersey/Philadelphia Project	2008
GAO-08-400	Surface Transportation: Restructured Federal Approach Needed for More Focused, Performance-Based, and Sustainable Programs	2008
GAO-08-744T	Surface Transportation: Principles Can Guide Efforts to Restructure and Fund Federal Programs	2008

출처: www.gao.gov/highrisk/agency/dot

이에 대해 GAO에서는 교통수요에 따라 교통인프라의 지속가능한 투자를 보장하기 위해서 앞의 5가지 원칙에 따라 육상교통정책의 재원조달방안에 대해 전면적인 재검토를 하도록 교통부에 요구하였다. 또한 철도사업에 대한 사업비 초과 등 재무적 리스크관리 및 사업관리를 철저히 하도록 요구하는 한편, 장래 공항수요의 불확실성과 항공신탁기금의 수지 불균형으로 인해 항공신탁기금으로 추진되는 항공프로그램에 대한 재무적 리스크를 최소화할 수 있는 리스크관리 대책을 강구하도록 하였다.

14.3.3 성과와 공공책임성 제고 문제

교통부에서는 교통부 내부 지침에 따라 정해진 공식으로 육상교통기금을 도로, 대중교통, 안전프로그램에 기계적으로 배분함으로써 실제 교통수요나 프로그램의 성과와 관계없이 예산을 배분해 왔다. GAO에서는 특히 2008년도 교통안전 관련 보조금에 대해 수혜 대상 기관(주 정부 등)의 성과가 보조금 배분과 직접 연계되는 성과·책임성 메커니즘이 부족하다고 지적하였다. (GAO- 08-400, GAO-08-398)

또한 이러한 원인으로 연방정부의 재정지출에 따른 사업효과를 계량화하기 어려울 뿐 아니라, 프로젝트의 선정 시 낙관적으로 경제성 분석을 수행하여 타당성 분석이 부실하게 수행되는 등으로 인해 최적의 프로그램 대안이나 접근방법을 사용하지 못하고 있는 것으로 나타났다. (GAO-08-400)

교통부에서는 미국 내 광역교통행정기구(Metropolitan Planning Organization, MPO)에서 수립한 광역권의 교통계획에 대한 실적을 관리·감독하고 있지만 규정에 따른 행정절차의 이행 여부만을 검토할 뿐 광역교통프로그램의 성과달성 여부를 검토하지 않고 있어 광역교통행정의 성과관리가 미흡한 것으로 지적되었다. (GAO-09-868)

또한, 교통부는 2009년 제정된「경제재건·재투자법」에 따라 480억 달러를 철도·도로·대중교통 등 교통인프라의 재원으로 활용하도록 주 정부에 국고지원하고 있다. 그러나 주 정부에서는 국회의 재정 조기집행 요구에 따라, 사업선정을 위한 사업타당성 검토와 이 법령에서 경제취약분야에 대해 우선적으로 사업을 지원하도록 한 요구사항에 대한 검토가 미흡한 채 사업을 집행한

것으로 나타났다. (GAO-09-926T)

이에 대해 GAO는 연방정부의 교통인프라 투자효율성을 증진하기 위해서 교통인프라 투자에 대한 성과관리와 예산집행에 있어 공공책임성을 확보하도록 앞의 5가지 원칙에 따라 육상교통정책의 성과 · 책임성 메커니즘에 대한 전면적인 재검토를 교통부에 요구하였다. 특히 광역교통행정기구(MPO)에서 교통계획을 수립할 때 광역교통프로그램의 산출물(Outcome)을 검증하여 성과에 기반한 계획을 수립하도록 권고하고 있다. (GAO-08-398, GAO-09-868)

또한 교통부가 「경제재건 · 재투자법」에 따라 기금을 집행할 때에는 경제적으로 취약한 분야에 투자우선순위를 두어 지원하기 위해서 구체적이고 분명한 가이드라인을 마련한 후 시행하도록 요구하였다. (GAO-09-829)

표 14.4 GAO의 성과와 공공책임성 관련 감사보고서 명세

보고서 번호	보고서명	발행연도
GAO-09-829	Recovery Act: States' and Localities' Current and Planned Uses of Funds While Facing Fiscal Stresses	2009
GAO-09-868	Metropolitan Planning Organizations: Options Exist to Enhance Transportation Planning Capacity and Federal Oversight	2009
GAO-09-926T	Recovery Act: States' Use of Highway Infrastructure Funds and Compliance with the Act's Requirements	2009
GAO-08-198	Federal-Aid Highways: Increased Reliance on Contractors Can Pose Oversight Challenges for Federal and State Officials	2008
GAO-08-398	Traffic Safety: Grants Generally Address Key Safety Issues, Despite State Eligibility and Management Difficulties	2008

출처: www.gao.gov/highrisk/agency/dot

14.3.4 교통안전 개선 문제

미국 교통사고는 연방정부의 지속적인 투자에도 불구하고 도로부문에서 2008년도 사망자 3만 7,000명, 부상자 230만 명, 철도 · 항공부문에서도 1,200명의 인사사고가 발생하는 등 교통사고가 줄지 않고 있다.

또한 대다수 치명적인 교통사고의 95%가 도로 상에서 자주 발생하고 있으며 항공사고는 타 교통수단에 비해 사고발생 시 사고의 치명도가 높은 분야임에도 불구하고 도로 및 항공안전프로그램에 대한 대책이 상대적으로 미흡하

여 이와 같은 교통안전 취약분야에 대한 집중적인 관리가 필요하다는 지적이다.

특히 항공안전과 관련하여 연방항공청에서 항공사 및 항공기의 안전검사를 실시한 후 내구연한이 지난 항공기의 부품을 미교체하거나 노후항공기를 그대로 운항하는데도 이에 대한 조치를 하지 않는 등 항공사 및 항공기 안전관리가 취약한 것으로 나타났다. 또한 최근 사고가 잦은 환자수송기(Air Ambulance) 및 경량 화물수송기 등 항공안전 취약분야에 대한 특별관리가 부족하다는 문제가 제기되었다.

이에 대해 GAO는 모든 교통수단에 대한 안전프로그램이 당초 목표를 달성하였는지 등을 포함하여 사업의 성과를 체계적으로 관리하기 위해 사고자료, 성과척도, 평가체계를 개선하도록 요구하였다. (GAO-09-627T, GAO-08-477, GAO-07- 159, GAO-06-946)

또한 교통부의 도로안전프로그램의 효과성(Effectiveness)을 개선하기 위해 마약·음주운전검사 거부자 및 운수업 종사자의 사고·불법행위에 대한 관리·감독을 강화하고, 이와 관련된 이력자료를 국가데이터베이스화하여 구축·관리하는 법적절차(rule-making process)를 마련하도록 권고하였다. (GAO-08-600)

표 14.5 GAO의 교통안전 관련 감사보고서 명세

보고서 번호	보고서명	발행연도
GAO-09-614	Aviation Safety: Better Data and Targeted FAA Efforts Needed to Identify and Address Safety Issues of Small Air Cargo Carriers	2009
GAO-09-495	Motor Carrier Safety: Commercial Vehicle Registration Program Has Kept Unsafe Carriers from Operating, but Effectiveness Is Difficult to Measure	2009
GAO-09-627T	Aviation Safety: Potential Strategies to Address Air Ambulance Safety Concerns	2009
GAO-08-990T	Traffic Safety Programs: Progress, States' Challenges, and Issues for Reauthorization	2008
GAO-08-600	Motor Carrier Safety: Improvements to Drug Testing Programs Could Better Identify Illegal Drug Users and Keep Them off the Road	2008

출처: www.gao.gov/highrisk/agency/dot

14.3.5 항공관제 현대화프로그램 전환 문제

연방항공청(FAA)은 150～220억여 달러를 투자하여 2025년까지 항공관제 현대화프로그램(NextGen)을 도입하기 위해 관련 기관 간 협력을 통해 사업관리업무를 담당하고 있다. 그러나 이 사업은 첨단복합기술로서 다수의 관련자가 복잡한 추진절차를 거쳐서 추진되는 사업으로 지난 수년간 사업계획이 자주 변경되는 등의 문제로 인해 NextGen에 대한 추진성과가 미진하였다. (GAO-07-310, GAO-09-271)

또한 연방항공청(FAA)에서는 당초 2025년까지 계획된 장기사업을 2018년까지 실행 가능한 중기사업으로 변경하면서 현재 상용화 기술을 적극 활용하도록 시스템 개선방안을 마련하고도 이에 대한 표준 및 기술규격의 승인절차를 마련하지 못하여 사업추진이 지난한 문제가 발생하였다.

아울러, 공항 및 항로 재조정 계획을 수립할 때 항공기 영향권 내 지역주민의 환경문제가 대두됨에 따라 이에 대한 합리적인 법적절차 마련을 위한 체계적인 연구를 추진하는 동시에 관련된 관계기관과 지역주민에게 업무추진에 대한 신뢰를 구축하는 노력이 더욱 필요한 것으로 나타났다. (GAO-08-1078, GAO-09-479T)

이에 대해 GAO에서는 연방항공청(FAA)에서 추진하는 NextGen의 획득과 사업관리 문제를 1995년부터 2009년까지 고위험군사업으로 분류하여 본 사업에 대한 계획, 도입과정을 면밀히 모니터링하도록 하고 있다.

또한 항공관제시스템의 안정적인 운영을 위하여 현재 항공관제시스템을 유지관리하면서 NextGen을 동시에 추진하는 이중(Dual) 추진방식으로 시스템을 점진적으로 전환하도록 권고하였다.

아울러 NextGen의 성공적인 도입을 위해 연방항공청 내 계획부서와 R&D 부서 간 합동사무소를 구성하여 사업계획, 인력관리, 기술개발(표준, 기술규격 등) 등 세부 사업에 대한 사업의 투자우선순위를 결정하는 방식으로 시행계획을 지속적으로 보완하도록 요구하였다.

표 14.6 GAO의 항공관제 현대화프로그램(NextGen) 관련 감사보고서 명세

보고서 번호	보고서명	발행연도
GAO-09-718R	Responses to Questions for the Record: Hearing on ATC Modernization: Near-Term Achievable Goals,	2009
GAO-09-479T	Next Generation Air Transportation System: Status of Transformation and Issues Associated with Midterm Implementation of Capabilities	2009
GAO-09-377T	National Airspace System: FAA Reauthorization Issues are Critical to System Transformation and Operations	2009
GAO-08-1078	Next Generation Air Transportation System: Status of Systems Acquisition and the Transition to the Next Generation Air Transportation System	2008
GAO-08-756	Air Traffic Control: FAA Uses Earned Value Techniques to Help Manage Information Technology Acquisitions, but Needs to Clarify Policy and Strengthen Oversight	2008
GAO-07-784T	Next Generation Air Transportation System: Status of the Transition to the Future Air Traffic Control System	2007

출처: www.gao.gov/highrisk/agency/dot

14.3.6 에너지 효율성의 증진과 온실가스 배출제한 문제

국도교통안전청(NHTSA), 교통부(DOT), 환경관리청(EPA), 에너지부(DOE), 국방부(DOD) 등 연방정부는 현재 화석연료 기반의 에너지원에 대한 수요를 줄이고 이로부터 배출되는 온실가스를 효과적으로 줄이기 위해 함께 노력하고 있다.

먼저, 환경관리청(EPA)에서는 미국에서 배출되는 온실가스 총량 중 27%가 교통부분에서 배출되고 이 중 자동차와 화물트럭이 2/3를 배출하고 있는 것으로 파악됨에 따라 육상교통부문의 온실가스 배출관리업무에 더욱 집중하고 있다.

이와 관련하여 국도교통안전청과 환경관리청에서는 이산화탄소의 배출을 줄이고 연료의 경제성을 향상시키는 차종의 사용을 장려하기 위해 해당 차량 이용자에 대한 인센티브제도를 도입하고 차량 및 녹색에너지기술 관련 통합 표준을 조기에 제정하여 이를 확산하는 역할을 수행 중에 있다.

이에 대해 GAO에서는 모든 공공기관에서 하이브리드차량을 확대 사용하도록 권고하고 친환경에너지 및 배출가스 절감기술이 채택된 차량 보급의 장애

요인(높은 가격, 충전소 등 인프라 부족, 세제혜택)을 제거하기 위한 입법적 노력을 의회에 요청하였다. 또한 국도교통안전청, 환경관리청, 에너지부 등과 공조하여 에너지 효율성 증진이나 온실가스 배출제한과 관련된 정책목표를 검증하기 위해 해당 교통정책의 대안을 분석하는 평가체계를 마련하도록 권고하였다. (GAO-07-921, GAO-09-493)

아울러 국도교통안전청(NHTSA)에서 승용차와 화물트럭의 연료별 경제성 기준을 강화하고 이 기준을 만족하도록 차량제조사 및 운수회사 등에 요구하도록 하는 연료절감프로그램을 마련한 후 정책적 타당성을 검증하여 확대 적용하도록 권고하였다.

표 14.7 GAO의 에너지효율성 및 온실가스 배출 관련 감사보고서 명세

보고서 번호	보고서명	발행연도
GAO-09-493	Federal Energy and Fleet Management: Plug-in Vehicles Offer Potential Benefits, but High Costs and Limited Information Could Hinder Integration into the Federal Fleet	2009
GAO-09-465T	Clean Coal: DOE Should Prepare a Comprehensive Analysis of the Relative Costs, Benefits, and Risks of a Range of Options for Future	2009
GAO-07-921	Vehicle Fuel Economy: Reforming Fuel Economy Standards Could Help Reduce Oil Consumption by Cars and Light Trucks, and Other Options Could Complement These Standards	2007

출처: www.gao.gov/highrisk/agency/dot

14.3.7 인적자원관리(Human Capital Management) 문제

연방정부 중 노동환경이 낮은 순위에 있는 부처는 장래 목표(mission)를 달성하기 위해 필요한 전문인력을 확보하는 데 어려움을 겪고 있어, 인력수급 차이와 장래 조직의 용량을 고려하여 인적자원을 전략적으로 관리할 필요성이 대두되고 있다.

이 중 연방항공청은 공항과 항로를 관제하는 항공통제사의 42%, 항공관제 체제를 구축・유지관리하는 항공교통전문가의 31%, 항공사와 항공기 조종사의 안전점검을 담당하는 항공안전검사원의 40%가 2013년까지 일시에 은퇴할 전망이다. (GAO-10-89, GAO-08-630T)

또한 연방항공청에서는 장래 항공수요에 대비하여 2016년까지 도입절차가 복잡하고 전문성이 필요한 NextGen을 개발할 예정인데도 청 내부에 조달, 기술, 행정분야의 전문인력이 부족하여 사업관리의 부실이 우려되고 있다.

이에 대해 GAO에서는 연방항공청에서 NextGen의 사업목적에 대한 결과(outcome)를 달성하는 데 필요한 인력수급을 재분석하여 인력수급과 장래 조직용량을 고려하여 필요한 전문인력을 확보하는 방안을 강구하도록 권고하였다. (GAO-08-1078)

표 14.8 GAO의 인적자산관리 관련 감사보고서 명세

보고서 번호	보고서명	발행연도
GAO-10-89	Federal Aviation Administration: Human Capital System Incorporates Many Leading Practices, but Improving Employees' Satisfaction with Their Workplace Remains a Challenge	2009
GAO-09-645R	Effect of Personnel Reform on the Federal Aviation Administration's Budget	2009
GAO-08-630T	Older Workers: Federal Agencies Face Challenges, but Have Opportunities to Hire and Retain Experienced Employees	2008
GAO-08-908T	Federal Aviation Administration: Efforts to Hire, Staff, and Train Air Traffic Controllers Are Generally on Track, but Challenges Remain	2008
GAO-08-1078	Next Generation Air Transportation System: Status of Systems Acquisition and the Transition to the Next Generation Air Transportation System	2008

출처: www.gao.gov/highrisk/agency/dot

14.4 정책적 시사점과 향후 과제

지금까지 GAO에서 정책환경의 변화에 따른 정책적 리스크를 효과적으로 관리하기 위해 도입한 고위험군제도 중 교통분야의 최근 정책트렌드와 포커스를 소개하였다. 또한 우리나라 교통분야의 정책・제도 수립 시 위 사례가 시사하는 바가 클 것으로 예상됨에 따라, 이와 관련된 정책적 시사점과 향후 과제를 다음과 같이 살펴보았다.

첫째, GAO는 정책・제도 또는 프로그램에 대한 성과관리와 공공책임성을

확보하기 위해 관련 부처의 적극적인 협조하에 1992년부터 매 2년마다 예산 낭비와 성과관리가 부실한 정책 · 제도 및 프로그램에 대해 고위험군(High-risk Area)으로 분류하여 집중관리하고 있으며, 해당 부처에서도 이에 대한 성과 · 공공책임성 보고서를 작성하여 감사원과 의회에 보고하는 등 적극적인 감사행정을 통해 정책 · 제도의 환류(Feed-back)기능을 확보하고 있다는 점은 우리에게도 시사하는 바가 크다.

둘째, 국내 정책 · 제도를 변경하기 위해 국외의 선진제도를 벤치마킹할 때에는 급격한 정책환경 변화 속에서 정책적 리스크를 사전에 파악하고 선제적으로 대응하기 위해서 행정부서의 정책 · 제도 관련 실적보고 뿐만 아니라 감사부서의 감사결과도 균형적으로 검토하여 선진국의 정책환경 변화와 정책 · 제도에 대한 강점 · 약점 및 정책적 리스크를 면밀히 검토할 필요가 있다. 이러한 측면에서 해당 분야의 정책 수립 시 주요국 최고감사기구의 감사결과에 대한 면밀한 검토도 함께 필요하겠다.

셋째, GAO의 교통분야 감사는 국가 육상교통의 이동성 확보 등 정책목표의 달성을 위해 교통투자프로그램의 성과를 점검 · 관리하고 이를 예산계획 · 재정 집행에 반영하는 성과 관리 · 책임성 메커니즘을 구축하고 이러한 메커니즘이 원활히 작동하는지 여부를 점검하는 데 초점을 두고 있다. 현재 도입 중인 우리나라의 성과주의 예산의 조기 정착을 위해서도 해당 분야별로 성과관리 · 책임성 메커니즘 도입 여부를 면밀히 재검토할 필요가 있겠다.

넷째, GAO에서는 최근 교통분야의 정책 이슈를 선정하면서 (1) 국민의 안전에 직접적으로 영향을 미치는 교통안전분야를 고위험군으로 선정하여 집중점검하고, (2) 「경제재건 · 재투자법」에 따라 대규모 건설사업을 조기에 집행하도록 하면서 사업의 타당성 여부나 경제취약분야에 대해 투자우선순위를 분석한 후 우선적으로 집행하는지 여부, (3) 베이비붐 세대의 본격적인 은퇴로 정부부처 내 전문인력의 유출이 심각해짐에 따라 정책목표 달성에 필요한 장래 조직의 용량과 필요한 전문인력을 고려하여 전략적으로 인적자원을 관리하는지 여부, (4) 국가기간교통망의 확충과 대수선에 필요한 재원이 고갈됨에 따라 재무적 지속가능성 확보를 위한 대책이 마련되었는지 등에 초점을 두고 있는 데 이는 최근 국내 정책환경에도 매우 시의적절한 정책적 이슈들로 판단된다. 특히 이는 우리나라의 정책환경과도 매우 유사하기 때문에 이들 고위험군 분야의 추진 제도 · 정책 및 프로그램의 강점 · 약점 및 정책적 리스크에 대해서도 향후 면밀한 검토가 필요할 것으로 판단된다.

참고문헌

1. 김명수 외(2009), 세계의 감사원, 조명출판사
2. www.gao.gov/highrisk/agency/dot
3. DOT(2010), FY 2009 Performance & Accountability Report
4. GAO(2009), High-Risk series an update, GAO-09-271
5. GAO(2001), Determining Performance and Accountability Challenges and High-Risk, GAO감사지침(GAO-01-159SP)
6. 각 연도 GAO감사결과보고서(표 14.1~표 14.7 참조)
7. 감사연구원(2010), 교통시설투자 개선을 위한 선진 교통감사기법 및 사례연구
8. 이용택, 오창석(2011), 교통계획분야 성과평가를 위한 성과감사 방법론 개발에 관한 연구, 대한교통학회지 제29권 제2호

찾아보기

ㄱ

ㄴ

ㄷ

ㄹ

ㅁ

ㅂ

ㅅ

ㅇ

ㅈ

본 서의 감수를 마치며

우리나라의 경제 · 사회지표를 선진국들과 비교하다 보면 이미 많은 분야에서 선진국보다 높은 성과를 나타내고 있는 저력에 새삼 놀라게 됩니다. 그런데 교통행정과 관련된 국가지표는 하위권에 머물고 있는 원인은 무엇일까요? 일례로 교통안전 관련 통계수치는 OECD 회원국 30개국 중 최하위권 수준일 뿐 아니라, 광역교통 인프라 수준, 교통약자를 위한 제도나 서비스 수준도 선진화가 더욱 필요한 분야입니다.

우리나라의 교통기술은 최첨단 고속열차를 국산화하여 생산하였고, 세계 6대 자동차 생산국일 뿐 아니라, IT기술을 기반으로 ITS(Intelligent Transport Systems)를 전국적으로 통합운영하고 있을 정도로 상당히 선진화되었다고 생각합니다. 또한 국제 컨퍼런스에 참여해 보면 우리나라의 서울특별시 대중교통체계개편사업은 성공적인 도시교통의 대중교통프로젝트로 인식되어 선진국들의 벤치마킹 사례로 회자되기도 합니다.

그러나 교통인프라와 차량, 사람이 구성하는 교통체계를 안전하고 효율적이고 통합적으로 관리해내야 하는 교통행정은 여러 가지 요인으로 인해 선진국의 행정 역량에 도달하지 못하고 있는 것 같습니다. 결국 교통행정의 낙후로 인해 교통사고, 교통혼잡, 환경오염의 직접적인 피해, 그리고 교통 무질서로부터 오는 간접적, 사회적 피해를 유발하게 되었고, 이로 인해 우리 사회는 매우 높은 사회적 비용을 지불하고 있습니다. 그리고 이러한 사회적 비용으로 인해 국가경제의 국제 경쟁력이 떨어지고 국민의 가계와 복지가 훼손되는 등 국민 삶의 질이 크게 저하될 것이 분명합니다.

저는 과거 1957년 서울대학교 토목공학과를 졸업하고 당시 내무부 토목국 도로과에 토목기사로 공직생활을 시작한 후, 국토해양부(前 건설교통부) 도로기획관, 아시아개발은행(ADB) 투자심사관, 해외기술공사 부사장, 대한교통학회 부회장, 도로교통협회 부회장, ITS KOREA 부회장 등 행정가와 전문가로 지난 반세기를 보내면서 교통행정의 혁신이라는 커다란 숙제를 풀기 위해 고민하여 왔습니다. 특히 1960년대 미국의 퍼듀 대학과 영국의 버밍엄 대학에서 선진 교통행정을 처음으로 공부한 후 교통행정에 대한 학문(교통공학, 교통계획, 교통경제 등)적 수혈이 필요했던 우리나라의 교통행정 일선에 행정의 기틀을 정립하는 동시에, 교통행정의 혁신을 담아낼 학문적 씨앗인 「대학교통학회」를 발기인으로 설립한 것을 지금껏 큰 자부심으로 생각하고 있습니다.

그러나 한편으로 우리나라의 교통행정을 회상해 보면 도로, 철도, 항만, 항공 등 각 교통수단에 필요한 개별 교통시설의 확충을 위한 공급정책에 초점을 둔 나머지 중요한 중·장기 교통계획, 교통운영, 관리업무는 부처 간 및 부처 내, 부서 간 분절되어 통합적, 지속적, 복합적인 행정의 기능을 제대로 발휘하지 못하였던 아쉬움이 있었습니다. 이후 이러한 문제를 해소하기 위해 교통 관련 행정조직을 통합화한다는 취지에서 현재의 국토해양부로 조직적인 통합은 달성하였지만, 우리나라 정부 부처에서 '교통'이라는 단어가 들어간 부처가 없어지면서 공공부문에서 수단별, 기능별, 위계별로 분절된 교통행정을 하나의 체계적이고 통합적인 교통행정으로 관리, 조정할 컨트롤 타워(Control Tower)를 잃어버린 것이 아닌가 하는 우려도 가지게 됩니다.

이렇게 공공부문이 주도하는 교통행정의 지속적인 혁신을 통한 행정쇄신 없이는 국가경제의 성장 뿐 아니라 국민복지가 향상되기 어려운 현실을 통감하던 차에 금번 발간된 ≪교통행정혁신론≫의 감수자로서 교통행정분야의 혁신적인 정책과 이론을 모범사례와 그릇된 사례의 분석을 덧붙여 상세히 소개하고자 시도한 이용택 박사의 노력에 각별한 애정을 가지고 독려하게 되었습니다.

무엇보다도 ≪교통행정혁신론≫은 과거 공급 위주 교통정책의 산출물인 획일적 도로시설규격, 환경성 검토 부족 및 지역주민과 주변 여건을 면밀하게 고려하지 못하는 등으로 인해 사업추진 시 크고 작은 문제점이 대두됨에 따라 과거의 패러다임에서 벗어나 미래에 도입되어야 할 혁신적 교통정책과 기술을 자세한 혁신사례와 함께 정책의사결정자와 엔지니어, 학생들에게 보급하는 것으로서 교통행정 현장에서 반드시 필요한 하나의 지침(Handbook)이 될 것으로 확신합니다.

마지막으로 공직을 먼저 경험한 선배로서 바쁜 중에도 서울특별시, 감사원 등 일선 교통행정의 경험과 노하우를 기록하고 발전시켜 ≪교통행정혁신론≫을 저술한 이용택 박사의 열정과 노고를 취하하며 함께 축하의 말씀을 전하고 싶습니다. 또한 이 시대에 꼭 필요한 교통행정혁신의 기록을 위한 출판의 장을 기꺼이 제공하여 주신 김홍석 회장님을 비롯한 임직원들의 열정과 노력에 본 서의 감수자로서 다시 한번 감사를 드립니다.

2011년 5월 12일

교통행정혁신론 감수자

양 긍 환

저자 약력

이용택 (Lee, Yong-taeck)

- 서울대학교 대학원 환경계획과 졸업(교통공학박사)
- 서울특별시청 · 서울경찰청 교통기획실장 · 교통규제 심의위원
- 감사연구원 연구관
- 현재 감사원 건설환경감사국 · 지방특정감사단 · 자치행정감사국 부감사관
- 현재 한국ITS학회 이사 · 기획위원회 부위원장
- 지능형 교통관리시스템 이론과 실무(청문각, 2009: 2010 문화체육관광부 우수학술도서), 교통정보공학론(청문각, 2008) 저술
- E-mail: icarus01@korea.kr

감수자 약력

양긍환 (Young, Kueng-hwan)

- 미국 PURDUE대 대학원 토목공학과 졸업
- 영국 BRIGHTON대 대학원 토목공학과 졸업
- 전 건설교통부 도로기획관
- 전 아시아개발은행(ADB) 투자심사관
- 한국도로협회 · ITS Korea 부회장
- 현재 한국교통시스템연구원 원장, Asia Pacific ITS 포럼 이사
- E-mail: kw-young@hotmail.com

교통행정혁신론 값 18,000 원

제1판 1쇄 2011년 5월 16일 인쇄
제1판 1쇄 2011년 5월 20일 발행

인 지
생 략

著 者 이 용 택
發行人 金 洪 錫
發行處 清 文 閣

경기도 파주시 교하읍 문발리 파주출판도시 513-7
(등록1975. 05. 21. 제406-2005-000049호)
Tel. 031) 955-1451~7 Fax. 031) 955-1458
Homepage: http://www.cmgbook.co.kr
Email: cmgbook@cmgbook.co.kr

ISBN: 978-89-6364-079-2